高等学校数学系列教材

随机过程及其应用

宋 月　冯海林　编著

西安电子科技大学出版社

内 容 简 介

本书主要介绍几类重要的随机过程，共分为 8 章，具体内容包括概率论基础知识、随机过程基础知识、维纳过程、跳跃随机过程、平稳过程、离散时间马尔可夫链、连续时间马尔可夫链和更新过程。

本书注重内容的系统性，更注重随机过程在实践中的应用。维纳过程、跳跃随机过程、平稳过程、离散时间马尔可夫链、连续时间马尔可夫链和更新过程等章都配有专门的应用案例，各章还配有丰富的例题和习题，便于读者学习和练习。

本书可作为理工科院校数学系高年级本科生和研究生的教材，也可作为有关科研与工程技术人员的参考书。

图书在版编目（CIP）数据

随机过程及其应用 / 宋月，冯海林编著. -- 西安：西安电子科技大学出版社，2025.8. -- ISBN 978-7-5606-7766-8

Ⅰ. O211.6

中国国家版本馆 CIP 数据核字第 2025LT6231 号

策　　划　刘小莉
责任编辑　李惠萍
出版发行　西安电子科技大学出版社（西安市太白南路 2 号）
电　　话　(029) 88202421　88201467　　　邮　　编　710071
网　　址　www.xduph.com　　　　　　电子邮箱　xdupfxb001@163.com
经　　销　新华书店
印刷单位　陕西日报印务有限公司
版　　次　2025 年 8 月第 1 版　　　　2025 年 8 月第 1 次印刷
开　　本　787 毫米×1092 毫米　1/16　　印　　张　14.5
字　　数　339 千字
定　　价　37.00 元
ISBN 978-7-5606-7766-8
XDUP 8067001-1

＊＊＊如有印装问题可调换＊＊＊

前　言

随机过程的理论和方法在自然科学、工程技术和经济、金融等领域有着广泛的应用，"随机过程"已经成为理工科研究生和高年级本科生的重要专业基础课程。我校多年来为工科研究生开设"随机过程"公选课，也为高年级本科生开设"随机过程"选修课。本书是在当前我国研究生培养规模不断扩大的背景下，结合多年我校研究生课程"随机过程"的内容，经过精心提炼、改编和整理而形成的。在编写过程中，本书特别注重渗透辩证的思维方法，同时深入挖掘内在的思政元素，以培养学生的批判性思维，实现立德树人的教育目标。

本书首先介绍工科研究生学习"随机过程"课程时必须掌握的概率论基础知识，然后重点介绍了在工科领域有重要应用的几类随机过程——维纳过程、跳跃随机过程、平稳过程、离散时间马尔可夫链、连续时间马尔可夫链和更新过程，以及研究随机过程的基本工具。另外，本书针对具体的随机过程还特别增加了应用案例分析。

根据工科学生的数学基础和实际需要，本书在主要介绍随机过程的基本理论和方法的前提下，更加注重数学应用意识的加强和能力的培养，没有安排过多的定理和证明，而较多以举例的形式介绍如何应用随机过程的理论、如何进行相关的计算等，特别是对于一些重要且必须介绍的定理，本书或者仅给出结论并加以解释，或者采用工科学生容易理解的方式给出证明。

为了便于学生掌握随机过程的基本理论和方法，本书在每章章末配有必要的课后习题。同时，为了便于读者使用本书，本书配套有学习指导书，后续将由西安电子科技大学出版社正式出版。

本书的第1、3、4、8章由宋月编写，第2、5、6、7章由冯海林编写，全书内容经过反复讨论和修改后定稿。

本书在编写和出版过程中，得到了西安电子科技大学研究生院领导、数学与统计学院领导和西安电子科技大学出版社有关负责同志的热情支持和帮助。此外，责任编辑李惠萍女士为本书的出版付出了辛勤的劳动，数学与统计学院概率与统计系的董从造博士、李伟博士、王红军博士为本书提出了很多宝贵的意见和建议，特在此一并致以诚挚的谢意！

由于作者水平有限，书中不足之处在所难免，恳切希望读者批评指正。

作　者

2025 年 3 月于西安电子科技大学

目 录

第 1 章
概率论基础知识

本章主要讲解概率论的基础知识,包括概率论的公理化体系、随机变量及其分布函数、随机变量的数字特征等,并对随机过程需要用到的概率论知识(如条件数学期望、特征函数和多元正态分布等)作一些必要的补充。

1.1　随机事件与概率空间

概率论研究的基本对象是随机现象,而研究随机现象的有效手段是随机试验。一个随机试验 E 应符合下面三个特征:

(1) 随机试验可以在相同的条件下重复进行;

(2) 进行一次试验之前无法确定哪一个结果可能会发生;

(3) 每次试验可能发生的结果不止一个,并且能事先明确试验的所有可能发生的结果。

随机试验的每一个可能结果称为基本事件。因为随机试验的所有结果是明确的,所以所有的基本事件也是明确的,它们的全体称作样本空间,通常用字母 Ω 表示。$\Omega = \{\omega\}$ 中的点 ω,称为样本点,它构成的单点集合就是基本事件。

例 1.1.1　掷一枚硬币,出现"正面""反面"都是基本事件。这两个基本事件构成一个样本空间。

例 1.1.2　掷一颗骰子,朝上的点数分别为"1""2""3""4""5""6",它们都是基本事件。这六个基本事件构成一个样本空间。

例 1.1.3　向实数轴的 $(0,1)$ 区间上随意地投掷一个点,$(0,1)$ 区间中的每一个点都是一个基本事件,$(0,1)$ 区间上所有的点的集合[即 $(0,1)$ 区间]构成一个样本空间。

抽象地说,**样本空间**是样本点的集合,基本事件就是样本点构成的单点集合。

实际中,在进行随机试验时,人们往往关心的是满足某些特征的基本事件是否发生。比如,例 1.1.2 中,人们关心的是出现的点数大于 4,或者出现的点数小于 3 这样的情况。若用 $A_i(i=1,2,3,4,5,6)$ 表示出现的点数是 i,则 $A = \{5,6\}$ 就表示出现的点数大于 4。相对于基本事件而言,A 是随机试验的一个复合事件,当且仅当 A 中的一个样本点出现时,随机事件 A 发生。无论是基本事件还是复合事件,在一次随机试验中,它的发生都具有随机性,所以统一称作随机事件。从集合的观点来看,随机事件不过是样本空间的一个子集而已，因而完全可以按照集合论中集合之间的关系和运算来处理随机事件之间的关系和运算。上例中，A 是 A_5 和 A_6 的并集，记作 $A = A_5 \cup A_6$。

例 1.1.4 如果随机试验 E 只有两个可能的结果，即 A 发生或者不发生，并且 A 在每次试验中发生的可能性相等，则把 E 独立重复 n 次就构成了一个 n 重伯努利试验。譬如，"一次抛掷 n 枚相同的硬币"的试验就是一个 n 重伯努利试验，其样本空间由一些 n 维点列构成，$\Omega = \{(\omega_1, \omega_2, \cdots, \omega_n): \omega_i = 0 \text{ 或 } 1, i = 1, 2, \cdots, n\}$。

对于一个随机事件来说，在一次随机试验中，它可能发生，也可能不发生。我们经常有这样的疑问，随机事件发生的可能性到底有多大？如何来度量随机事件发生的可能性大小？从例 1.1.1～例 1.1.4 中可以看出，样本空间可以是有限的，也可以是无穷的。既然从集合的角度看随机事件就是样本空间的子集，那么我们是否需要研究样本空间的每一个子集(也就是复合事件发生的可能性)呢？从实践的角度来看，没有必要，只需要关心那些人们感兴趣的随机事件发生的可能性就可以了；从数学的角度看，要求事件(样本点的集合)之间有一定的联系，即对随机事件需加一些约束以避免出现一些悖论。

定义 1.1.1 设样本空间 $\Omega = \{\omega\}$ 的**某些子集构成的集合**记为 $\mathcal{F}$，如果 $\mathcal{F}$ 满足性质：

(1) $\Omega \in \mathcal{F}$，

(2) 若 $A \in \mathcal{F}$，则 $\overline{A} = \Omega - A \in \mathcal{F}$，

(3) 若 $A_k \in \mathcal{F}$，$k = 1, 2, \cdots$，则 $\bigcup\limits_{k=1}^{\infty} A_k \in \mathcal{F}$，

那么称 $\mathcal{F}$ 是一个 σ **事件域**，σ 事件域中的每一个元素称为一个**随机事件**，$(\Omega, \mathcal{F}, P)$ 称为**概率空间**。

特别指出，样本空间 Ω 称为**必然事件**，而空集 $\varnothing$ 称为**不可能事件**。

通过长期的探索，人们认识到随机事件发生的可能性大小是由它自身决定的，并且是客观存在的，进而给出频率概率、古典概型和几何概型。然而这三种概率的定义都具有一定的局限性，直到 1933 年，苏联数学家柯尔莫哥洛夫提取不同定义中的共性，给出了概率的公理化体系。概率论的发展史表明：柯尔莫哥洛夫的概率论公理化体系是现代概率论的基础，在概率论的发展史上具有里程碑式的意义。

定义 1.1.2 设 $P(A)$ 是定义在样本空间 Ω 中 σ 事件域 $\mathcal{F}$ 上的集合函数。如果 $P(A)$ 满足：

(1) 对任意 $A \in \mathcal{F}$，有 $0 \leqslant P(A) \leqslant 1$，

(2) $P(\Omega) = 1$，$P(\varnothing) = 0$，

(3) 若 $A_1, A_2, \cdots$ 两两不相交，即 $A_k A_j = \varnothing (k \neq j)$，且 $A_k \in \mathcal{F}(k = 1, 2, \cdots)$，则

$$P\left(\bigcup_{k=1}^{\infty} A_k\right) = \sum_{k=1}^{\infty} P(A_k)$$

那么称 P 是 σ 事件域上的概率。

如果一个事件 A 发生的概率 $P(A) = 1$，则称 A 几乎处处是真的。但这并不意味着 A 一定是必然事件(即不一定有 $A = \Omega$)。

在例 1.1.1 中定义 $P(A) = \dfrac{k}{2}$，其中 k 是事件 A 包含的样本点数，$k = 0, 1, 2$，那么 P 是概率。另外，如果定义 $P(\text{正面}) = \dfrac{11}{20}$，$P(\text{反面}) = \dfrac{9}{20}$，$P(\text{正面或反面}) = 1$，$P(\text{空集}) = 0$，

这样定义的 P 也是概率。

在例 1.1.2 中定义 $P(A) = \dfrac{k}{6}$，其中 k 是事件 A 包含的样本点数，$k = 0,1,2,3,4,5,6$，那么 P 是概率。

例 1.1.5 设一个随机试验有可数个可能发生的结果，于是其相应的样本空间可表示成 $\Omega = \{\omega_1, \omega_2, \cdots\}$，其中 ω_i 表示第 i 个可能发生的结果。取事件域 $\mathcal{F}$ 为样本空间所有子集的全体。假设有一非负数列 $\{p_i : i \in \mathbf{N}\}$ 满足 $\sum\limits_{i=1}^{\infty} p_i = 1$，那么

$$P(A) = \sum_{\{i \in \mathbf{N}:\, \omega_i \in A\}} p_i \quad (A \in \mathcal{F})$$

定义了事件域 $\mathcal{F}$ 上的一个概率。

对随机试验 E 而言，样本空间 Ω 给出了它的所有可能的试验结果，$\mathcal{F}$ 给出了由这些可能结果组成的各种各样的随机事件，而 P 给出了每一随机事件发生的概率，$(\Omega, \mathcal{F}, P)$ 是这个随机试验 E 的概率空间。

设 $(\Omega, \mathcal{F}, P)$ 是一个给定的概率空间，$A, B \in \mathcal{F}$ 是两个事件。如果概率 $P(B) > 0$，那么可以定义事件 B 发生对事件 A 发生的条件概率为

$$P(A \mid B) = \frac{P(A \bigcap B)}{P(B)} \tag{1.1.1}$$

不难验证，条件概率 $P(\cdot \mid B)$ 具有概率的三个基本性质：

(1) 非负性：对任意的 $A \in \mathcal{F}$，$P(A \mid B) \geqslant 0$；

(2) 规范性：$P(\Omega \mid B) = 1$；

(3) 可列可加性：对任意的一列两两互不相容事件 $A_i (i = 1, 2, \cdots)$，有

$$P(\bigcup_{i=1}^{+\infty} A_i \mid B) = \sum_{i=1}^{+\infty} P(A_i \mid B)$$

由此可知，对给定的一个概率空间 $(\Omega, \mathcal{F}, P)$ 和事件 $B \in \mathcal{F}$，如果 $P(B) > 0$，则条件概率 $P(\cdot \mid B)$ 也是 $(\Omega, \mathcal{F})$ 上的概率。特别地，当 $B = \Omega$ 时，$P(\cdot \mid B)$ 就是原来的概率 $P(\cdot)$，所以不妨把原来的概率看成条件概率的特例。

下面是式(1.1.1)的一个变形，它比式(1.1.1)本身更加常用。

$$P(A \bigcap B) = P(B) P(A \mid B) \tag{1.1.2}$$

式(1.1.2)说明：两个事件同时发生的概率可以通过条件概率来求解。

当条件 B 的发生对 A 的发生没有影响，即 $P(A \mid B) = P(A)$ 时，用式(1.1.2)表示就是

$$P(A \bigcap B) = P(B) P(A)$$

此时称随机事件 A, B 相互独立。

通过式(1.1.2)可以进一步得到**全概率公式**。

设样本空间满足一个划分 $\Omega = \bigcup\limits_{i=1}^{\infty} B_i$，其中 $B_i \in \mathcal{F}$ 和 $B_i \bigcap B_j = \varnothing$，若 $i \neq j$，那么有全概率公式：

$$P(A) = \sum_{i=1}^{\infty} P(A \mid B_i) P(B_i) \tag{1.1.3}$$

例 1.1.7 是一个应用全概率公式(1.1.3)的具体实例。

例 1.1.6 一个相对简单的探测的例子：有一个飞机探测雷达系统，人们想要知道它的错误警报的概率。已知飞机出现的概率是 5%，如果飞机出现，那么它被雷达发现的概率是 99%，错误探测的概率是 10%（探测到飞机没有出现）。

(1) 试求雷达探测系统的样本空间。

(2) 一个错误警报的概率是多少？

(3) 一架飞机没有被探测到的概率是多少？

解 (1) 由题意，飞机只有出现和不出现两种情况，雷达只有探测到和未探测到两种结果，若用 a，b 分别表示飞机出现或不出现，用 c，d 分别表示雷达探测到和未探测到，则雷达探测系统的样本空间 $\Omega = \{(a,c),(a,d),(b,c),(b,d)\}$。

(2) 发出一个错误警报，即飞机没有出现，但是雷达探测到了飞机，也就是求 (b,c) 发生的概率，则

$$P\{(b,c)\} = P(b)P(c|b) = 0.95 \times 0.1 = 0.095$$

(3) 一架飞机没有被探测到的概率为 $P\{(a,d)\} = P(a)P(d|a) = 0.05 \times 0.01 = 0.0005$。

例 1.1.7（罕见疾病的检测问题） 当一个人生病时测试结果为阳性的概率是 0.95，当一个人没有生病时测试结果为阴性的概率是 0.95。一个人患病的概率是 0.001。试求：

(1) 测试结果为阳性的概率；

(2) 一个人测试结果为阳性时他患病的概率；

(3) 连续 n 次测试为阳性的概率；

(4) 一个人连续 n 次测试为阳性时他患病的概率。

解 设 A 表示测试结果为阳性，B 表示一个人患有疾病，则

(1)
$$\begin{aligned}P(A) &= P(A|B)P(B) + P(A|\bar{B})P(\bar{B}) \\ &= 0.95 \times 0.001 + 0.05 \times 0.999 \\ &= 0.0509\end{aligned}$$

(2)
$$P(B|A) = \frac{P(AB)}{P(A)} = \frac{P(A|B)P(B)}{P(A)} = 0.0187$$

(3) 设 A_n 表示第 n 次测试结果为阳性，$n = 1,2,3,\cdots$，则

$$\begin{aligned}P(A_n) &= P(A_n|B)P(B) + P(A_n|\bar{B})P(\bar{B}) \\ &= [P(A|B)]^n P(B) + [P(A|\bar{B})]^n P(\bar{B})\end{aligned}$$

一旦 n 确定，利用上面的式子即可求得相应的概率。

(4)
$$P(B|A_n) = \frac{P(A_nB)}{P(A_n)} = \frac{P(A_n|B)P(B)}{P(A_n)} = \frac{[P(A|B)]^n P(B)}{P(A_n)}$$

1.2 随机变量及其分布函数

由 1.1 节知，随机事件和实数之间存在某种客观的联系，如例 1.1.2，掷一颗骰子观察朝上的点数，如果令 X 表示朝上的点数，则事件"朝上的点数是 k"可以记作 $X = k$，这样就大大简化了随机事件的表述，也为用更高级的数学工具来研究随机现象的规律性提供了可能。这一节介绍随机变量及其分布函数。

定义 1.2.1　设 $(\Omega, \mathcal{F}, P)$ 是一概率空间,随机变量就是定义在样本空间 Ω 上取值于 $\mathbf{R}^d$ 的函数,且满足 $\{\omega: X(\omega) \leqslant x, x \in \mathbf{R}^d\} \in \mathcal{F}$。若 $d=1$,则称其为一维随机变量,否则就是 d 维随机变量。一般用 $X(\omega)$ 表示一个随机变量,或更具体地写成 $X(\omega): \Omega \to \mathbf{R}^d$。习惯上经常省略 ω,用 X 表示**随机变量**。

下面的例子有助于读者进一步理解概率空间和随机变量这两个概念。

例 1.2.1　在一个抛一枚一元硬币和一枚五角硬币的随机试验中,观察两枚硬币的正反面朝上的情况。我们用符号 (H,T) 表示一元硬币正面朝上而五角硬币反面朝上,那么该随机试验所确定的样本空间为

$$\Omega = \{(H, H), (H, T), (T, H), (T, T)\}$$

由于样本空间中的元素有限,因此可以取事件域为样本空间所有子集的全体,并假设样本空间中每一个结果发生的概率都相同(该随机试验是古典概型)。表 1.2.1 列出了该随机试验所有事件及其发生的概率。

表 1.2.1　试验的结果及其概率

$A \in \mathcal{F}$	$P(A)$	$A \in \mathcal{F}$	$P(A)$
$\varnothing$	0	$\{(H, T), (T, H)\}$	$\dfrac{1}{2}$
$\{(H, H)\}$	$\dfrac{1}{4}$	$\{(H, T), (T, T)\}$	$\dfrac{1}{2}$
$\{(H, T)\}$	$\dfrac{1}{4}$	$\{(T, H), (T, T)\}$	$\dfrac{1}{2}$
$\{(T, H)\}$	$\dfrac{1}{4}$	$\{(H, H), (H, T), (T, H)\}$	$\dfrac{3}{4}$
$\{(T, T)\}$	$\dfrac{1}{4}$	$\{(H, H), (H, T), (T, T)\}$	$\dfrac{3}{4}$
$\{(H, H), (H, T)\}$	$\dfrac{1}{4}$	$\{(H, H), (T, H), (T, T)\}$	$\dfrac{3}{4}$
$\{(H, H), (T, H)\}$	$\dfrac{1}{4}$	$\{(H, H), (T, H), (T, T)\}$	$\dfrac{3}{4}$
$\{(H, H), (T, T)\}$	$\dfrac{1}{4}$	Ω	1

假定一元硬币正面朝上,则随机变量 $X=1$,否则为 0;设五角硬币正面朝上,则随机变量 $Y=1$,否则为 0。那么随机变量 $Z=X+Y$ 表示一次试验是正面朝上的硬币数。这三个随机变量作为样本空间上的函数,可用表 1.2.2 表示。

表 1.2.2　随机变量表示

$\omega \in \Omega$	$X(\omega)$	$Y(\omega)$	$Z(\omega)$
$\{(H, H)\}$	1	1	2
$\{(H, T)\}$	1	0	1
$\{(T, H)\}$	0	1	1
$\{(T, T)\}$	0	0	0

尽管随机变量是样本空间上的（可测）函数，但它并不像大家在高等数学中提到的函数那样具有解析的表达形式。事实上，对于一般的随机变量，关于样本点 $\omega \in \Omega$ 的表达式往往是未知的，那么如何刻画随机变量描述随机现象的概率规律呢？分布函数就是刻画概率发生可能性大小的一个重要的量。接下来首先给出一个随机变量分布函数的定义。

定义 1.2.2 设 $X(\omega)：\Omega \rightarrow \mathbf{R}$ 是定义在概率空间 $(\Omega，\mathcal{F}，P)$ 上的一个一维随机变量。对任意的实数 $x \in \mathbf{R}$，事件 $\{X \leqslant x\}$ 的概率显然是 x 的函数，则称这个函数

$$F_X(x) = P(X \leqslant x)$$

为随机变量 X 的**分布函数**。

根据分布函数的定义，一个随机变量的分布函数一定是：

(1) 右连续函数，即 $F_X(x) = F_X(x+) = \lim\limits_{\varepsilon \rightarrow 0^+} F_X(x+\varepsilon)$；

(2) 单调不减函数，即 $F_X(x_1) \leqslant F_X(x_2)$，对任意实数 $x_1 < x_2$；

(3) $F_X(+\infty) = \lim\limits_{x \rightarrow +\infty} F_X(x) = 1 - F_X(-\infty) = 1$。

相反，如果一个定义在实数域上的函数 $G(x)：\mathbf{R} \rightarrow [0，1]$ 满足如上的三个条件(1)～(3)，那么一定存在一个定义在某个概率空间上的随机变量 X，使 $G(x) = F_X(x)$。因此可以使用条件(1)～(3)来判断某个函数是否一个分布函数。

为了刻画**多维**随机变量的分布特性，需定义**联合分布函数**。

定义 1.2.3 设 $(X_1，X_2，\cdots，X_n)$ 为 $\Omega \rightarrow \mathbf{R}^n$ 上的一个 n 维随机变量。称 n 元函数

$$F_{X_1 X_2 \cdots X_n}(x_1，x_2，\cdots，x_n) = P(X_1 \leqslant x_1，X_2 \leqslant x_2，\cdots，X_n \leqslant x_n)$$

$$= P(\{X_1 \leqslant x_1\} \bigcap \{X_2 \leqslant x_2\} \bigcap \cdots \bigcap \{X_n \leqslant x_n\})$$

为 n 维随机变量 $(X_1，X_2，\cdots，X_n)$ 的联合分布函数，其中 $(x_1，x_2，\cdots，x_n) \in \mathbf{R}^n$。最简单的多维随机变量就是二维随机变量 $(X，Y)$，其分布函数称为二维联合分布函数，即

$$F_{XY}(x，y) = P(X \leqslant x，Y \leqslant y) = P(\{X \leqslant x\} \bigcap \{Y \leqslant y\})$$

可以通过二维联合分布函数确定随机变量 $X，Y$ 各自的分布函数，即一元分布函数

$$F_X(x) = \lim\limits_{y \rightarrow \infty} F_{XY}(x，y)$$

和

$$F_Y(y) = \lim\limits_{x \rightarrow \infty} F_{XY}(x，y)$$

它们分别称为随机变量 X 和 Y 的**边缘分布函数**或者**边际分布函数**。

如果二维随机变量 $(X，Y)$ 的联合分布函数与其边缘分布函数满足关系：

$$F_{XY}(x，y) = F_X(x) \cdot F_Y(x) \quad (\forall x，y \in \mathbf{R})$$

则称随机变量 X 与 Y 是**相互独立**的。

下面考虑一类特殊的随机变量——离散型随机变量。

定义 1.2.4 称一个随机变量 X 为**离散型**的，是指它的取值全体为有限或可数个互不相同的离散点，即 $\{x_1，x_2，\cdots，x_n，\cdots\}$ $(n \in \mathbf{N})$ 使概率 $p_i = P(X = x_i) > 0$ 和 $\sum\limits_{i=1}^{\infty} p_i = 1$。这些取值全为正的数列 $\{p_1，p_2，\cdots，p_n，\cdots\}$ 称为离散型随机变量 X 的分布列。

特别地，离散型随机变量的分布列和其分布函数是相互唯一确定的，可以用分布列求得离散型随机变量 X 的分布函数，即

$$F_X(x) = P(X \leqslant x) = \sum\limits_{\{i \in \mathbf{N}：x_i \leqslant x\}} p_i$$

其中，x 是任意一个实数。

由分布函数的表示可知，分布列也可以用分布函数表示，即

$$p_i = F_X(x_i) - F_X(x_i-) \quad (i \in \mathbf{N})$$

不难得到：离散型随机变量的分布函数的图像是阶梯型的（这一结论留给读者自行证明）。

另外一类有用的随机变量被称为**连续型**随机变量。

定义 1.2.5　称一个随机变量 X 为连续型的，如果存在一个实数域上的非负函数 $f_X(x)$ 使其分布函数

$$F_X(x) = P(X \leqslant x) = \int_{-\infty}^{x} f_X(y)\mathrm{d}y \tag{1.2.1}$$

则称函数 $f_X(x)$ 为连续型随机变量 X 的概率密度函数。

连续型随机变量的分布函数显然是连续的并且是绝对连续的，那么分布函数 $F_X(x)$ 关于 x 是几乎处处可微的且其导函数 $F'_X(x) = f_X(x) \geqslant 0$，其中 $x \in \mathbf{R}$ 为 $F_X(x)$ 的可导点。

进一步，如果概率密度函数 $f_X(x)$ 关于 x 是连续的，那么根据微积分基本性质，可得

$$P(x < X \leqslant x + \Delta x) = f_X(x)\Delta x + o(\Delta x) \quad (\Delta x \to 0) \tag{1.2.2}$$

其中，$o(\Delta x)$ 表示 Δx 的高阶无穷小，即 $\lim\limits_{\Delta x \to 0} \dfrac{o(\Delta x)}{\Delta x} = 0$。

例 1.2.2　设 $F_1(x)$ 与 $F_2(x)$ 都是分布函数，又 $a > 0$，$b > 0$ 是两个常数，且 $a+b=1$，证明 $F(x) = aF_1(x) + bF_2(x)$ 是分布函数，并由此讨论分布函数是否只有离散型和连续型这两种类型。

证明　因为 $F_1(x)$ 与 $F_2(x)$ 都是分布函数，故

（1）对 $\forall x < y$，有 $F_1(x) \leqslant F_1(y)$，$F_2(x) \leqslant F_2(y)$，则 $aF_1(x) + bF_2(x) \leqslant aF_1(y) + bF_2(y)$，即 $F(x) \leqslant F(y)$，单调不减性成立；

（2）$F_1(x)$ 与 $F_2(x)$ 具有右连续性，由连续的可加性可知，$F(x)$ 也具有右连续性；

（3）因为 $\lim\limits_{x \to +\infty} F_1(x) = 1$，$\lim\limits_{x \to -\infty} F_1(x) = 0$，$\lim\limits_{x \to +\infty} F_2(x) = 1$，$\lim\limits_{x \to -\infty} F_2(x) = 0$，故 $\lim\limits_{x \to +\infty} F(x) = 1$，$\lim\limits_{x \to -\infty} F(x) = 0$。

综合上述（1）（2）（3）知 $F(x)$ 是分布函数。

当 $a = 0.5$，$b = 0.5$，$F_1(x)$，$F_2(x)$ 分别为泊松分布和正态分布时，$F(x) = aF_1(x) + bF_2(x)$ 是分布函数，但它既非离散型分布，也不是连续型分布。

例 1.2.3　证明：若随机变量 X 只取一个值 a，则 X 与任意随机变量 Y 相互独立。

证明　由题意，设 X 的分布函数为

$$F(x) = \begin{cases} 0 & (x < a) \\ 1 & (x \geqslant a) \end{cases}$$

设 Y，(X, Y) 的分布函数和联合分布函数分别为 $F_Y(y)$，$F(x, y)$，则

当 $x < a$ 时，$F(x, y) = P(X \leqslant x, Y \leqslant y) = 0 = F_X(x)F_Y(y)$；

当 $x \geqslant a$ 时，$F(x, y) = P(X \leqslant x, Y \leqslant y) = P(Y \leqslant y) = F_X(x)F_Y(y)$。

所以，对任意的实数 x，y，都有 $F(x, y) = F_X(x)F_Y(y)$，故 X，Y 相互独立。

类似于一维随机变量的情形，多维随机变量也有相应的概念。

定义 1.2.6　若二维随机变量 (X, Y) 仅取有限或可数个离散点 $\{(x_1, y_1), (x_2, y_2), \cdots\}$ 使概率 $p_{ij} = P(X = x_i, Y = y_i) > 0$ 和 $\sum\limits_{i, j=1}^{\infty} p_{ij} = 1$，则称 (X, Y) 是一个以

$\{p_{ij}: i, j \in \mathbf{N}\}$ 为联合分布列的二维离散型随机变量，$p_{i,.} = \sum_{j=1}^{\infty} p_{ij}$ 和 $p_{.,j} = \sum_{i=1}^{\infty} p_{ij}$ 分别为离散型随机变量 X 与 Y 的边缘分布列。如果存在一个非负二元函数 $f_{XY}(x, y)$ 使其联合分布函数

$$F_{XY}(x, y) = \int_{-\infty}^{x} \int_{-\infty}^{y} f_{XY}(u, v) \mathrm{d}v \mathrm{d}u$$

对任意的实数 x, y 成立，则称 (X, Y) 是一个以 $f_{XY}(x, y)$ 为联合概率密度函数的二维连续型随机变量，$f_X(x) = \int_{-\infty}^{\infty} f_{XY}(x, v) \mathrm{d}v$ 和 $f_Y(x) = \int_{-\infty}^{\infty} f_{XY}(u, y) \mathrm{d}u$ 分别为连续型随机变量 X 与 Y 的边缘概率密度函数。

在实际问题中，不仅要研究随机变量，往往还需要研究随机变量的函数。下面主要介绍连续型随机变量函数的概率密度函数的公式法。

定理 1.2.1 设 X 是连续型随机变量，其概率密度函数为 $f(x)$，又函数 $y = p(x)$ 严格单调，其反函数 $h(y)$ 有连续导数，则 $Y = p(X)$ 也是一个连续型随机变量，且其概率密度函数为

$$f_Y(y) = \begin{cases} f(h(y)) |h'(y)| & (\alpha < y < \beta) \\ 0 & (其他) \end{cases}$$

其中，$\alpha = \min\{f(-\infty), f(+\infty)\}$，$\beta = \max\{f(-\infty), f(+\infty)\}$。

该定理的使用条件比较苛刻，对不满足定理 1.2.1 的随机变量的函数，还可以通过先求其分布函数，然后对分布函数求导来获得概率密度函数。

例 1.2.4 设 X 是服从 $N(0, 1)$ 分布的随机变量，试求 $Y = X^2$ 的概率密度函数。

解 $Y = X^2$ 显然不是单调函数，不符合定理 1.2.1 的使用条件，可以用两种办法求它的概率密度函数：其一是先求出 $Y = X^2$ 的分布函数，对分布函数求导得到相应的密度函数；其二是把 $Y = X^2$ 在不同的单调区间上使用定理 1.2.1，再求和即可。下面分别说明。

分布函数法：显然，当 $y < 0$ 时，有

$$F(y) = P(Y \leqslant y) = 0$$

当 $y \geqslant 0$ 时，有

$$F(y) = P(Y \leqslant y) = P(X^2 \leqslant y) = P(-\sqrt{y} \leqslant X \leqslant \sqrt{y})$$
$$= \int_{-\sqrt{y}}^{\sqrt{y}} \frac{1}{2\pi} \mathrm{e}^{-\frac{x^2}{2}} \mathrm{d}x$$

故 $Y = X^2$ 的概率密度函数为

$$f_Y(y) = F'(y) = \begin{cases} \dfrac{1}{\sqrt{2\pi}\sqrt{y}} \mathrm{e}^{-\frac{y}{2}} & (y \geqslant 0) \\ 0 & (y < 0) \end{cases}$$

公式法：$Y = X^2$ 的单调区间为 $X \in [0, +\infty)$ 或 $X \in (-\infty, 0]$，其反函数分别为 $\sqrt{y}$，$-\sqrt{y}$，则 $Y = X^2$ 的概率密度函数为

$$f_Y(y) = f(h(y)) |h'(y)| = \frac{1}{\sqrt{2\pi}} \mathrm{e}^{-\frac{y}{2}} \frac{1}{2\sqrt{y}} + \frac{1}{\sqrt{2\pi}} \mathrm{e}^{-\frac{y}{2}} \left| -\frac{1}{2\sqrt{y}} \right|$$
$$= \frac{1}{\sqrt{2\pi}\sqrt{y}} \mathrm{e}^{-\frac{y}{2}} \quad (y \geqslant 0)$$

定理 1.2.2（变量变换定理）　设 $(X_1, X_2, \cdots, X_n)$ 的联合密度函数为 $f(x_1, x_2, \cdots, x_n)$，如

果函数 $\begin{cases} y_1 = g_1(x_1, x_2, \cdots, x_n) \\ \vdots \\ y_n = g_n(x_1, x_2, \cdots, x_n) \end{cases}$ 有连续偏导数，且存在唯一的反函数 $\begin{cases} x_1 = x_1(y_1, y_2, \cdots, y_n) \\ \vdots \\ x_n = x_n(y_1, y_2, \cdots, y_n) \end{cases}$，

其变换的雅克比行列式

$$J = \frac{\partial(x_1, x_2, \cdots, x_n)}{\partial(y_1, y_2, \cdots, y_n)} = \begin{vmatrix} \dfrac{\partial x_1}{\partial y_1} & \dfrac{\partial x_2}{\partial y_2} & \cdots & \dfrac{\partial x_n}{\partial y_1} \\ \vdots & \vdots & & \vdots \\ \dfrac{\partial x_n}{\partial y_1} & \dfrac{\partial x_n}{\partial y_2} & \cdots & \dfrac{\partial x_n}{\partial y_n} \end{vmatrix} \neq 0$$

若 $\begin{cases} Y_1 = g_1(X_1, X_2, \cdots, X_n) \\ \vdots \\ Y_n = g_n(X_1, X_2, \cdots, X_n) \end{cases}$，则 $(Y_1, Y_2, \cdots, Y_n)$ 的联合密度函数为

$$f(y_1, y_2, \cdots, y_n) = f[x_1(y_1, \cdots, y_n), \cdots, x_n(y_1, \cdots, y_n)] |J|$$

实际中常常用到 n 取 2 的情况。

例 1.2.5　在集成电路制造过程中，光刻技术的精度非常重要。人们可以把这个精度量化为相对需要光刻的位置的水平坐标 (x) 偏差和垂直坐标 (y) 偏差。在 70 nm 技术中，可以认为偏差 X 和 Y 是相互独立的随机变量，服从均值为 0、方差为 $\sigma^2 = 0.5$ nm^2 的高斯分布，试求想要光刻的点和实际光刻的点之间距离的概率分布。

解　由题意，偏差 X 的概率密度函数 $f_X(x) = \dfrac{1}{\sqrt{2\pi}\sigma} \mathrm{e}^{-\frac{x^2}{2\sigma^2}}$ $(x \in \mathbf{R})$，同理 Y 的概率密度

函数为 $f_Y(x) = \dfrac{1}{\sqrt{2\pi}\sigma} \mathrm{e}^{-\frac{y^2}{2\sigma^2}}$ $(y \in \mathbf{R})$，由于 X, Y 相互独立，因此 X, Y 的联合概率密度函数

为 $f(x, y) = \dfrac{1}{2\pi\sigma^2} \mathrm{e}^{-\frac{x^2 + y^2}{2\sigma^2}}$ $(x, y \in \mathbf{R})$，要求的是 $Z = \sqrt{X^2 + Y^2}$ 的概率密度函数。

先求得 $\sqrt{X^2 + Y^2}$ 分布函数，显然：

当 $z < 0$ 时，有

$$F_Z(z) = P(Z \leqslant 0) = 0$$

当 $z \geqslant 0$ 时，有

$$F_Z(z) = P(Z \leqslant z) = P(X^2 + Y^2 \leqslant z^2) = \iint\limits_{x^2 + y^2 \leqslant z^2} f(x, y)\mathrm{d}x\mathrm{d}y$$

$$= \int_0^{2\pi} \mathrm{d}\theta \int_0^z \frac{1}{2\pi\sigma^2} \mathrm{e}^{-\frac{r^2}{2}} r\,\mathrm{d}r = 1 - \frac{1}{\sigma^2} \mathrm{e}^{-\frac{z^2}{2}}$$

故 $Z = \sqrt{X^2 + Y^2}$ 的概率密度函数的密度函数为

$$f(z) = \begin{cases} 0 & (z < 0) \\ \dfrac{z}{\sigma^2} \mathrm{e}^{-\frac{z^2}{2}} & (z \geqslant 0) \end{cases}$$

例 1.2.6（笛卡尔坐标向极坐标的转换问题）　假定相互独立的随机变量 X, Y，其概

率分布分别为标准正态分布,直角坐标上的点(X,Y)通过下列表达式由极坐标上的点转换得到:$X=R\cos\Theta$,$Y=R\sin\Theta$。证明:

(1) Θ 服从$[0,2\pi]$上的均匀分布;

(2) R 的概率密度函数 $f_R(r)=re^{-\frac{r^2}{2}}$ $(r\geqslant 0)$;

(3) R^2 是参数为 0.5 的指数分布。

证明 $X=R\cos\Theta$,$Y=R\sin\Theta$ 的反函数为 $R=\sqrt{X^2+Y^2}$,$\Theta=\arctan\dfrac{Y}{X}$,雅克比行列

式 $J=\begin{vmatrix}\dfrac{x}{\sqrt{x^2+y^2}} & \dfrac{y}{\sqrt{x^2+y^2}}\\ \dfrac{-y}{x^2+y^2} & \dfrac{x}{x^2+y^2}\end{vmatrix}$,故由定理 1.2.2 可得 $R=\sqrt{X^2+Y^2}$,$\Theta=\arctan\dfrac{Y}{X}$ 的联合

密度函数为

$$f(r,\theta)=f(x,y)|J|=\frac{1}{2\pi r}e^{-\frac{r^2}{2}} \quad (r\geqslant 0,\theta\in[0,2\pi])$$

故 Θ 的概率密度函数为

$$f(\theta)=\int_0^\infty f(r,\theta)\mathrm{d}r=\frac{1}{2\pi} \quad (\theta\in[0,2\pi])$$

即 Θ 服从$[0,2\pi]$上的均匀分布。

同理可证 R 的概率密度函数为

$$f_R(r)=re^{-\frac{r^2}{2}} \quad (r\geqslant 0)$$

R^2 在$[0,+\infty)$上是单调函数,利用定理 1.2.1 立即可得其密度函数是参数为 0.5 的指数分布。

常见的随机变量的分布在 1.4 节、1.5 节给出。

1.3 随机变量的数字特征

本节我们回顾离散型和连续型随机变量的数字特征的概念及计算。下面先介绍离散型随机变量的 n(其中 $n\in\mathbf{N}$)阶原点矩的计算。

定义 1.3.1 假设 X 是定义在概率空间$(\Omega,\mathcal{F},P)$上的一个一维离散型随机变量,其取值全体为$(x_1,x_2,\cdots)$,分布列$(p_1,p_2,\cdots)$满足 $\sum\limits_{i=1}^\infty p_i=1$,$F(x)$ 为其分布函数。当 $\sum\limits_{i=1}^\infty |x_i|P(X=x_i)<+\infty$ 时,称 X 的数学期望存在,且

$$E(X)=\int_{-\infty}^{+\infty} x\,\mathrm{d}F(x)=\sum_{i=1}^\infty x_i P(X=x_i)=\sum_{i=1}^\infty x_i p_i \tag{1.3.1}$$

类似地,若取值为实数的随机变量 X 是连续型的,其概率密度函数为 $f_X(x)$,分布函数为 $F(x)$,当 $\int_{-\infty}^{\infty}|x|f_X(x)\mathrm{d}x<+\infty$ 时,称 X 的数学期望存在,且

$$E(X) = \int_{-\infty}^{\infty} x \, \mathrm{d}F(x) = \int_{-\infty}^{\infty} x f_X(x) \mathrm{d}x \tag{1.3.2}$$

进一步考虑更一般的数学期望 $E[g(X)]$，其中 $g(x)$ 是一个定义在实数域上的函数。显然，如果 $g(x) = x^n$，则称 $E[g(X)]$ 是随机变量 X 的 n 阶原点矩。对于更一般的函数 $g(x)$，有类似的计算公式。

（1）如果随机变量 X 是离散型的，则

$$E[g(x)] = \sum_{i=1}^{\infty} g(x_i) p_i，如果无穷级数绝对收敛 \tag{1.3.3}$$

（2）如果随机变量 X 是连续型的，则

$$E[g(x)] = \int_{-\infty}^{\infty} g(x) f_X(x) \mathrm{d}x，如果广义积分绝对可积 \tag{1.3.4}$$

对于二维随机变量 (X, Y)，可以类似定义其函数 $h(X, Y)$ 的数学期望 $E[h(X, Y)]$，其中 $h(x, y)$ 是一个定义在 $\mathbf{R}^2$ 上的函数。类似于一维随机变量情形，有如下计算公式：

（1）如果二维随机变量 (X, Y) 是离散型的，则

$$E[h(X, Y)] = \sum_{i, j=1}^{\infty} h(x_i, y_i) p_{ij}，如果无穷级数绝对收敛 \tag{1.3.5}$$

（2）如果二维随机变量 (X, Y) 是连续型的，则

$$E[h(X, Y)] = \int_{-\infty}^{\infty} \int_{-\infty}^{\infty} h(x, y) f_X(x, y) \mathrm{d}x \mathrm{d}y，如果广义积分绝对可积 \tag{1.3.6}$$

例 1.3.1（卖报问题）　假定某卖报人每日的潜在卖报数 X 服从参数为 λ 的泊松分布。如果每卖出一份报纸可得报酬 a，卖不出则退回每份赔偿 b。若某日卖报人买进 n 份报，试求其期望所得，进一步再求最佳的卖报分数。

解　记实际卖报的数量为 Y，则 X 与 Y 的关系为 $Y = \begin{cases} X & (X < n) \\ n & (X \geqslant n) \end{cases}$，可得 Y 的分布为

$$P\{Y = k\} = \begin{cases} \dfrac{\lambda^k}{k!} \mathrm{e}^{-\lambda} & (k < n) \\ \displaystyle\sum_{i=n}^{+\infty} \dfrac{\lambda^i}{i!} \mathrm{e}^{-\lambda} & (k = n) \end{cases}$$

所得记为 Z，则 Z 与 Y 的关系为

$$Z = g(Y) = \begin{cases} aY - b(n - Y) & (Y < n) \\ an & (Y = n) \end{cases}$$

因此期望为

$$\begin{aligned}
E[g(Y)] &= \sum_{k=0}^{n-1} \frac{\lambda^k}{k!} \mathrm{e}^{-\lambda} [ka - (n-k)b] + \left(\sum_{k=n}^{\infty} \frac{\lambda^k}{k!} \mathrm{e}^{-\lambda} \right) na \\
&= (a+b)\lambda \sum_{k=0}^{n-2} \frac{\lambda^k}{k!} \mathrm{e}^{-\lambda} - n(a+b) \sum_{k=0}^{n-1} \frac{\lambda^k}{k!} \mathrm{e}^{-\lambda} + na
\end{aligned}$$

当 a, b, λ 给定后，就可以求出最佳的卖报份数 n。

利用数学期望的定义计算随机变量的期望是比较麻烦的，有时当随机变量的分布函数未知时，还可以利用数学期望的性质，简捷地获得随机变量的数学期望。

性质 1　$E(c) = c$（c 为常数）。

性质 2　$E(cX)=cE(X)$（c 为常数）。

性质 3　设 X，Y 是任意两个随机变量，则有

$$E(X+Y)=E(X)+E(Y)$$

这一性质可推广到有限多个随机变量的情形，即

$$E(X_1+X_2+\cdots+X_n)=E(X_1)+E(X_2)+\cdots+E(X_n)$$

性质 4　设 X，Y 是两个相互独立的随机变量，则有

$$E(XY)=E(X)E(Y)$$

这一性质也可推广到有限多个相互独立的随机变量的情形，即有

$$E(X_1X_2\cdots X_n)=E(X_1)E(X_2)\cdots E(X_n)$$

这些性质的证明不困难，请读者自己完成。

例 1.3.2　一辆机场班车载有 20 位旅客自机场开出，旅客有 10 个车站可以下车，如到达一个车站没有旅客下车则不停车，以 X 表示停车的次数，试求平均停车的次数。（假设每位旅客在各个车站下车是等可能的，并设各位旅客是否下车是相互独立的）

解　设随机变量 X_i 表示旅客在第 i 站下车的情况，即

$$X_i=\begin{cases}0,\text{无旅客下车}\\1,\text{有旅客下车}\end{cases}\quad(i=1,2,\cdots,10)$$

则

$$X=X_1+X_2+\cdots+X_{10}$$

而

$$P\{X_i=0\}=\left(\frac{9}{10}\right)^{20},\ P\{X_i=1\}=1-\left(\frac{9}{10}\right)^{20}\quad(i=1,2,\cdots,10)$$

由此

$$E(X_i)=1-\left(\frac{9}{10}\right)^{20}\quad(i=1,2,\cdots,10)$$

故

$$E(X)=E(X_1+X_2+\cdots+X_{10})=E(X_1)+E(X_2)+\cdots+E(X_{10})$$

$$=10\left[1-\left(\frac{9}{10}\right)^{20}\right]=8.784(\text{次})$$

随机变量 X 的方差本质上是一个数学期望。

定义 1.3.2　随机变量 X 的方差

$$D(X)=E(X^2)-[E(X)]^2$$

对二维随机变量，协方差和相关系数是刻画随机变量线性关系的一个重要指标。

定义 1.3.3　$E\{[X-E(X)][Y-E(Y)]\}$ 称为随机变量 X 与 Y 的**协方差**，记为 $\mathrm{cov}(X,Y)$，称

$$\rho_{XY}=\frac{\mathrm{cov}(X,Y)}{\sqrt{D(X)D(Y)}}$$

为随机变量 X 与 Y 的**相关系数**。

对多维随机变量，有重要的数字特征矩和协方差矩阵。

定义 1.3.4　设 X 和 Y 是随机变量，若

$$\mu_k=E(X^k)\quad(k=1,2,\cdots)$$

存在，称它为 X 的 k 阶**原点矩**，简称 k 阶矩。若
$$\nu_k = E\{[X - E(X)]^k\} \quad (k = 2, 3, \cdots)$$
存在，称它为 X 的 k 阶**中心矩**。若
$$E(X^k Y^l) \quad (k, l = 1, 2, \cdots)$$
存在，称它为 X 和 Y 的 $k+l$ 阶**混合原点矩**。若
$$E\{[X - E(X)]^k [Y - E(Y)]^l\} \quad (k, l = 1, 2, \cdots)$$
存在，称它为 X 和 Y 的 $k+l$ 阶**混合中心矩**。

实际中，很少用到四阶以上的矩，常常用三阶中心矩 $E\{[X - E(X)]^3\}$ 来衡量随机变量的分布是否有偏，用四阶中心矩 $E\{[X - E(X)]^4\}$ 来衡量随机变量的分布在均值附近的陡峭程度。

定义 1.3.5　设 $\boldsymbol{X} = (X_1, X_2, \cdots, X_p)$，若 $EX_i(i = 1, \cdots, p)$ 存在且有限，则称 $E(\boldsymbol{X}) = (EX_1, EX_2, \cdots, EX_p)$ 为 $\boldsymbol{X}$ 的均值（向量）或数学期望，有时也把 $E(\boldsymbol{X})$ 和 EX_i 分别记为 $\boldsymbol{\mu}$ 和 μ_i，即 $\boldsymbol{\mu} = (\mu_1, \mu_2, \cdots, \mu_p)$，容易推得均值（向量）具有性质：

(1) $E(\boldsymbol{XA}) = E(\boldsymbol{X})\boldsymbol{A}$。

(2) $E(\boldsymbol{AXB}) = \boldsymbol{A}E(\boldsymbol{X})\boldsymbol{B}$。

(3) $E(\boldsymbol{XA} + \boldsymbol{YB}) = E(\boldsymbol{X})\boldsymbol{A} + E(\boldsymbol{Y})\boldsymbol{B}$。

其中，$\boldsymbol{X}$，$\boldsymbol{Y}$ 为随机向量；$\boldsymbol{A}$，$\boldsymbol{B}$ 为大小适合运算的常数矩阵。

定义 1.3.6　设 $\boldsymbol{X} = (X_1, \cdots, X_p)$，$\boldsymbol{Y} = (Y_1, \cdots, Y_p)$，称
$$\boldsymbol{D}(\boldsymbol{X}) \stackrel{\text{def}}{=} E(\boldsymbol{X} - E\boldsymbol{X})'(\boldsymbol{X} - E\boldsymbol{X})$$
$$= \begin{bmatrix} \text{cov}(X_1, X_1) & \text{cov}(X_1, X_2) & \cdots & \text{cov}(X_1, X_p) \\ \text{cov}(X_2, X_1) & \text{cov}(X_2, X_2) & \cdots & \text{cov}(X_2, X_p) \\ \vdots & \vdots & & \vdots \\ \text{cov}(X_p, X_1) & \text{cov}(X_p, X_2) & \cdots & \text{cov}(X_p, X_p) \end{bmatrix}$$

为 $\boldsymbol{X}$ 的方差或协方差矩阵，有时把 $\boldsymbol{D}(\boldsymbol{X})$ 简记为 Σ，$\text{cov}(X_i, X_j)$ 简记为 σ_{ij}，从而有 $\boldsymbol{\Sigma} = (\sigma_{ij})_{p \times p}$；称随机向量 $\boldsymbol{X}$，$\boldsymbol{Y}$ 的协方差矩阵为
$$\text{cov}(\boldsymbol{X}, \boldsymbol{Y}) \stackrel{\text{def}}{=} E(\boldsymbol{X} - E\boldsymbol{X})'(\boldsymbol{Y} - E\boldsymbol{Y})$$
$$= \begin{bmatrix} \text{cov}(X_1, Y_1) & \text{cov}(X_1, Y_2) & \cdots & \text{cov}(X_1, Y_q) \\ \text{cov}(X_2, Y_1) & \text{cov}(X_2, Y_2) & \cdots & \text{cov}(X_2, Y_q) \\ \vdots & \vdots & & \vdots \\ \text{cov}(X_p, Y_1) & \text{cov}(X_p, Y_2) & \cdots & \text{cov}(X_p, Y_p) \end{bmatrix}$$

当 $\boldsymbol{X} = \boldsymbol{Y}$ 时，即 $\text{cov}(\boldsymbol{X}, \boldsymbol{Y})$ 为 $D(\boldsymbol{X})$。

二维随机变量 (X_1, X_2) 有四个二阶中心矩：
$$c_{11} = E\{[X_1 - E(X_1)]^2\}$$
$$c_{12} = E\{[X_1 - E(X_1)][X_2 - E(X_2)]\}$$
$$c_{21} = E\{[X_2 - E(X_2)][X_1 - E(X_1)]\}$$
$$c_{22} = E\{[X_2 - E(X_2)]^2\}$$

将它们排成矩阵形式
$$\begin{bmatrix} c_{11} & c_{12} \\ c_{21} & c_{22} \end{bmatrix}$$

它就是二维随机变量(X_1, X_2)的**协方差矩阵**。

1.4　几类重要的离散型分布

本节将总结几类重要的离散型随机变量及其分布。

1.4.1　伯努利分布

伯努利分布是最简单的离散型分布，抛掷硬币、射击、投篮等随机现象都可以用伯努利分布来描述，其定义如下：

定义 1.4.1　一个随机变量 X 被称为服从参数为 $p \in (0, 1)$ 的伯努利分布，如果它的取值仅为 0 和 1，且其分布列为 $P(X=1)=p$ 和 $P(X=0)=1-p$。

服从参数为 $p \in (0, 1)$ 的伯努利分布的随机变量 X 的均值 $E(X)=p$，方差 $D(X)=p(1-p)$。进一步，其 n 阶原点矩 $E(X^n)=p$，其中 $n \in \mathbf{N}$。

下面的例子表明通过示性函数可以构造服从伯努利分布的随机变量。

例 1.4.1　设 $(\Omega, \mathcal{F}, P)$ 是一概率空间，A 是其上的一个事件且其发生的概率为 $p \in (0, 1)$，即 $P(A)=p$。下面定义关于事件 A 的示性随机变量：对任意的样本点 $\omega \in \Omega$，有

$$I_A(\omega) = \begin{cases} 1 & (\omega \in A) \\ 0 & (\omega \in \overline{A}) \end{cases}$$

也就是说：如果事件 A 发生，则随机变量 I_A 为 1；否则为 0。通过此定义可知，示性随机变量 I_A 显然只取 0 或 1 两值，且 $P(I_A=1)=P(A)=p$ 和 $P(I_A=0)=1-P(A)=1-p$，因此示性随机变量 I_A 服从参数为 p 的伯努利分布。

1.4.2　二项分布与多项分布

二项分布来源于 n 重伯努利随机试验。具体来说，设 $A_1, A_2, \cdots, A_n(n \in \mathbf{N})$ 为相互独立的事件且其发生的概率均为 $p \in (0, 1)$，定义随机变量：

$$X(\omega) = \sum_{i=1}^n I_{A_i}(\omega) \quad (\forall \omega \in \Omega) \tag{1.4.1}$$

那么随机变量的取值全体为 $\{0, 1, \cdots, n\}$，且分布列为：对任意的 $k=0, 1, \cdots, n$，有

$$p_k = P(X=k) = \frac{n!}{k!(n-k)!} p^k (1-p)^{n-k} \tag{1.4.2}$$

以后称具有分布列，即满足式(1.4.2)的随机变量 X 服从参数为(n, p)的二项分布，记为 $X \sim B(n, p)$。

根据式(1.4.1)，且注意到 $I_{A_1}, I_{A_2}, \cdots, I_{A_n}$ 是相互独立且同分布于参数为 p 的伯努利分布的 n 个随机变量，因此有

$$\begin{cases} E(X) = \sum_{i=1}^n E(I_{A_i}) = nE(I_{A_1}) = np \\ D(X) = \sum_{i=1}^n D(I_{A_i}) = nD(I_{A_1}) = np(1-p) \end{cases}$$

多项分布是二项分布的进一步拓展。

定义 1.4.2　设 $m \in \mathbf{N}$，假设 $(Y_1, \cdots, Y_m)$ 是一个取值为 $(N^*)^m$ 的离散型 m 维随机变量。如果其联合分布列满足：对于 $k_1, \cdots, k_m \in \{0, 1, \cdots, n\}$，有

$$P(Y_1 = k_1, \cdots, Y_m = k_m) = \begin{cases} \dfrac{n!}{k_1! \cdots k_m!} p_1^{k_1} \cdots p_m^{k_m} & \left(\sum_{i=1}^m k_i = n\right) \\ 0 & \left(\sum_{i=1}^m k_i \neq n\right) \end{cases} \quad (1.4.3)$$

其中，$p_i \in (0, 1)$ 且 $\sum_{i=1}^m p_i = 1$，则称 m 维随机变量 $(Y_1, \cdots, Y_m)$ 服从参数为 $(n; p_1, \cdots, p_m)$ 的 m 项分布。对于服从参数为 $(n; p_1, \cdots, p_m)$ 的 m 项分布的随机变量 $(Y_1, \cdots, Y_m)$，有

$$E(Y_i) = np_i, \quad D(Y_i) = np_i(1 - p_i)$$

$$\text{cov}(Y_i, Y_j) = -np_i p_j \quad (i, j = 1, 2, \cdots, m \text{ 且 } i \neq j)$$

例 1.4.2　在一批大豆种子中，黄色种子占 70%，绿色种子占 20%。从中任取 4 粒，若黄色及绿色种子的粒数依次为 X 及 Y。

（1）写出随机变量 (X, Y) 的概率分布列；

（2）写出 X 的分布列；

（3）写出 Y 的分布列。

解　由题意，记 Z 表示其他颜色的种子，则 (X, Y, Z) 服从参数为 $(4, 0.7, 0.2, 0.1)$ 的三项分布，即

$$P(X = k_1, Y = k_2, Z = k_3) = \begin{cases} \dfrac{4!}{k_1! \, k_2! \, k_3!} 0.7^{k_1} 0.2^{k_2} 0.1^{k_3} & \left(\sum_{i=1}^3 k_i = 4\right) \\ 0 & \left(\sum_{i=1}^3 k_i \neq 4\right) \end{cases}$$

故 (X, Y) 的分布列为

$$P(X = k_1, Y = k_2) = \sum_{k_3=0}^4 P(X = k_1, Y = k_2, Z = k_3)$$

$$= \sum_{k_3=0}^4 \frac{4!}{k_1! \, k_2! \, k_3!} 0.7^{k_1} 0.2^{k_2} 0.1^{k_3} \quad (k_1 + k_2 \leqslant 4; k_1, k_2 \in \mathbf{N})$$

从中任取 4 粒，取到黄色种子 X 的分布列服从参数为 0.7 的二项分布，即

$$P(X = k) = C_4^k 0.7^k 0.3^{4-k} \quad (k = 0, 1, 2, 3, 4)$$

同理取到绿色种子 Y 的分布列服从参数为 0.2 的二项分布，即

$$P(Y = k) = C_4^k 0.2^k 0.8^{4-k} \quad (k = 0, 1, 2, 3, 4)$$

从该例中可以看出，多项分布的边际分布是二项分布。

1.4.3　几何分布与负二项分布

仍然考虑 1.4.2 节所给出的 n 个事件 $A_1, A_2, \cdots, A_n (n \in \mathbf{N})$。定义如下的随机变量：对任意的 $k = 1, 2, \cdots$，有

$$Y=k \text{ 当且仅当 } I_{A_1}=\cdots=I_{A_k}=0 \text{ 和 } I_{A_{k+1}}=1$$

如果把 $I_{A_i}=0$ 理解为第 i 个试验失败，那么事件 $\{Y=k\}$ 表示的是在试验首次成功前试验失败了 k 次。因此随机变量 Y 的分布列为

$$P(Y=k)=(1-p)^k p \quad (k=0,1,\cdots) \tag{1.4.4}$$

以后称具有分布列为式(1.4.4)的随机变量服从几何分布。对于服从几何分布的随机变量 Y，有

$$E(Y)=\frac{1-p}{p} \text{ 和 } D(Y)=\frac{1-p}{p^2}$$

上面定义的几何分布可以进一步推广。设 $m\in\mathbf{N}$，定义一个随机变量 $Z^{(m)}$ 为第 m 次试验成功之前失败的试验次数，那么对任意的 $k=0,1,\cdots$，事件 $\{Z^{(m)}=k\}$ 等价于前 $k+m-1$ 次试验中恰好成功了 $m-1$ 次，而第 $k+m$ 次试验成功。于是随机变量 $Z^{(m)}$ 的分布列为

$$P(Z^{(m)}=k)=\frac{(k+m-1)!}{(m-1)!\,k!}p^{m-1}(1-p)^k\times p$$

$$=\frac{(k+m-1)!}{(m-1)!\,k!}p^m(1-p)^k \quad (k=0,1,\cdots) \tag{1.4.5}$$

以后称具有分布列为式(1.4.5)形式的随机变量服从负二项分布(也称为帕斯卡分布)。

例 1.4.3　计算负二项分布的均值和方差。事实上，对于服从负二项分布的随机变量 $Z^{(m)}$，可进一步写成：

$$Z^{(m)}=\sum_{i=1}^{m}X_i$$

其中，$X_1,\cdots,X_m$ 是 m 个相互独立且分布列同为式(1.4.4)的几何分布。

1.4.4　泊松分布

泊松分布是本节最为重要且应用最广的离散型分布。我们在以后的章节还要讨论泊松过程。泊松过程与泊松分布具有紧密的联系。

泊松分布的定义如下：

定义 1.4.3　如果一个取值 k 的离散型随机变量 X 的分布列有如下形式

$$p_k=P(X=k)=\frac{\lambda^k}{k!}\mathrm{e}^{-\lambda} \quad (k=0,1,\cdots) \tag{1.4.6}$$

其中 $\lambda>0$，那么称随机变量 X 服从参数为 λ 的泊松分布。

用级数展开公式

$$\mathrm{e}^x=\sum_{n=0}^{\infty}\frac{x^k}{k!} \quad (x\in\mathbf{R})$$

可以计算得到 $E(X)=D(X)=\lambda$。

注意：泊松分布具有再生性，即设 $X_1,\cdots,X_n(n\in\mathbf{N})$ 是 n 个相互独立且分别服从参数为 $\lambda_1,\cdots,\lambda_n>0$ 的泊松分布，则其和 $\sum_{i=1}^{n}X_i$ 服从参数为 $\sum_{i=1}^{n}\lambda_i$ 的泊松分布。

另一方面，对于参数为 (n,p) 的二项分布，如果参数 n 较大，而 p 较小，那么可以用参数为 $\lambda=np$ 的泊松分布来逼近。例如，一个盒子里装有 144 个鸡蛋，假设每个鸡蛋破的概率相同且为 1%。设随机变量 X 表示盒子里鸡蛋破的个数，那么 X 服从参数为

$(n=144,p=0.01)$ 的二项分布。因此在这 144 个鸡蛋中恰有 3 个鸡蛋破的概率为

$$\frac{144!}{141!\ 3!} \times 0.01^3 \times 0.99^{141} = 0.1181$$

这个概率可以由参数为 $\lambda = np = 1.44$ 的泊松分布来近似，于是这个概率近似等于

$$\frac{1.44^3}{3!} e^{-1.44} = 0.1179$$

另外一种泊松分布与二项分布的关系可由下面的计算体现。设 X_1 和 X_2 是分别服从参数为 $\lambda_1 > 0$ 和 $\lambda_2 > 0$ 的泊松分布，二者之和 $Y = X_1 + X_2$，那么在 $Y = n(n \in \mathbf{N})$ 的条件下，随机变量 X_1 就服从参数为 $\left(n, \dfrac{\lambda_1}{\lambda_1 + \lambda_2}\right)$ 的二项分布。事实上，用条件概率的定义式(1.1.1)和泊松过程的再生性，对任意的 $k = 0, 1, \cdots, n$，有

$$P(X_1 = k \mid Y = n) = P(X_1 = k \mid X_1 + X_2 = n)$$

$$= \frac{P(X_1 = k, X_2 = n - k)}{P(X_1 + X_2 = n)} = \frac{P(X_1 = k)P(X_2 = n - k)}{P(X_1 + X_2 = n)}$$

$$= \frac{\dfrac{\lambda_1^k}{k!} e^{-\lambda_1} \dfrac{\lambda_2^{(n-k)}}{(n-k)!} e^{-\lambda_2}}{\dfrac{(\lambda_1 + \lambda_2)^n}{n!} e^{-(\lambda_1 + \lambda_2)}}$$

$$= \frac{n!}{k!\ (n-k)!} \left(\frac{\lambda_1}{\lambda_1 + \lambda_2}\right)^k \left(1 - \frac{\lambda_1}{\lambda_1 + \lambda_2}\right)^{n-k}$$

例 1.4.4 将上面的关系进行了进一步推广。

例 1.4.4　设 $X_1, \cdots, X_m (m \in \mathbf{N})$ 是 m 个相互独立且分别服从参数为 $\lambda_1, \cdots, \lambda_m > 0$ 的泊松分布和 $Y = \sum_{i=i}^{m} X_i$。验证：在 $Y = n(n \in \mathbf{N})$ 的条件下，随机变量 $X_i (i = 1, \cdots, m)$ 服从参数为 $\left(n, \dfrac{\lambda_i}{\sum\limits_{i=1}^{m} \lambda_i}\right)$ 的二项分布。其证明同上，仍然要用到条件概率的定义式(1.1.1)和泊松过程的再生性。

1.5　几类重要的连续型分布

根据定义式(1.2.1)，连续型随机变量的分布函数取决于其概率密度函数。不同类型的概率密度函数导致了不同的连续型分布，本节介绍和回顾几类重要的连续型分布(概率密度函数)。

1.5.1　均匀分布

一个连续型随机变量 X 被称为服从区间 $[a, b]$(其中 $a < b$)上的均匀分布，如果它的概率密度函数为

$$f_X(x) = \begin{cases} \dfrac{1}{b-a} & (a \leqslant x \leqslant b) \\ 0 & (x < a \text{ 或 } x > b) \end{cases} \tag{1.5.1}$$

则均匀分布函数为

$$F_X(x) = \int_{-\infty}^{x} f_X(y)\mathrm{d}y = \begin{cases} 0 & (x \leqslant a) \\ \dfrac{x-a}{b-a} & (a < x \leqslant b) \\ 1 & (x > b) \end{cases}$$

另外，服从均匀分布的随机变量 X 的均值和方差分别为 $E(X) = \dfrac{a+b}{2}$ 和 $D(X) = \dfrac{(b-a)^2}{12}$。

均匀分布的一个重要作用是产生任意一个分布函数，这个关于均匀分布的性质经常用来对各种分布进行数值仿真。

定理 1.5.1 设 $G(x)$ 是实数域上的任何一个分布函数（见定义 1.2.2），X 是一个服从区间 $[0,1]$ 上的均匀分布的随机变量。定义区间 $[0,1]$ 上的函数 $G^{-1}(x)$ 为

$$G^{-1}(x) = \begin{cases} G(x) \text{ 的反函数} & (G(x) \text{ 的反函数存在}) \\ \min\{t \in \mathbf{R}: G(t) \geqslant x\} & (x \in (0,1), G(x) \text{ 的反函数不存在}) \end{cases}$$

那么随机变量

$$Y = G^{-1}(X)$$

具有分布函数 $G(x)$。

该定理的证明是直接的，这里忽略其证明。上面的定理说明：人们要想产生分布函数为 $G(x)$ 的随机数，只需产生服从均匀分布的随机数即可。例如，在 Excel 命令函数中，命令函数 rand() 即可生成服从 $[0,1]$ 区间上的随机数。

1.5.2 正态分布与多维正态分布

正态分布（或称高斯分布）是应用最为广泛的一类连续型分布。

如果一个连续型随机变量 X 的概率密度函数为

$$f_X(x) = \frac{1}{\sqrt{2\pi\sigma^2}} \exp\left[-\frac{(x-u)^2}{2\sigma^2}\right] \quad (x \in \mathbf{R}) \tag{1.5.2}$$

其中，参数 $\mu \in \mathbf{R}$，$\sigma > 0$，则称这个随机变量服从参数 (μ, σ^2) 的正态分布，一般记为 $X \sim N(\mu, \sigma^2)$。如果 $X \sim N(0,1)$，则称 X 服从标准正态分布，它的概率密度函数记为 $\varphi(x)$，其相应的分布函数记为 $\Phi(x)$。

正态随机变量 X 的均值为 $E(X) = \mu$，方差 $D(X) = \sigma^2$。也就是说，如果一个随机变量 X 服从正态分布，那么 $X \sim N[E(X), D(X)]$。进一步，正态随机变量具有任意阶矩，即对任意的 $n \in \mathbf{N}$，有

$$E[(X-\mu)^n] = \begin{cases} 0 & (n \text{ 为奇数}) \\ \sigma^n(n-1)!! & (n \text{ 为偶数}) \end{cases} \tag{1.5.3}$$

表 1.5.1 列出了正态随机变量 $X \sim N(\mu, \sigma^2)$ 的 1 到 8 阶中心距和矩的值。

表 1.5.1　正态分布的原点矩和中心距

n	$E(X^n)$	$E\left[(X-\mu)^n\right]$
1	μ	0
2	$\mu^2+\sigma^2$	σ^2
3	$\mu^3+3\mu\sigma^2$	0
4	$\mu^4+6\mu^2\sigma^2+3\sigma^4$	$3\sigma^4$
5	$\mu^5+10\mu^3\sigma^2+15\mu\sigma^4$	0
6	$\mu^6+15\mu^4\sigma^2+45\mu^2\sigma^4+15\sigma^6$	$15\sigma^6$
7	$\mu^7+21\mu^5\sigma^2+105\mu^3\sigma^4+105\mu\sigma^6$	0
8	$\mu^8+28\mu^6\sigma^2+210\mu^4\sigma^4+420\mu^2\sigma^6+105\sigma^8$	$105\sigma^8$

另外一个有意思的结论是：当均方差参数 $\sigma \rightarrow 0$ 时，有

$$\frac{1}{\sqrt{2\pi\sigma^2}}\exp\left(-\frac{x^2}{2\sigma^2}\right) \rightarrow \delta(x)，\text{对每个 } x \in \mathbf{R} \tag{1.5.4}$$

其中，$\delta(x)$ 是狄拉克-德尔塔函数。当 $x \neq 0$ 时，$\delta(x)=0$；当 $x=0$ 且满足 $\int_{-\infty}^{+\infty}\delta(x)\mathrm{d}x=1$ 时，$\delta(x)=+\infty$。

中心极限定理解释了为什么正态分布具有较广的应用。设 $X_1,\cdots,X_n(n \in \mathbf{N})$ 为一列独立同分布随机变量且具有有限均值 $\mu=E(X_1)$ 和有限方差 $\sigma^2=D(X_1)$，那么中心极限定理断言：对所有 $x \in \mathbf{R}$，有

$$\lim_{n\to\infty}P\left[\frac{\sum\limits_{i=1}^{n}X_i-n\mu}{\sigma\sqrt{n}} \leqslant x\right]=\Phi(x) \tag{1.5.5}$$

实际中常常用到多元正态分布，多维正态分布见定义 1.5.1。

定义 1.5.1　设 $\boldsymbol{X}=(X_1,\cdots,X_m)(m \in \mathbf{N})$ 是一个 m 维连续型随机变量，如果它的联合概率密度函数为

$$f_X(\boldsymbol{x})=\frac{1}{(2\pi)^{\frac{m}{2}}|\boldsymbol{C}|^{\frac{1}{2}}}\exp\left[-\frac{1}{2}(\boldsymbol{x}-\boldsymbol{\mu})\boldsymbol{C}^{-1}(\boldsymbol{x}-\boldsymbol{\mu})'\right]$$

其中：

$$\boldsymbol{x}=(x_1,\cdots,x_m)$$
$$\boldsymbol{\mu}=[E(X_1),\cdots,E(X_m)]$$
$$\boldsymbol{C}=[\mathrm{cov}(x_i,x_j)]$$
$$\boldsymbol{C}^{-1}\text{ 表示 }\boldsymbol{C}\text{ 的逆矩阵}$$

称 m 维随机变量（随机向量）$\boldsymbol{X}$ 服从 m 维正态分布，一般记为 $\boldsymbol{X} \sim N(\boldsymbol{\mu},\boldsymbol{C})$，称 $\boldsymbol{\mu}$ 为均值向量，$\boldsymbol{C}$ 为协方差矩阵。

显然，当 $p=1$ 时，为一元正态分布密度函数。

上述定义实际上是在 $|\boldsymbol{C}| \neq 0$ 时给出的，当 $|\boldsymbol{C}|=0$ 时，$\boldsymbol{X}=(X_1,\cdots,X_m)(m \in \mathbf{N})$ 不

存在通常意义下的概率密度，此时，多维正态分布见定义 1.5.2。

定义 1.5.2 独立标准正态随机变量 $X_1, \cdots, X_p (p \in \mathbf{N})$ 的有限线性组合 $\boldsymbol{Y} = (Y_1, Y_2, \cdots, Y_m)$：

$$(Y_1 \quad Y_2 \quad \cdots \quad Y_m) = (X_1 \quad X_2 \quad \cdots \quad X_p)\boldsymbol{A}_{p \times m} + \boldsymbol{\mu}_{1 \times m} \quad (m \in \mathbf{N})$$

称为 m 维正态分布，记为 $\boldsymbol{Y} \sim N(\boldsymbol{\mu}, \boldsymbol{\Sigma})$，其中 $\boldsymbol{\Sigma} = \boldsymbol{A}'\boldsymbol{A}$，注意 $\boldsymbol{\Sigma} = \boldsymbol{A}'\boldsymbol{A}$ 的分解一般不是唯一的。特别地，对于二维正态分布的情况来说，此时协方差矩阵 $\boldsymbol{C} = \begin{bmatrix} \sigma_{11} & \sigma_{12} \\ \sigma_{21} & \sigma_{22} \end{bmatrix}$，故

$$\boldsymbol{C}^{-1} = \frac{1}{\sigma_{11}\sigma_{22} - \sigma_{12}^2} \begin{pmatrix} \sigma_{22} & -\sigma_{12} \\ -\sigma_{12} & \sigma_{11} \end{pmatrix}$$

$$= \frac{1}{\sigma_{11}\sigma_{22}(1 - \rho_{12}^2)} \begin{bmatrix} \sigma_{22} & -\rho_{12}\sqrt{\sigma_{11}}\sqrt{\sigma_{22}} \\ -\rho_{12}\sqrt{\sigma_{11}}\sqrt{\sigma_{22}} & \sigma_{11} \end{bmatrix}$$

$$|\boldsymbol{C}| = \sigma_{11}\sigma_{22} - \sigma_{12}^2 = \sigma_{11}\sigma_{22}(1 - \rho_{12})^2$$

而

$$(\boldsymbol{x} - \boldsymbol{\mu})\boldsymbol{C}^{-1}(\boldsymbol{x} - \boldsymbol{\mu})' = \frac{\left\{ \sigma_{22}(x_1 - \mu_1)^2 + \sigma_{11}(x_2 - \mu_2)^2 - 2\rho_{12}\sqrt{\sigma_{11}}\sqrt{\sigma_{22}}(x_1 - \mu_1) \times (x_2 - \mu_2) \right\}}{\sigma_{11}\sigma_{12}(1 - \rho_{12}^2)}$$

$$= \frac{1}{1 - \rho_{12}^2}\left[\left(\frac{x_1 - \mu_1}{\sqrt{\sigma_{11}}}\right)^2 + \left(\frac{x_2 - \mu_2}{\sqrt{\sigma_{22}}}\right)^2 - 2\rho_{12}\left(\frac{x_1 - \mu_1}{\sqrt{\sigma_{11}}}\right)\left(\frac{x_2 - \mu_2}{\sqrt{\sigma_{22}}}\right) \right]$$

将上述 $|\boldsymbol{C}|, \boldsymbol{C}^{-1}, (\boldsymbol{x} - \boldsymbol{\mu})\boldsymbol{\Sigma}^{-1}(\boldsymbol{x} - \boldsymbol{\mu})'$ 代到 m 维正态分布的概率密度函数中便可得到二元正态密度函数关于 $\mu_1, \mu_2, \sigma_{11}, \sigma_{22}$ 和 ρ_{12} 的表达式：

$$f_X(x_1, x_2) = \frac{1}{2\pi\sigma_1\sigma_2\sqrt{1 - \rho_{12}^2}} \times$$

$$\exp\left[-\frac{1}{2(1 - \rho_{12}^2)}\left(\frac{(x_1 - \mu_1)^2}{\sigma_1^2} + \frac{(x_2 - \mu_2)^2}{\sigma_2^2} - 2\rho\frac{(x_1 - \mu_1)(x_2 - \mu_2)}{\sigma_1\sigma_2} \right) \right]$$

$$(1.5.6)$$

一般记 $\boldsymbol{X} \sim N(\mu_1, \mu_2, \sigma_1^2, \sigma_2^2, \rho_{12})$，实际中常记 ρ_{12} 为 ρ。由大学的概率论知识知，$X_1 \sim N(\mu_1, \sigma_1^2)$，$X_2 \sim N(\mu_2, \sigma_2^2)$，$\rho \in (-1, 1)$ 表示 X_1 与 X_2 的相关系数。如果 $\rho = 0$，则根据式(1.5.6)，X_1 与 X_2 是相互独立的正态随机变量。

多维正态分布是随机过程中经常用到的分布，下面不加证明地给出多维正态分布的性质。

性质 1 设 $\boldsymbol{a}$ 为 $1 \times r$ 的实向量，$\boldsymbol{B}$ 为 $m \times r$ 的实矩阵($r \in \mathbf{N}$)，定义 r 维随机变量

$$\boldsymbol{Y} = \boldsymbol{a} + \boldsymbol{XB} \tag{1.5.7}$$

一般地，人们称 $\boldsymbol{Y}$ 是 m 维正态随机变量 $\boldsymbol{X} \sim N(\boldsymbol{\mu}, \boldsymbol{C})$ 的仿射变换，则仿射变换 $\boldsymbol{Y}$ 服从 r 维正态分布，且有

$$\boldsymbol{Y} \sim N(\boldsymbol{a} + \boldsymbol{\mu B}, \boldsymbol{B}'\boldsymbol{CB}) \tag{1.5.8}$$

该性质将在研究正态随机的过程中经常用到。

性质 2 若 p 维正态随机变量 $\boldsymbol{X} = (X_1, X_2, \cdots, X_p) \sim N_p(\boldsymbol{\mu}, \boldsymbol{C})$，其协方差矩阵 $\boldsymbol{C}$

是对角阵，则它的各分量是相互独立的随机变量。

性质 3　多元正态分布随机向量 $\boldsymbol{X}=(X_1, X_2, \cdots, X_p)$ 的任何一个分量子集的分布仍然服从正态分布，即若 $\boldsymbol{X} \sim N_p(\boldsymbol{\mu}, \boldsymbol{\Sigma})$，将 $\boldsymbol{X}$，$\boldsymbol{\mu}$，$\boldsymbol{\Sigma}$ 作如下剖分：

$$\boldsymbol{X}=(\boldsymbol{X}^{(1)}, \boldsymbol{X}^{(2)}), \boldsymbol{\mu}=(\boldsymbol{\mu}^{(1)}, \boldsymbol{\mu}^{(2)})$$

$$\boldsymbol{\Sigma}=\begin{bmatrix} \boldsymbol{\Sigma}_{11} & \boldsymbol{\Sigma}_{12} \\ \boldsymbol{\Sigma}_{21} & \boldsymbol{\Sigma}_{22} \end{bmatrix}\begin{matrix} q \\ p-q \end{matrix}$$

其中，$\boldsymbol{X}^{(1)}$，$\boldsymbol{X}^{(2)}$ 分别是 q，$p-q$ 维的子集，则 $\boldsymbol{X}^{(1)} \sim N_q(\boldsymbol{\mu}^{(1)}, \boldsymbol{\Sigma}_{11})$，$\boldsymbol{X}^{(2)} \sim N_{p-q}(\boldsymbol{\mu}^{(2)}, \boldsymbol{\Sigma}_{22})$。

值得指出的是：多元正态分布的任何边缘分布为正态分布，但反之不真。

性质 4　多元正态分布的条件分布仍然服从正态分布。

1.5.3　对数正态分布

设一维随机变量 $X \sim N(\mu, \sigma^2)$。非负随机变量 $Y=e^X$，称连续型随机变量 Y 服从参数为 (μ, σ^2) 的对数正态分布，进一步其概率密度函数为

$$f_Y(y)=\frac{1}{y\sqrt{2\pi\sigma^2}}\exp\left[-\frac{(\ln y-\mu_1)^2}{2\sigma^2}\right] \quad (y>0) \tag{1.5.9}$$

对数正态随机变量 Y 的均值和方差分别为

$$E(Y)=e^{\mu+\frac{1}{2}\sigma^2} \text{ 和 } D(Y)=e^{2\mu+\sigma^2}(e^{\sigma^2}-1)$$

1.5.4　指数分布

设 X 是一个非负连续型随机变量，如果其概率密度函数为

$$f_X(x)=\lambda e^{-\lambda x} \quad (x>0) \tag{1.5.10}$$

其中，$\lambda>0$，则称随机变量 X 服从参数为 λ 的指数分布。相应地，参数为 λ 的指数分布函数为

$$F_X(x)=(1-e^{-\lambda x}) \quad (x>0) \tag{1.5.11}$$

服从参数为 λ 的指数分布的随机变量 X 的均值和方差分别为

$$E(X)=\frac{1}{\lambda} \text{ 和 } D(X)=\frac{1}{\lambda^2}$$

服从指数分布的随机变量具有所谓的无记忆性，因此经常被用来建模寿命问题。

例 1.5.1　对所有 $s, t \geq 0$，服从指数分布的随机变量 X 满足下面的无记忆性

$$P(X>s+t \mid X>s)=\frac{P(X>s+t, X>s)}{P(X>s)}$$

$$=\frac{P(X>s+t)}{P(X>s)}=\frac{e^{-\lambda(s+t)}}{e^{-\lambda s}}=e^{-\lambda t}$$

$$=P(X>t)$$

相反，如果定义函数 $f(t)=P(X>t)$，那么上面的等式意味着

$$f(t+s)=f(t)f(s), f(0)=P(X>0)=1$$

我们注意到：函数 $t \to f(t)$ 是连续单调递减的（因为 $X(\omega)$ 是连续型随机变量），故一定存在一个常数 $\lambda>0$ 使 $f(t)=e^{-\lambda t}$。这说明在连续型分布中，指数分布是唯一具有无记忆性

的连续型分布。

对于非负连续型随机变量 Y，假设其有连续的概率密度函数 $g(t)$ 和相应的分布函数 $G(t)<1$，对有限的 $t>0$，则称

$$r(t)=\frac{g(t)}{1-G(t)}\quad(t>0)\tag{1.5.12}$$

为**危险率**（或称**失效率**）。人们可以通过下面的计算来解释上面危险率的含义：若非负随机变量 Y 为某个设备的寿命，那么对于 $t>0$，事件 $\{Y>t\}$ 意味着设备在 t 时刻之前都是正常工作的。考虑 $\Delta t>0$，则 $\{t<Y\leqslant\Delta t\}$ 表明设备尽管在 t 时刻之前都是正常工作的，但设备寿命不会超过 $t+\Delta t$。于是由式 (1.1.1)，条件概率为

$$\begin{aligned}P(t<Y\leqslant t+\Delta t\,|\,Y>t)&=\frac{P(t<Y\leqslant t+\Delta t)}{P(Y>t)}\\&=\frac{g(t)\Delta t}{1-G(t)}+o(\Delta t)\\&=r(t)\Delta t+o(\Delta t)\quad(\Delta t\to0)\end{aligned}$$

这解释了为什么人们称由式 (1.5.12) 定义的 $r(t)$ 为危险率或失效率。

进一步重写式 (1.5.12) 为下面的形式

$$-r(t)=\frac{\dfrac{\mathrm{d}[1-G(t)]}{\mathrm{d}t}}{1-G(t)}=\frac{\mathrm{d}\ln[1-G(t)]}{\mathrm{d}t}$$

于是

$$-\int_0^r r(s)\mathrm{d}s=\ln[1-G(t)]$$

这意味着非负随机变量 Y 的分布函数可由其危险率来表示，即

$$G(t)=1-\exp\left[-\int_0^r r(s)\mathrm{d}s\right]\quad(t>0)\tag{1.5.13}$$

考虑参数为 $\lambda>0$ 的指数分布的随机变量的危险率。首先由式 (1.5.10) 和式 (1.5.11) 知，指数分布的概率密度函数在 $(0,+\infty)$ 上是连续的且分布函数 $F_X(t)<1$，对有限的 $t>0$，那么指数分布的危险率为

$$r(t)=\frac{f_X(t)}{1-F_X(t)}=\frac{\lambda\mathrm{e}^{-\lambda t}}{\mathrm{e}^{-\lambda t}}\equiv\lambda\quad(\forall t\geqslant0)\tag{1.5.14}$$

式 (1.5.14) 说明，指数分布的危险率就是其参数，且其危险率随 t 的变化始终保持不变。因此，指数分布在寿命建模中具有解析可操作性。

1.5.5　伽玛分布与贝塔分布

伽玛分布是指数分布的进一步推广。事实上，假设 $X_1,\cdots,X_n(n\in\mathbf{N})$ 是 n 个相互独立同分布于参数为 $\lambda>0$ 的指数分布的随机变量，则其和 $Y=\sum_{i=1}^n X_i$ 服从参数为 (n,λ) 的伽玛分布，记为 $Y\sim\Gamma(n,\lambda)$。

伽玛分布的第一个参数 n 要求必须是正整数。实际上可以将参数 n 拓展到一般的正实数 $\alpha>0$，于是有定义 1.5.3。

定义 1.5.3 设 $\alpha, \lambda > 0$，称一个非负连续型随机变量 X 服从参数为 (α, λ) 的伽玛分布，记为 $X \sim \Gamma(\alpha, \lambda)$，如果它的概率密度函数为

$$f_X(x) = \frac{\lambda^\alpha}{\Gamma(\alpha)} x^{\alpha-1} \mathrm{e}^{-\lambda x} \quad (x > 0) \tag{1.5.15}$$

其中，$\Gamma(\alpha) = \int_0^\infty x^{\alpha-1} \mathrm{e}^{-x} \mathrm{d}x$ 为伽玛函数。

对于随机变量 $X \sim \Gamma(\alpha, \lambda)$，其均值和方差分别为

$$E(X) = \frac{\alpha}{\lambda}, \ D(X) = \frac{\alpha}{\lambda^2}$$

一个连续型随机变量 X 被称为服从参数为 (α, β) 的贝塔分布 $(\alpha, \beta > 0)$，如果它的概率密度函数具有如下形式

$$f_X(x) = \begin{cases} \dfrac{\Gamma(\alpha+\beta)}{\Gamma(\alpha)\Gamma(\beta)} x^{\alpha-1} (1-x)^{\beta-1} & (0 < x < 1) \\ 0 & (x \leqslant 0 \text{ 或 } x > 1) \end{cases} \tag{1.5.16}$$

记为 $X \sim B(\alpha, \beta)$，进一步，其均值和方差分别为

$$E(X) = \frac{\alpha}{\alpha+\beta}, \ D(X) = \frac{\alpha\beta}{(\alpha+\beta)^2(\alpha+\beta+1)}$$

1.6 条件分布函数与条件数学期望

1.1 节、1.2 节分别讲到了随机事件和随机变量的独立性，通俗地讲，随机变量的独立性就是随机变量描述的随机现象之间是没有任何相互联系的。实际上，独立性是相对的，随机现象之间的相互作用和相互联系是绝对的，而研究相互联系的随机现象的一个重要的方法和手段就是借助于条件概率。1.1 节给出了条件概率的定义，对随机变量而言，刻画两者之间关系的是条件分布、条件分布列和条件密度函数，它们的定义见定义 1.6.1 和定义 1.6.2。

定义 1.6.1 设 (X, Y) 是二维离散型随机变量，对于固定的 j，若 $P(Y = y_j) > 0$，则称

$$P\{X = x_i \mid Y = y_j\} = \frac{P\{X = x_i, Y = y_j\}}{P\{Y = y_j\}} = \frac{p_{ij}}{p_{\cdot j}} \quad (i = 1, 2, \cdots)$$

为在 $Y = y_j$ 条件下随机变量 X 的**条件分布列**。

同样，对于固定的 i，若 $P(X = x_i) > 0$，则称

$$P\{Y = y_j \mid X = x_i\} = \frac{P\{X = x_i, Y = y_j\}}{P\{X = x_i\}} = \frac{p_{ij}}{p_{i\cdot}} \quad (j = 1, 2, \cdots)$$

为在 $X = x_i$ 条件下随机变量 Y 的**条件分布列**。

例 1.6.1 一名射手进行射击，击中目标的概率为 $p(0 < p < 1)$，射击直至击中目标两次为止。设以 X 表示首次击中目标所进行的射击次数，以 Y 表示总共进行的射击次数，试求 (X, Y) 的联合分布列及条件分布列。

解 按题意 $Y = n$ 就表示在第 n 次射击时击中目标，且在第 1 次，第 2 次，$\cdots$，第 $n-1$

次射击中恰有一次击中目标。已知各次射击是相互独立的，于是不管 m 是多少，概率 $P(X=m,Y=n)$ 都应等于 p^2q^{n-2}（这里 $q=1-p$）。

因此得 X 和 Y 的联合分布列为

$$P(X=m,Y=n)=p^2q^{n-2} \quad (n=2,3,\cdots;m=1,2,\cdots,n-1)$$

又

$$P(X=m)=\sum_{n=m+1}^{\infty}P(X=m,Y=n)=\sum_{n=m+1}^{\infty}p^2q^{n-2}=p^2\sum_{n=m+1}^{\infty}q^{n-2}$$

$$=\frac{p^2q^{m-1}}{1-q}=pq^{m-1} \quad (m=1,2,\cdots)$$

$$P(Y=n)=\sum_{m=1}^{n-1}P(X=m,Y=n)=\sum_{m=1}^{n-1}p^2q^{n-2}=(n-1)p^2q^{n-2} \quad (n=2,3,\cdots)$$

于是得到所求的条件分布列为

当 $n=2,3,\cdots$ 时，有

$$P(X=m\,|\,Y=n)=\frac{p^2q^{n-2}}{(n-1)p^2q^{n-2}}=\frac{1}{n-1} \quad (m=1,2,\cdots,n-1)$$

当 $m=1,2,3,\cdots$ 时，有

$$P(Y=n\,|\,X=m)=\frac{p^2q^{n-2}}{pq^{m-1}}=pq^{n-m-1} \quad (n=m+1,m+2,\cdots)$$

例 1.6.2 设离散型随机变量 X 服从参数为 (N,p) 的二项分布，而 N 是一个服从参数为 (m,q) 的二项分布[其中 $m\in\mathbf{N}$，$p,q\in(0,1)$]。试计算随机变量 X 的边缘分布列。

解 可以将 (X,N) 看成一个二维离散型随机变量，于是条件分布列

$$a_{X\mid N}(k\,|\,n)=P(X=k\,|\,N=n)=\frac{n!}{k!(n-k)!}p^k(1-p)^{n-k} \quad (k=0,1,\cdots,n)$$

其中 $n\in\mathbf{N}$ 被固定。随机变量 N 的边缘分布列为

$$a_N(n)=P(N=n)=\frac{m!}{n!(m-n)!}q^n(1-q)^{m-n} \quad (n=0,1,\cdots,m)$$

用全概率公式(1.1.3)有 X 的边缘分布列为

$$P(X=k)=\sum_{n=0}^{m}a_{X\mid N}(k\,|\,n)a_N(n)$$

$$=\sum_{n=0}^{m}\frac{n!}{k!(n-k)!}p^k(1-p)^{n-k}\frac{m!}{n!(m-n)!}q^n(1-q)^{m-n}$$

$$=\frac{m!}{k!}p^k(1-q)^m\left(\frac{q}{1-q}\right)^k\times\sum_{n=k}^{m}\frac{1}{(n-k)!(m-n)!}(1-p)^{n-k}\left(\frac{q}{1-q}\right)^{n-k}$$

$$=\frac{m!}{k!(m-k)!}(pq)^k(1-q)^{m-k}\left[1+\frac{q(1-p)}{1-q}\right]^{m-k}$$

$$=\frac{m!}{k!(m-k)!}(pq)^k(1-pq)^{m-k} \quad (k=0,1,\cdots,m)$$

上面的边缘分布列意味着随机变量 X 服从参数为 (m,pq) 的二项分布。

对于连续型随机变量有条件分布函数和条件密度函数的概念。

定义 1.6.2 设二维随机变量 (X,Y) 的概率密度函数为 $f(x,y)$，(X,Y) 关于 Y 的边

缘概率密度函数为 $f_Y(y)$。若对于固定的 y，$f_Y(y) > 0$，则称 $\dfrac{f(x, y)}{f_Y(y)}$ 是在 $Y = y$ 的条件下 X 的**条件概率密度函数**，记为

$$f_{X|Y}(x|y) = \frac{f(x, y)}{f_Y(y)} \tag{1.6.1}$$

称 $\displaystyle\int_{-\infty}^{\infty} f_{X|Y}(x|y)\mathrm{d}x = \int_{-\infty}^{x} \frac{f(x, y)}{f_Y(y)}\mathrm{d}x$ 是在 $Y = y$ 的条件下 X 的条件分布函数，记为 $P(X \leqslant x | Y = y)$ 或 $F_{X|Y}(x|y)$，从而有

$$F_{X|Y}(x|y) = P(X \leqslant x | Y = y) = \int_{-\infty}^{x} \frac{f(x, y)}{f_Y(y)}\mathrm{d}x$$

类似地，可以定义 $f_{Y|X}(y|x) = \dfrac{f(x, y)}{f_X(x)}$ 和 $F_{Y|X}(y|x) = \displaystyle\int_{-\infty}^{y} \frac{f(x, y)}{f_X(x)}\mathrm{d}y$。

例 1.6.3 一名乘客准备乘公交车到达目的地，他到达公交站点的时间为一非负随机变量 S，且服从区间 $[0, 1]$ 上的均匀分布（0 表示中午十二点）。另外，公交车到达站点的时间为另一与 S 独立的随机变量 T，且 T 也服从区间 $[0, 1]$ 上的均匀分布。已知该顾客在时刻 $S = 0.2$ 到达公交站点，那么根据均匀分布的特性，该乘客错过公交车的概率为

$$P(T < S | S = 0.2) = P(T < 0.2 | S = 0.2) = P(T < 0.2) = 0.2 \tag{1.6.2}$$

应用式(1.6.1)来计算这个概率。首先，二维随机变量 $\boldsymbol{X} = (T, S)$ 的联合概率密度函数为

$$f_X(t, s) = \begin{cases} 1 & (0 \leqslant t, s \leqslant 1) \\ 0 & (否则) \end{cases}$$

现定义随机变量 $U = S - T$，则二维随机变量 $\boldsymbol{Y} = (U, S)$ 的联合概率密度函数为

$$f_Y(u, s) = \begin{cases} 1 & (0 \leqslant t, s \leqslant 1 \text{ 和 } s - 1 \leqslant u \leqslant s) \\ 0 & (否则) \end{cases}$$

应用式(1.6.1)得

$$f_{U|S}(u|0.2) = \frac{f_Y(u, 0.2)}{f_S(u, 0.2)} = 1 \quad (-0.8 \leqslant u \leqslant 0.2)$$

再用式(1.6.1)有

$$P(T < S | S = 0.2) = P(U > 0 | S = 0.2) = \int_0^{\infty} f_{U|S}(u|0.2)\,\mathrm{d}u = 0.2$$

这与式(1.6.2)计算的完全一致。

一般地，由条件密度的定义知：$f(x, y) = f_{X|Y}(x|y)f_Y(y)$，或 $p(x, y) = p_{Y|X}(y|x)p_X(x)$，可以得到全概率公式的密度函数形式为

$$f_X(x) = \int_{-\infty}^{+\infty} f_Y(y)f_{X|Y}(x|y)\mathrm{d}y$$

$$f_Y(y) = \int_{-\infty}^{+\infty} f_X(x)f_{Y|X}(y|x)\mathrm{d}x$$

例 1.6.4 假设甲、乙两种电器产品的使用寿命 X 与 Y 分别服从参数为 λ 和 μ 的指数分布，且假定它们的寿命分布是相互独立的，产品甲的寿命比产品乙的寿命短的概率为多大？

解 由题意

$$P(X < Y) = \int_{-\infty}^{+\infty} P(X < Y \mid Y = y) f_Y(y) \mathrm{d}y$$

$$= \int_{0}^{+\infty} P(X < Y \mid Y = y) \mu \mathrm{e}^{-\mu y} \mathrm{d}y = \int_{0}^{+\infty} P(X < y) \mu \mathrm{e}^{-\mu y} \mathrm{d}y$$

$$= \int_{0}^{+\infty} (1 - \mathrm{e}^{-\lambda y}) \mu \mathrm{e}^{-\mu y} \mathrm{d}y = \frac{\lambda}{\lambda + \mu}$$

由例 1.6.1 知，由于已知第二次击中发生在第 n 次射击，那么第一次击中可能发生在第 $1, \cdots, n-1$ 次，并且发生在第 i 次的概率都是 $\frac{1}{n-1}$，也就是说已知 $Y = n$ 的条件下，X 取值为 $1, \cdots, n-1$ 是等可能的，从而它的均值为 $\frac{n}{2}$。这个问题中的平均值是在某个条件下的均值，称为条件期望或条件平均值。条件期望的一般定义为：

定义 1.6.3 在 $X = x$ 的条件下，Y 的**条件数学期望**定义为

$$E(Y \mid X = x) = \int_{-\infty}^{\infty} y f_{Y \mid X}(y \mid x) \mathrm{d}y$$

在 $Y = y$ 的条件下，X 的**条件数学期望**定义为

$$E(X \mid Y = y) = \int_{-\infty}^{\infty} x f_{X \mid Y}(x \mid y) \mathrm{d}x$$

条件数学期望 $E(X \mid Y)$ 仍然是一个随机变量，且它具有以下性质：

(1) 假设 $E(|X_1|) < \infty$，$E(|X_2|) < \infty$，则对于常数 $a, b \in \mathbf{R}$，有

$$E(aX_1 + bX_2 \mid Y) = aE(X_1 \mid Y) + bE(X_2 \mid Y)$$

(2) 如果随机变量 X 与 Y 是相互独立的，则 $E(X \mid Y) = E(X)$；

(3) 对随机变量 X, Y 和 Z，有

$$E[E(X \mid Y)] = E(X)$$

更一般地

$$E(X \mid Z) = E[E(X \mid Y, Z) \mid Z]$$

上面的性质(3)将在以后章节的学习中经常用到，也常常称为全期望公式。

继续例 1.6.1 的讨论，已知第二次击中发生在第 n 次射击，第一次击中平均的射击次数的问题就是求 $E(X \mid Y = n)$，这是在固定 $Y = n$ 的条件下，当给定 X 时，对于 Y 的每一个可能的取值 $n(n = 1, 2, \cdots)$ 就有一个确定的实数 $E(X \mid Y = n)$ 与之对应。因而 $E(X \mid Y = n)$ 是 Y 的单值函数，当 $Y = n$ 时，这个函数的值就等于 $E(X \mid Y = n)$，因而 $E(X \mid Y)$ 是随机变量。由此可见，随机变量 X 对 Y 求条件期望后再求期望等于对这个随机变量直接求期望。这是条件期望的一个重要的基本性质，证明由读者自己完成。

例 1.6.5 证明全期望公式

$$E(X \mid Z) = E[E(X \mid Y, Z) \mid Z]$$

证明 设随机变量 X, Y 和 Z 的联合密度函数和边际密度函数分别为

$$f(x, y, z), f_{(X, Y)}(x, y), f_{(X, Z)}(x, z), f_{(Y, Z)}(y, z), f_X(x), f_Y(y), f_Z(z)$$

从而

$$E(X \mid y, z) = \int_{-\infty}^{+\infty} x \frac{f(x, y, z)}{f_{(Y, Z)}(y, z)} \mathrm{d}x$$

而

$$E\big[E(X\,|\,Y,\,Z)\,|\,z\big]=E\big[E(X\,|\,Y,\,z\,|\,)\,|\,z\big]$$

$$=\int_{-\infty}^{+\infty}\int_{-\infty}^{+\infty}x\,\frac{f(x,\,y,\,z)}{f_{(Y,\,Z)}(y,\,z)}\,\frac{f_{(Y,\,Z)}(y,\,z)}{f_Z(z)}\mathrm{d}x\,\mathrm{d}y$$

$$=\int_{-\infty}^{+\infty}x\,\frac{f_{(X,\,Z)}(x,\,z)}{f_Z(z)}\mathrm{d}x$$

$$=\int_{-\infty}^{+\infty}x f_{X\,|\,Z}(x\,|\,z)\mathrm{d}x$$

$$=E(X\,|\,z)$$

从而全期望公式成立。

例 1.6.6　设在一个指定的时间内供给一个水电公司的电能 X 是一个随机变量，且 X 在 $[0,30]$ 上服从均匀分布。该公司对于电能的需要量 Y 也是一个随机变量，且 Y 在 $[10,20]$ 上服从均匀分布。对于所供给的电能，公司取得每千瓦 0.03 元的利润，如果需要量超过所能供给的电能，公司就从另外的来源取得附加的电能加以补充，并取得每千瓦 0.01 元的利润。在所考虑的指定时间内，公司所获得的利润的期望值是多少？

解　设 T 表示公司所获得的利润，则

$$T=\begin{cases}0.03Y & (Y\leqslant X)\\0.03Y+0.01(Y-X) & (Y\geqslant X)\end{cases}$$

当 $x\in[10,20)$ 时，有

$$E(T\,|\,X=x)=\int_{10}^{x}0.03y\,\frac{1}{10}\mathrm{d}y+\int_{x}^{20}(0.01y+0.02x)\,\frac{1}{10}\mathrm{d}y$$

$$=0.05+0.04x+0.001x^2$$

当 $x\in[20,30]$ 时，有

$$E(T\,|\,\xi=x)=\int_{10}^{20}0.03y\,\frac{1}{10}\mathrm{d}y=0.45$$

故由全期望公式得

$$E[E(T\,|\,\xi)]=\frac{1}{20}\int_{10}^{20}(0.05+0.04-0.001x^2)\mathrm{d}x+\frac{1}{20}\int_{20}^{30}0.45\mathrm{d}x=0.43$$

即公司所获得的利润的期望值是 0.43 元。

例 1.6.7　设 X_1，X_2，$\cdots$，X_n，$\cdots$ 为一列独立同分布的随机变量，N 是只取正整数的随机变量，且 N 与 X_1，X_2，$\cdots$，X_n，$\cdots$ 相互独立，则有 $E\big(\sum\limits_{i=1}^{N}X_i\big)=E(X_1)E(N)$。

证明　$$E\Big(\sum_{i=1}^{N}X_i\Big)=E\Big[E\Big(\sum_{i=1}^{N}X_i\,|\,N\Big)\Big]=\sum_{n=1}^{+\infty}E\Big(\sum_{i=1}^{N}X_i\,|\,N=n\Big)P(N=n)$$

$$=\sum_{n=1}^{+\infty}E\Big(\sum_{i=1}^{n}X_i\Big)P(N=n)$$

$$=\sum_{n=1}^{+\infty}nE(X_1)P(N=n)$$

$$=E(X_1)\sum_{n=1}^{+\infty}nP(N=n)$$

$$=E(X_1)E(N)$$

1.7　母　函　数

1.4 节中介绍的常见离散型随机变量都是取整数值的随机变量，这类随机变量通常称为整值随机变量。母函数是研究整值随机变量的一个重要工具，它源于变换的思想。通过母函数，可以把整值离散型随机变量的分布列与多项式或幂级数对应起来，从而解决某些概率问题。利用母函数往往能起到化繁为简，化难为易，以简驭繁的作用。这一节主要介绍整值离散型随机变量母函数的概念和其应用。

定义 1.7.1　设 X 是离散型随机变量，其分布列为
$$P(X=k)=p_k \quad (k=0,1,2,\cdots)$$
则称 s^X 的数学期望是 X 的母函数，即
$$G_X(s)=E(s^X)=\sum_{k=0}^{+\infty}s^k p_k$$

注意：当 $s=1$ 时，$G_X(1)=1$。故当 $|s|<1$ 时，$\sum_{k=0}^{+\infty}s^k p_k$ 肯定是收敛的。

例 1.7.1　求常见的离散型随机变量 0-1 分布、二项分布、泊松分布、几何分布和负二项分布的母函数。

解　（1）若 X 服从 0-1 分布，即有分布列
$$P(X=1)=p,\ P(X=0)=1-p$$
则其母函数为
$$G_X(s)=E(s^X)=s^0(1-p)+sp=1-p+sp$$

（2）若 X 服从二项分布，即有分布列
$$P(X=k)=C_n^k p^k q^{n-k} \quad (q=1-p,\ k=0,1,\cdots,n)$$
则其母函数为
$$G_X(s)=E(s^X)=\sum_{k=0}^{n}s^k C_n^k p^k q^{n-k}=(q+ps)^n$$

（3）若 X 服从泊松分布，即有分布列
$$P(X=k)=\frac{\lambda^k}{k!}e^{-\lambda} \quad (k=0,1,\cdots)$$
则其母函数为
$$G_X(s)=E(s^X)=\sum_{k=0}^{n}s^k \frac{\lambda^k}{k!}e^{-\lambda}=e^{\lambda(s-1)}$$

（4）若 X 服从几何分布，即有分布列
$$P(X=k)=pq^{k-1} \quad (q=1-p,\ k=0,1,\cdots)$$
则其母函数为
$$G_X(s)=E(s^X)=\sum_{k=0}^{n}s^k pq^{k-1}=\frac{ps}{1-qs} \quad (|s|<q^{-1})$$

（5）若 X 服从负二项分布，即有分布列
$$P(X=k)=C_{k-1}^{n-1}p^n q^{k-n} \quad (q=1-p,\ k=0,1,\cdots)$$

则其母函数为

$$G_X(s) = E(s^X) = \sum_{k=0}^{n} s^k C_{k-1}^{n-1} p^n q^{k-n} = \left(\frac{ps}{1-qs}\right)^n \quad (|s| < q^{-1})$$

由于母函数与它的生成分布列之间是一一对应的，利用这类对应关系，常常能帮助人们构造出某些指定分布列的母函数的有限封闭形式，特别地，还能得到一些求和的新方法。下面不加证明地给出母函数的一些性质。

性质 1　整值离散型随机变量的母函数和其分布列是一一对应的。

性质 2　如果整值离散型随机变量 X 和 Y 有概率母函数，分别是 G_X 和 G_Y，对任意的 s，母函数 G_X 和 G_Y 相等的充要条件是 X 和 Y 有相同的分布列。

性质 3　设 X 是一个可数的整值离散型随机变量，同时 $G_X^{(r)}(1)$ 是 X 的母函数，$G_X(s)$ 是在 $s=1$ 处的 r 阶导数，则 $G_X^{(r)}(1) = E[X(X-1)\cdots(X-r+1)]$。

性质 4　设 X 和 Y 是相互独立的整值离散型随机变量（注意，并没有要求它们是同分布的），它们的母函数分别是 $G_X(s)$ 和 $G_Y(s)$，则 $Z=X+Y$ 的母函数为

$$G_Z(s) = G_{X+Y}(s) = G_X(s)G_Y(s)$$

注：性质 4 可以推广到 n 个相互独立的随机变量的情况，即设 $X_1, X_2, \cdots, X_n$ 是相互独立的整值离散型随机变量（注意，并没有要求它们是同分布的），它们的母函数分别是 $G_{X_1}(s), G_{X_2}(s), \cdots, G_{X_n}(s)$，则 $Z=X_1+X_2+\cdots+X_n$ 的母函数为

$$G_Z(s) = G_{X_1+\cdots+X_n}(s) = \prod_{k=1}^{n} G_{X_k}(s)$$

利用母函数可以解决排列组合问题。

例 1.7.2　一只母鸡下了 N 个蛋，N 服从参数是 λ 的泊松分布。鸡蛋孵化成小鸡的概率为 p，求母鸡孵化出小鸡个数的分布列。

解　设随机变量 Z 表示小鸡的个数，第 i 个蛋能否孵化成小鸡可以用 $0-1$ 分布的随机变量 X_i 表示，则 $Z=X_1+X_2+\cdots+X_N$。又 N 和 X_i 的母函数分别为 $G_N(s) = e^{\lambda(s-1)}$，$G_{X_i}(s) = q+sp$，由性质可得 $G_Z(s) = G_N[G_{X_i}(s)] = e^{\lambda p(s-1)}$，即随机变量 Z 服从参数是 λp 的泊松分布。

1.8　随机变量的特征函数

由前面介绍的知识知道，随机变量的分布函数全面地描述了随机变量的统计规律。在求随机变量的数字特征以及多个随机变量和的密度函数时，读者可能已经察觉到分布函数和分布密度这些工具使用起来并不方便，应用它们求出多个随机变量和的密度函数不是一件轻松的事情，因而有必要进一步发展描写随机变量统计规律的工具。经过人们不断的探索，终于发现了另一个描述随机变量统计规律的工具——特征函数。上一节的母函数可以作为特征函数的先导，这一节主要介绍特征函数的相关结果。

定义 1.8.1　设 X 是一个随机变量，称

$$\varphi(u) = E(e^{iuX}) \quad (-\infty < u < +\infty)$$

为 X 的特征函数。

注：因为 $|\mathrm{e}^{\mathrm{i}uX}|=1$，所以 $E(\mathrm{e}^{\mathrm{i}uX})$ 总是存在的，即任意一个随机变量的特征函数总是存在的。

当离散随机变量 X 的分布列为 $p_k=P(X=x_k)(k=1,2,3,\cdots)$，则 X 的特征函数为

$$\varphi(u)=\sum_{k=1}^{+\infty}\mathrm{e}^{\mathrm{i}ux_k}p_k \quad (-\infty<u<+\infty)$$

当连续随机变量 X 的密度函数为 $f(x)$，则 X 的特征函数为

$$\varphi(u)=\int_{-\infty}^{+\infty}\mathrm{e}^{\mathrm{i}ux}f(x)\mathrm{d}x \quad (-\infty<u<+\infty)$$

与随机变量的数学期望、方差以及各阶矩一样，特征函数只依赖于随机变量的分布，分布相同则特征函数也相同，所以人们也常称为某分布的特征函数。

例 1.8.1 求泊松分布、二项分布的特征函数。

解 泊松分布 $P(\lambda)$：$P(X=k)=\dfrac{\lambda^k}{k!}\mathrm{e}^{-\lambda}(k=0,1,\cdots)$，其特征函数为

$$\varphi(u)=\sum_{k=0}^{+\infty}\mathrm{e}^{\mathrm{i}ku}\frac{\lambda^k}{k!}\mathrm{e}^{-\lambda}=\mathrm{e}^{-\lambda}\mathrm{e}^{\lambda\mathrm{e}^{\mathrm{i}t}}=\mathrm{e}^{\lambda(\mathrm{e}^{\mathrm{i}u}-1)}$$

二项分布 $B(n,p)$：$P(X=k)=C_n^k p^k q^{n-k}(k=0,1,2,\cdots,n,0<p<1,q=1-p)$，其特征函数为

$$\varphi(u)=\sum_{k=0}^{n}\mathrm{e}^{\mathrm{i}uk}C_n^k p^k q^{n-k}=(p\mathrm{e}^{\mathrm{i}u}+q)^n$$

例 1.8.2 求均匀分布、标准正态分布和指数分布的特征函数。

解 均匀分布 $U(a,b)$：因为密度函数为

$$f(x)=\begin{cases}\dfrac{1}{b-a} & (x\in(a,b))\\ 0 & (x\notin(a,b))\end{cases}$$

所以特征函数为

$$\varphi(u)=\int_a^b\frac{\mathrm{e}^{\mathrm{i}ux}}{b-a}\mathrm{d}x=\frac{\mathrm{e}^{\mathrm{i}bu}-\mathrm{e}^{\mathrm{i}au}}{\mathrm{i}u(b-a)}$$

标准正态分布 $N(0,1)$：因为密度函数为

$$f(x)=\frac{1}{\sqrt{2\pi}}\mathrm{e}^{-\frac{x^2}{2}} \quad (-\infty<x<+\infty)$$

所以特征函数为

$$\varphi(u)=\frac{1}{\sqrt{2\pi}}\int_{-\infty}^{+\infty}\mathrm{e}^{\mathrm{i}ux-\frac{x^2}{2}}\mathrm{d}x=\mathrm{e}^{-\frac{u^2}{2}}\frac{1}{\sqrt{2\pi}}\int_{-\infty}^{+\infty}\mathrm{e}^{-\frac{(x-\mathrm{i}u)^2}{2}}\mathrm{d}x$$

$$=\mathrm{e}^{-\frac{u^2}{2}}\frac{1}{\sqrt{2\pi}}\int_{-\infty-\mathrm{i}u}^{+\infty-\mathrm{i}u}\mathrm{e}^{-\frac{u^2}{2}}\mathrm{d}z=\mathrm{e}^{-\frac{u^2}{2}}$$

其中 $\displaystyle\int_{-\infty-\mathrm{i}u}^{+\infty-\mathrm{i}u}\mathrm{e}^{-\frac{x^2}{2}}\mathrm{d}z=\sqrt{2\pi}$。

下面不加证明地给出特征函数的一些性质，其中 $\varphi_X(u)$ 表示随机变量 X 的特征函数。

性质 1 $|\varphi(u)|\leqslant\varphi(0)=1$。

性质 2（共轭对称性） $\varphi(-u)=\overline{\varphi(u)}$，其中 $\overline{\varphi(u)}$ 表示 $\varphi(u)$ 的共轭。

性质 3　若 $Y = aX + b$，其中 a，b 是常数，则
$$\varphi_Y(u) = e^{ibu} \varphi_X(au)$$

性质 4　独立随机变量和的特征函数为特征函数的积，即设 X 与 Y 相互独立，则
$$\varphi_{X+Y}(u) = \varphi_X(u) \cdot \varphi_Y(u)$$

注：该性质对 n 个独立随机变量的和也成立。

性质 5　若 $E(X^L)$ 存在，则 X 的特征函数 $\varphi(u)$ 可 L 次求导，且对 $1 \leqslant k \leqslant L$，有
$$\varphi^{(k)}(0) = i^k E(X^k)$$

性质 6（一致连续性）　随机变量 X 的特征函数 $\varphi(u)$ 在 $(-\infty, +\infty)$ 上一致连续。

性质 7（非负定性）　随机变量 X 的特征函数 $\varphi(u)$ 是非负定的，即对任意正整数 n，及 n 个实数 t_1，t_2，$\cdots$，t_n 和 n 个复数 z_1，z_2，$\cdots$，z_n，有
$$\sum_{k=1}^{n} \sum_{j=1}^{n} \varphi(t_k - t_j) z_k z_j \geqslant 0$$

性质 8（唯一性定理）　随机变量的分布函数由其特征函数唯一确定。

性质 9　若 X 为连续型随机变量，其密度函数为 $f(x)$，特征函数为 $\varphi(u)$，如 $\int_{-\infty}^{+\infty} |\varphi(u)| \, dt < +\infty$，则
$$f(x) = \frac{1}{2\pi} \int_{-\infty}^{+\infty} e^{-iux} \varphi(u) \, dt$$

例 1.8.3　设 X 服从参数为 λ 的泊松分布，求 EX，EX^2，DX。

解　由例 1.8.1 知，泊松分布的特征函数为
$$\varphi(u) = e^{\lambda(e^{iu} - 1)}$$
则
$$\varphi'(u) = i\lambda e^{iu} e^{\lambda(e^{iu} - 1)}$$
$$\varphi''(u) = -(\lambda e^{iu} + \lambda^2 e^{2iu}) e^{\lambda(e^{iu} - 1)}$$
利用特征函数的性质 5 可得
$$EX = \frac{\varphi'(0)}{i} = \lambda$$
$$EX^2 = \frac{\varphi''(0)}{i^2} = \lambda + \lambda^2$$
所以
$$DX = EX^2 - (EX)^2 = \lambda$$

例 1.8.4　设 X_1，X_2，$\cdots$，X_n 相互独立，且 $X_k \sim N(\mu_k, \sigma_k^2)$ $(k = 1, 2, \cdots, n)$，试求随机变量 $Y = \sum_{k=1}^{n} X_k$ 的分布函数。

解　由题意，X_k 的特征函数为 $\varphi_{X_k}(u) = e^{i\mu_k u - \frac{1}{2}\sigma_k^2 u^2}$，$k = 1, 2, \cdots, n$。再由特征函数的性质 4 知，随机变量 Y 的特征函数为 $\varphi_Y(u) = \prod_{k=1}^{n} \varphi_{X_k}(u) = \prod_{k=1}^{n} e^{i\mu_k u - \frac{1}{2}\sigma_k^2 u^2} = e^{i\left(\sum_{k=1}^{n} \mu_k\right) u - \frac{1}{2}\left(\sum_{k=1}^{n} \sigma_k^2\right) u^2}$，

所以随机变量 Y 的分布函数为 $Y = \sum_{k=1}^{n} X_k \sim N\left(\sum_{k=1}^{n} \mu_k, \sum_{k=1}^{n} \sigma_k^2\right)$。

习 题 1

1. 设 A，B 为任意两个事件，证明如下概率等式成立
$$P(A)=P(AB)+P(A\overline{B})$$
其中 $\overline{B}$ 表示事件 B 的对立事件。

2. 画出随机变量 X 的分布函数
$$F_X(x)=\begin{cases}0 & (x<0)\\ x^3 & (0<x<1)\\ 1 & (x\geqslant 1)\end{cases}$$
的图像，并计算：

(1) X 的概率密度函数；

(2) X 的均值和概率值 $P\left(\dfrac{1}{4}\leqslant X\leqslant\dfrac{3}{4}\right)$。

3. 设 X 是一个取值为 $\{0，1，2，3\}$ 的离散型随机变量，其分布列为
$$a_0=P(X=0)=\frac{1}{4}，a_1=P(X=1)=\frac{1}{2}$$
$$a_2=P(X=2)=\frac{1}{8}，a_3=P(X=3)=\frac{1}{8}$$

(1) 画出随机变量 X 分布函数的图像；

(2) 计算 X 的均值和方差。

4. 设 X 与 Y 是两个相互独立的随机变量，且其分布函数分别为 $F_X(x)$ 和 $F_Y(y)$。证明：

(1) 定义随机变量 $Z=\max\{X，Y\}$，则 Z 分布函数 $F_Z(z)$ 满足
$$F_Z(z)=F_X(z)\cdot F_Y(z)\quad(\forall z\in\mathbf{R})$$

(2) 定义随机变量 $W=\min\{X，Y\}$，则 W 分布函数 $F_W(w)$ 满足
$$F_W(w)=1-[1-F_X(w)][1-F_Y(w)]\quad(\forall w\in\mathbf{R})$$

5. 设连续型随机变量 X 的概率密度函数为
$$f_X(x)=\begin{cases}x & (0\leqslant x\leqslant 1)\\ 2-x & (1\leqslant x\leqslant 2)\\ 0 & (否则)\end{cases}$$
计算其分布函数 $F_X(x)$ 和方差 $D(X)$。

6. 某市一项调查表明：该市有 30% 的学生视力有缺陷，7% 的学生听力有缺陷，3% 的学生视力与听力都有缺陷。记 $E=$ "学生视力有缺陷"，$H=$ "学生听力有缺陷"，$EH=$ "学生视力与听力都有缺陷"。

(1) 已知学生视力有缺陷，求他听力有缺陷的条件概率；

(2) 已知学生听力有缺陷，求他视力有缺陷的条件概率；

(3) 随意找一个学生，求他视力没有缺陷但听力有缺陷的概率；

（4）随意找一个学生，求他视力有缺陷但听力没有缺陷的概率；

（5）随意找一个学生，求他视力和听力都没有缺陷的概率。

7．从某商店过去的销售记录知道：某种商品每月的销售数可以用参数 $\lambda=10$ 的泊松分布来描述，为了以 95% 以上的把握保证不脱销，商店在月初至少应进多少件？

8．（自由随机游动）假设一个质点在某直线（数轴）上运动，在时刻 0 从原点出发，每隔一个单位时间质点向右或向左移动一个单位，而向右移动的概率为 p，向左移动的概率为 $q(p+q=1)$，求到时刻 n 时质点位于数轴上 K（正整数）的概率。

9．中秋节期间某食品商场销售月饼，每出售一公斤可获利 a 元，过了季节就要处理剩余的月饼，每出售一公斤净亏损 b 元。设该商场在中秋节期间月饼销售量 X（单位：千克）服从 $[m,n]$ 上的均匀分布。为使商场中秋节期间销售月饼获利最大，该商场应购进多少月饼？

10．设随机变量 X 服从参数为 $\mu>0$ 的泊松分布。定义随机变量

$$Y=\frac{1}{1+X}$$

计算 Y 的均值 $E(Y)$。

11．假设三维随机变量 $X=(X_1,X_2,X_3)$ 服从参数为 $(m;p_1,p_2,p_3)$ 的三项分布，其中 $p_1+p_2+p_3=1$。计算：

（1）随机变量 X_1 的边缘分布函数；

（2）和 $Y=X_1+X_2$ 的分布函数；

（3）当 $k=0,1,\cdots,n$ 时的条件概率 $P(X_1=k\,|\,Y=n)$，其中 $n\in\mathbf{N}$。

12．设 $\theta>0$，假设 X 与 Y 是相互独立且同服从区间 $\left[\theta-\dfrac{1}{2},\theta+\dfrac{1}{2}\right]$ 均匀分布的两个连续型随机变量。计算随机变量 $Z=X-Y$ 概率密度函数。

13．证明等式成立：

$$\int_{-\infty}^{+\infty}\exp\left[-\frac{(x-\mu)^2}{2\sigma^2}\right]\mathrm{d}x=\sigma\sqrt{2\pi}，对任意的 \mu\in\mathbf{R} 和 \sigma>0$$

14．设 $X_1,X_2,\cdots$ 是一列相互独立同分布的随机变量，且 $E(X_1)=\mu\in\mathbf{R}$ 和方差 $D(X_1)=\sigma^2>0$。现有一个方差存在的离散型随机变量 N 与随机变量列 $\{X_i:i\in N\}$ 独立，证明如下等式成立：

$$E\left(\sum_{i=1}^{N}X_i\right)=\mu E[N]$$

$$D\left(\sum_{i=1}^{N}X_i\right)=\sigma^2E(N)+\mu^2D(N)$$

15．设随机变量 X 服从几何分布，即 $P(X=k)=pq^k(k=0,1,2,\cdots)$。求 X 的特征函数、EX 及 DX。其中 $0<p<1$，$q=1-p$ 是已知参数。

16．（1）求参数为 (p,b) 的 Γ 分布的特征函数，其概率密度函数为

$$p(x)=\begin{cases}\dfrac{b^p}{\Gamma(p)}x^{p-1}\mathrm{e}^{-bx} & (x>0)\\[2mm] 0 & (x\leqslant 0)\end{cases}\qquad (b>0,\ p>0)$$

（2）求其期望和方差；

（3）证明对具有相同参数 b 的 Γ 分布，关于参数 p 具有可加性。

17. 设 X 是一随机变量，$F(x)$ 是其分布函数，且是严格单调的，求下列随机变量的特征函数。

（1）$Y=aF(X)+b$（$a\neq 0$，b 是常数）；

（2）$Z=\ln F(X)$，并求 $E(Z^k)$（k 为自然数）。

18. 设 X_1，X_2，$\cdots$，X_n 相互独立同服从正态分布 $N(a,\sigma^2)$，试求 n 维随机向量 X_1，X_2，$\cdots$，X_n 的分布，并求出其均值向量和协方差矩阵，再求 $\overline{X}=\dfrac{1}{n}\sum_{i=1}^{n}X_i$ 的概率密度函数。

19. 设 X_1，X_2 和 X_3 相互独立，且都服从 $N(0,\sigma^2)$。

（1）试求随机向量 (X_1,X_2,X_3) 的特征函数；

（2）设 $S_1=X_1$，$S_2=X_1+X_2$，$S_3=X_1+X_2+X_3$，求随机向量 (S_1,S_2,S_3) 的特征函数；

（3）试求 $Y_1=X_2-X_1$ 和 $Y_2=X_3-X_2$ 组成的随机向量 (Y_1,Y_2) 的特征函数。

20. 设 X，Y 是相互独立同服从参数为 1 的指数分布的随机变量，讨论 $U=X+Y$ 和 $V=\dfrac{X}{X+Y}$ 的独立性。

21. 设二维随机变量 (X,Y) 的概率密度函数分别如下，试求 $E(X|Y=y)$。

（1）$p(x,y)=\begin{cases}\dfrac{1}{y}\mathrm{e}^{-y-\frac{x}{y}} & (x>0,y>0)\\ 0 & (\text{其他})\end{cases}$；

（2）$p(x,y)=\begin{cases}\lambda^2\mathrm{e}^{-\lambda x} & (0<y<x)\\ 0 & (\text{其他})\end{cases}$。

第 2 章
随机过程基础知识

　　尽管概率论是研究随机现象统计规律性的数学学科，但是在概率论中，主要研究了一维随机变量或 n 维随机变量。事实上，对一维随机变量或 n 维随机变量的研究并不能全面完整地揭示随机现象的统计规律性。随机现象往往随着时间在不断变化，因此需要研究变化过程中的随机现象，这就要将时间变化过程中的随机现象表达出来，即无穷多个随机变量。由此，概率论研究的对象由随机变量、多维随机变量扩展为一族随机变量，随机过程正是在概率论的深入和发展中，于 20 世纪初形成的一门数学学科。目前，随机过程的理论和方法在自然科学、人文社会学科以及工程技术等很多领域都有广泛应用。

　　这一章介绍随机过程的基础知识，包括随机过程的定义、随机过程的有限维分布函数、随机过程的有限维特征函数、随机过程的数学特征和一些应用实例。

2.1　随机过程的定义

　　在正式介绍随机过程的定义之前，通过一些例子来说明，为什么研究随机现象需要用到无穷多个随机变量。

　　例 2.1.1　（1）观察某高速路上的一个加油站前来加油的车辆数目。用 X_t 表示在时间间隔 $[0,t)$ 内前来加油的车辆数，显然对每个固定的 $t_0 \geqslant 0$，X_{t_0} 是一个随机变量，但是这个随机变量并不能较全面地反映前来加油的车辆数的统计规律。人们需要对任意一个 $t \geqslant 0$，去观察随机变量 X_t，此时就需要无穷多个随机变量（记为 $\{X_t,t \geqslant 0\}$）来描述前来加油的车辆数目。

　　类似的情况有很多，如研究某放射性物质放射出的粒子数、到达某服务台等待服务的顾客数、到达某通信系统的交换器中等待处理的数据包数量等。对这些随机现象的描述，均要涉及无穷多个随机变量。

　　（2）研究某种生物群体数量的变化规律。用 X_n 表示第 n 代生物群体的个数，假设该种生物群体的每个个体在其生存期内彼此独立地产生后代，假设每个个体都以概率 p_k 产生 k 个后代，$p_k \geqslant 0$，$\sum\limits_k p_k = 1$，$\{X_n,n \geqslant 0\}$ 是无穷多个随机变量。

　　（3）研究具有随机初相位的简谐波的波形规律，$X_t = A\cos(\omega t + \Phi)$，其中 A，ω 为常数，随机变量 Φ 服从 $[0,2\pi]$ 上的均匀分布。需要观察任意时刻 t 的波形，此时 X_t 是无穷多个随机变量,即用无穷多个随机变量方能反映波形与规律,记为$\{X_t, t \in [0, +\infty)\}$。

(4)调研某地区最高气温。若以X_t表示第t次观测所得最高气温,则仅用第t次的观察量X_t是不全面的,需要多次地观测该地区的最高气温,即用无穷多个随机变量X_t($t=0, 1, 2, \cdots$)方可描述,记为$\{X_t, t=0, 1, 2, \cdots\}$。

以上4个例子说明,用无穷多个随机变量可以较全面地反映所看到的随机现象。为此将概率论中的随机变量推广为无穷多个随机变量,通俗来说,这无穷多个随机变量就是随机过程,所以随机过程实际上是随机变量的拓展。分析例2.1.1中的4个实例,抛去不同的背景,会发现它们有一个共同点,即若$X(\omega)$是概率空间$(\Omega, \mathcal{F}, P)$上的随机变量,人们只需要在随机变量$X(\omega)$中再添加一个变量$t \in T$(例如:$T = \mathbf{N}^*$或$[0, +\infty)$),于是随机变量$X(\omega)$成了$X_t(\omega)$。假设对每一个固定的$t \in T$,$X_t(\omega)$都是概率空间$(\Omega, \mathcal{F}, P)$上的随机变量,则这些随机变量的全体$\{X_t, t \in T\}$便形成了一个随机过程。简单说来,随机过程也就是无穷多个随机变量。注:$\mathbf{N}^* = \{0\} \bigcup \mathbf{N}$。

定义 2.1.1 设T和S分别是R和R^d($d \in \mathbf{N}$)的子集,如果对每一个$t \in T$,$X_t(\omega)$都是定义在概率空间$(\Omega, \mathcal{F}, P)$上且取值于S的随机变量,则称随机变量族

$$\{X_t(\omega), t \in T\}$$

为定义在概率空间$(\Omega, \mathcal{F}, P)$上的随机过程,空间S称为随机过程$\{X_t(\omega), t \in T\}$的状态空间,空间T称为随机过程的参数集。为了方便,随机过程简记为$\{X_t, t \in T\}$。

一般情况下,参数集T都取作一维的,可以是时间参数,也可以是空间参数,时间参数较常见,经常表示为$T = \mathbf{N}^*$或$[0, \infty)$。如果$T = \mathbf{N}^*$且是时间参数,则相应的随机过程$\{X_t, t \in T\}$是一个离散时间随机过程;若取$T = [0, \infty)$且是时间参数,则相应的随机过程$\{X_t, t \in T\}$是一个连续时间随机过程。目前随着随机过程理论的发展,参数集T也可以取成二维或更高维的,例如$T = [0, \infty) \times R$。此时,称这样的随机过程为随机场。

进一步深入理解随机过程的定义发现$X(\omega, t)$有两个特点:随机性与函数性。$X(\omega, t)$实质上为定义在$\Omega \times T$上的二元单值函数,对每一个固定的t,X_t是一个随机变量。$X_t(t \in T)$所有可能取值的集合,构成了随机过程$X(\omega, t)$的状态空间S,S中的元素称为状态。

我们还得到随机过程的另外一个重要概念,就是样本轨道。

设$\{X_t, t \in T\}$是定义在概率空间$(\Omega, \mathcal{F}, P)$上的一个随机过程。对每一个固定的$\omega \in \Omega$,称关于参数的函数$t \rightarrow X_t(\omega)$为随机过程$\{X_t, t \in T\}$的一条样本轨道。

由于样本轨道是参数的函数,在一些应用中,需要讨论其在概率意义下的连续性。

定义 2.1.2 设$\{X_t, t \in T\}$是定义在概率空间$(\Omega, \mathcal{F}, P)$上取实值(即状态空间$S = R$)的一个随机过程。

(1)称随机过程$\{X_t, t \in T\}$在T上连续(或以概率1连续),如果对任意的时间指标$t \in T$有下式成立:

$$P(\lim_{s \to t} |X_s - X_t| = 0) = 1$$

这时也称随机过程$\{X_t, t \in T\}$具有连续样本轨道。

(2)称随机过程$\{X_t, t \in T\}$在T上随机连续(或依概率连续),如果对任意的时间指标$t \in T$和常数$\varepsilon > 0$,有下式成立:

$$\lim_{s \to t} P(|X_s - X_t| \geqslant \varepsilon) = 0$$

（3）设常数 $p \geqslant 1$，假设对所有 $t \in T$，$E(|X_t|^p) < \infty$，称随机过程 $\{X_t, t \in T\}$ 在 T 上 L^p 连续。如果对任意的时间指标 $t \in T$，有下式成立：

$$\lim_{s \to t} E(|X_s - X_t|^p) = 0$$

特别地，称 L^2 连续为均方连续。

需要说明的是：由上面的 L^p 连续的定义，可类似定义具有有限 $p(p \geqslant 1)$ 阶矩的随机变量序列 $\{A_1, A_2, \cdots, A_n, \cdots\}$（即对每一个 $n \in \mathbf{N}$，$E(|X_n|^p) < \infty$）L^p 收敛到某个具有有限 p 阶矩的随机变量 ε，如果下式成立

$$\lim_{n \to \infty} E(|X_n - \varepsilon|^p) = 0 \tag{2.1.1}$$

特别地，称 L^2 收敛为均方收敛，并记为 $\lim_{n \to \infty} X_n \overset{L^2}{=} \varepsilon$，有时还写成 l. i. m. $X_n = \varepsilon$。

例 2.1.2　L^p 连续的随机过程一定是随机连续的。

证明　假设 X 是具有有限 p 阶矩的随机变量（$p \geqslant 1$），则利用切比雪夫不等式，对任意常数 $\varepsilon > 0$，有

$$P(|X| \geqslant \varepsilon) \leqslant \frac{1}{\varepsilon^p} E(|X|^p)$$

易知，结论成立。

2.2　随机过程的有限维分布族

这一节首先介绍有限维分布函数的概念。

2.2.1　随机过程的有限维分布函数族

定义 2.2.1　设 $\{X_t, t \in T\}$ 是定义在概率空间 $(\Omega, \mathcal{F}, P)$ 上取实值的随机过程。对任意的自然数 $n \geqslant 1$，取 n 个不同的时间指标 $t_1, t_2, \cdots, t_n \in T$ 和 n 个实数 $x_1, x_2, \cdots, x_n \in \mathbf{R}$，称 n 维随机变量 $(X_{t_1}, X_{t_2}, \cdots, X_{t_n})$ 的联合分布函数

$$F_{t_1, \cdots, t_n}(x_1, \cdots, x_n) = P(X_{t_1} \leqslant x_1, \cdots, X_{t_n} \leqslant x_n)$$

为随机过程 $\{X_t, t \in T\}$ 的 n 维分布函数。

对于一个随机过程 $\{X_t, t \in T\}$，通常将其所有有限维分布函数的全体记为

$$F = \{F_{t_1, \cdots, t_n}(x_1, \cdots, x_n) : \forall t_1, \cdots, t_n \in T, x_1, \cdots, x_n \in \mathbf{R}, n \in \mathbf{N}\}$$

称函数集合 F 为随机过程 $\{X_t, t \in T\}$ 的有限维分布族。

不难看出，有限维分布族 F 具有对称性和相容性。

（1）对称性：设 $(k_1, \cdots, k_n)$ 是 $(1, \cdots, n)$ 的一个任意排列（$n \in \mathbf{N}$），则有

$$F_{t_1, \cdots, t_n}(x_1, \cdots, x_n) = F_{t_{k_1}, \cdots, t_{k_n}}(x_{k_1}, \cdots, x_{k_n})$$

（2）相容性：若自然数 $m < n$，则有

$$F_{t_1, \cdots, t_m}(x_1, \cdots, x_m) = F_{t_1, \cdots, t_m, t_{m+1}, \cdots, t_n}(x_1, \cdots, x_m, +\infty, \cdots, +\infty)$$

例 2.2.1　设 $\{X_n, n \geqslant 1\}$ 是独立同分布的随机变量序列，且 $P(X_n = -1) = 1 - p$，$P(X_n = 1) = p$，令 $Y_n = \sum_{j=1}^{n} X_j$。

（1）写出 Y_n 的一个轨道；

（2）写出 Y_2 的分布列；

（3）写出 Y_n 的分布列。

解 （1）由题意，任取 $X_j = (-1)^{j+1}$，则 $Y_n = 1$，n 是奇数，$Y_n = 0$，n 是偶数。

（2）求 $Y_2 = X_1 + X_2$ 的特征函数 $\varphi_{Y_2}(t) = E\mathrm{e}^{\mathrm{j}tY_2} = p^2\mathrm{e}^{\mathrm{j}2t} + 2pq + q^2\mathrm{e}^{-\mathrm{j}2t}$，因此 Y_2 的分布列为 $P(Y_2 = -2) = q^2$，$P(Y_2 = 0) = 2pq$，$P(Y_2 = 2) = p^2$。

（3）求 Y_n 的特征函数 $\varphi_{Y_n}(t) = E\mathrm{e}^{\mathrm{j}tY_n} = (p\mathrm{e}^{\mathrm{j}t} + q\mathrm{e}^{-\mathrm{j}t})^n = \sum_{k=0}^{n} C_n^k p^k q^{n-k} \mathrm{e}^{-\mathrm{j}t(2k-n)}$，于是可得 Y_n 的分布列 $P(Y_n = m) = C_n^{\frac{m+n}{2}} p^{\frac{m+n}{2}} q^{\frac{m-n}{2}}$（$m = -n, -n+2, \cdots, n-2, n$）。

例 2.2.2 设随机过程 $\{X_t = Y\cos t, -\infty < t < +\infty\}$，其中 Y 为随机变量，且有以下分布列：$P(Y = i) = \dfrac{i}{6}$（$i = 1, 2, 3$）。

（1）求随机过程 $\{X_t = Y\cos t, -\infty < t < +\infty\}$ 的一维分布函数 $F_{\frac{\pi}{4}}(x)$；

（2）求二维分布函数 $F_{0, \frac{\pi}{3}}(x_1, x_2)$。

解 （1）当 $t = \dfrac{\pi}{4}$ 时，随机过程 $\{X_t = Y\cos t, -\infty < t < +\infty\}$ 相应的一维随机变量的分布列如表 2.2.1 所示。

表 2.2.1 一维随机变量的分布列

$X_{\frac{\pi}{4}}$	$\dfrac{\sqrt{2}}{2}$	$\sqrt{2}$	$\dfrac{3\sqrt{2}}{2}$
p_i	$\dfrac{1}{6}$	$\dfrac{1}{3}$	$\dfrac{1}{2}$

所以随机过程 $\{X_t = Y\cos t, -\infty < t < +\infty\}$ 的一维分布函数为

$$F_{\frac{\pi}{4}}(x) = \begin{cases} 0 & \left(x < \dfrac{\sqrt{2}}{2}\right) \\[2mm] \dfrac{1}{6} & \left(\dfrac{\sqrt{2}}{2} \leqslant x < \sqrt{2}\right) \\[2mm] \dfrac{1}{2} & \left(\sqrt{2} \leqslant x < \dfrac{3\sqrt{2}}{2}\right) \\[2mm] 1 & \left(\dfrac{3\sqrt{2}}{2} \leqslant x\right) \end{cases}$$

（2）由二维分布函数的定义得

$$\begin{aligned} F_{0, \frac{\pi}{3}}(x_1, x_2) &= P(X_0 \leqslant x_1, X_{\frac{\pi}{3}} \leqslant x_2) = P\left(Y \leqslant x_1, \dfrac{Y}{2} \leqslant x_2\right) \\ &= P(Y \leqslant x_1, Y \leqslant 2x_2) \\ &= \begin{cases} P(Y \leqslant x_1) & (x_1 \leqslant 2x_2) \\ P(Y \leqslant 2x_2) & (2x_2 \leqslant x_1) \end{cases} \end{aligned}$$

所以，当 $x_1 \leqslant 2x_2$ 时，有

$$F_{0,\frac{\pi}{3}}(x_1, x_2) = P(Y \leqslant x_1) = \begin{cases} 0 & (x_1 < 1) \\ \dfrac{1}{6} & (1 \leqslant x_1 < 2) \\ \dfrac{1}{2} & (2 \leqslant x_1 < 3) \\ 1 & (x_1 \geqslant 3) \end{cases}$$

当 $2x_2 \leqslant x_1$ 时，有

$$F_{0,\frac{\pi}{3}}(x_1, x_2) = P(Y \leqslant 2x_2) = \begin{cases} 0 & \left(x_2 < \dfrac{1}{2}\right) \\ \dfrac{1}{6} & \left(\dfrac{1}{2} \leqslant x_2 < 1\right) \\ \dfrac{1}{2} & \left(1 \leqslant x_2 < \dfrac{3}{2}\right) \\ 1 & \left(x_2 \geqslant \dfrac{3}{2}\right) \end{cases}$$

综上，二维分布函数

$$F_{0,\frac{\pi}{3}}(x_1, x_2) = \begin{cases} 0 & \left(x_2 < \dfrac{1}{2}\right) & & (x_1 < 1) \\ \dfrac{1}{6} & \left(\dfrac{1}{2} \leqslant x_2 < 1\right) & & (1 \leqslant x_1 < 2) \\ \dfrac{1}{2} & \left(1 \leqslant x_2 < \dfrac{3}{2}\right) & (2x_2 \leqslant x_1) \text{ 或者} & (2 \leqslant x_1 < 3) & (x_1 \leqslant 2x_2) \\ 1 & \left(x_2 \geqslant \dfrac{3}{2}\right) & & (3 \leqslant x_1) \end{cases}$$

例 2.2.3　设随机过程 $\{X_t = X\cos\omega t - Y\sin\omega t, \ -\infty < t < +\infty\}$，其中，$X, Y$ 是相互独立且服从相同正态分布 $N(0, \sigma^2)$ 的随机变量，ω 是常数。试求：

（1）X_t 的一维分布函数；

（2）X_t 的二维分布函数。

解　（1）由正态随机变量的性质可知 X_t 服从正态分布，因而求 X_t 的分布函数问题就转化为求其数字特征。其均值为

$$\forall t \in \mathbf{R}, \ EX_t = E(X\cos\omega t - Y\sin\omega t) = 0$$

方差为

$$\forall t \in \mathbf{R}, \ DX_t = D(X\cos\omega t - Y\sin\omega t) = \sigma^2$$

从而 $X_t \sim N(0, \sigma^2)$。

（2）对任意的 t_1, t_2，有

$$(X_{t_1}, X_{t_2}) = (X, Y)\begin{pmatrix} \cos\omega t_1 & \cos\omega t_2 \\ -\sin\omega t_1 & -\sin\omega t_2 \end{pmatrix}$$

而 (X, Y) 服从二维正态分布，故 (X_{t_1}, X_{t_2}) 服从二维正态分布，其均值向量为 $\mathbf{0} = (0, 0)$，协方差矩阵为

$$M = \begin{pmatrix} \sigma^2 & \cos\omega(t_1 - t_2) \\ \cos\omega(t_1 - t_2) & \sigma^2 \end{pmatrix}$$

故随机过程的二维分布函数是正态分布 $N(\boldsymbol{0}, \boldsymbol{M})$。

例 2.2.4 假设过程 X 与 Y 等价，定义事件 $A_t = \{X_t = Y_t\}$，其中 $t \in T$。证明两个随机过程具有相同的有限维分布函数。

证明 考虑概率

$$P(\{X_{t_1} \leqslant x_1, \cdots, X_{t_n} \leqslant x_n\}) = P(\{X_{t_1} \leqslant x_1, \cdots, X_{t_n} \leqslant x_n\}) \cap \left(\bigcap_{i=1}^n A_{t_i}\right) +$$
$$P(\{X_{t_1} \leqslant x_1, \cdots, X_{t_n} \leqslant x_n\}) \cap \left(\bigcup_{i=1}^n A_{t_i}^c\right)$$

显然

$$P\left[\{X_{t_1} \leqslant x_1, \cdots, X_{t_n} \leqslant x_n\} \cap \left(\bigcap_{i=1}^n A_{t_i}\right)\right] = P\left[\{Y_{t_1} \leqslant x_1, \cdots, Y_{t_n} \leqslant x_n\} \cap \left(\bigcap_{i=1}^n A_{t_i}\right)\right]$$

而

$$0 \leqslant P(\{X_{t_1} \leqslant x_1, \cdots, X_{t_n} \leqslant x_n\}) \cap \left(\bigcup_{i=1}^n A_{t_i}^c\right) \leqslant P\left(\bigcup_{i=1}^n A_{t_i}^c\right) \leqslant \sum_{i=1}^n P(A_{t_i}^c) = 0$$

相似地，可以得到

$$P\left[\{Y_{t_1} \leqslant x_1, \cdots, Y_{t_n} \leqslant x_n\} \cap \left(\bigcup_{i=1}^n A_{t_i}^c\right)\right] = 0$$

综上有

$$P(\{X_{t_1} \leqslant x_1, \cdots, X_{t_n} \leqslant x_n\}) = P\left[\{Y_{t_1} \leqslant x_1, \cdots, Y_{t_n} \leqslant x_n\} \cap \left(\bigcap_{i=1}^n A_{t_i}\right)\right] +$$
$$P\left[\{Y_{t_1} \leqslant x_1, \cdots, Y_{t_n} \leqslant x_n\} \cap \left(\bigcup_{i=1}^n A_{t_i}^c\right)\right]$$
$$= P(Y_{t_1} \leqslant x_1, \cdots, Y_{t_n} \leqslant x_n)$$

在许多实际应用中，有时计算随机过程的有限维分布函数是非常困难的。人们往往计算与有限维分布函数一一对应的有限维特征函数。对于一个随机过程，其有限维特征函数定义见定义 2.2.2。

定义 2.2.2 设 $\{X_t, t \in T\}$ 是定义在概率空间 $(\Omega, \mathcal{F}, P)$ 上取实值的随机过程。对于任意的自然数 $n \geqslant 1$，取 n 个不同时间指标 $t_1, t_2, \cdots, t_n \in T$，称

$$\varphi_{t_1, \cdots, t_n}(u_1, \cdots, u_n) = E\left[\exp\left(i \sum_{k=1}^n u_k X_{t_k}\right)\right] (\forall u_1, \cdots, u_n \in \mathbf{R})$$

为随机过程 $\{X_t, t \in T\}$ 的 n 维特征函数，其与随机过程 $\{X_t, t \in T\}$ 的 n 维分布函数 $F_{t_1, \cdots, t_n}(x_1, \cdots, x_n)$ 是一一对应的。这里，$i = \sqrt{-1}$。

例 2.2.5 验证：任意随机过程的 n 维特征函数 $\varphi_{t_1, \cdots, t_n}(u_1, \cdots, u_n)$ 都存在。

直接用特征函数的定义验证相应的数学期望存在即可，见第 1 章 1.3 节。

例 2.2.6 设随机过程 $\{X_t, t \in T\}$，其中 $X_n (n \in \mathbf{N})$ 是相互独立同服从参数为 λ 的泊松分布，求随机过程 $\{X_t, t \in T\}$ 的 n 维特征函数。

解 由例 1.8.1 知参数为 λ 的泊松分布的特征函数是

$$\varphi(u) = e^{\lambda(e^{iu} - 1)}$$

对于任意的自然数 $n \geqslant 1$，取 n 个不同时间指标 $i_1, i_2, \cdots, i_n \in \mathbf{N}$，称

$$\varphi_{i_1,\cdots,i_n}(u_1,\cdots,u_n) = E\left[\exp\left(i\sum_{k=1}^{n} u_k X_{i_k}\right)\right] = E\left[\left(e^{iu_1 X_{i_1}}\right)\left(e^{iu_2 X_{i_2}}\right)\cdots\left(e^{iu_n X_{i_n}}\right)\right]$$

$$= \prod_{k=1}^{n} e^{\lambda\left(e^{iu_k}-1\right)} = e^{\lambda\sum_{k=1}^{n}\left(e^{iu_k}-1\right)} \qquad (\forall u_1,\cdots,u_n \in \mathbf{R})$$

2.2.2 二维随机过程

和概率论一样，由于实际问题的需要，有必要把一维随机过程推广到多维随机过程。这一小节给出最简单的多维随机过程——二维随机过程的定义及有限维分布函数。

定义 2.2.3 设 $\{X_t,t\in T\}$，$\{Y_t,t\in T\}$ 是定义在同一概率空间 $(\Omega,\mathcal{F},P)$ 上的取实值的随机过程，称 $\{(X_t,Y_t),t\in T\}$ 是二维随机过程。

定义 2.2.4 设 $\{(X_t,Y_t),t\in T\}$ 是二维随机过程。对任意的自然数 $m,n\geqslant 1$，取 $m+n$ 个不同的时间指标 $t_1,t_2,\cdots,t_m,t_1',t_2',\cdots,t_n'\in T$ 和 $m+n$ 个实数 $x_1,x_2,\cdots,x_m,y_1,y_2,\cdots,y_n\in\mathbf{R}$，称 $m+n$ 维随机变量 $(X_{t_1},X_{t_2},\cdots,X_{t_m},Y_{t_1'},Y_{t_2'},\cdots,Y_{t_n'})$ 的联合分布函数

$$F_{t_1,\cdots,t_m,t_1',\cdots,t_n'}(x_1,\cdots,x_n,y_1,\cdots,y_n) = P(X_{t_1}\leqslant x_1,\cdots,X_{t_m}\leqslant x_m,Y_{t_1'}\leqslant y_1,\cdots,Y_{t_n'}\leqslant y_n)$$

为二维随机过程 $\{(X_t,Y_t),t\in T\}$ 的 $m+n$ 维分布函数。

通过引入虚数单位 i，任意一个二维随机过程可以写成 $Z_t = X_t + iY_t$ 的形式。可以看出 Z_t 和二维随机过程 $\{(X_t,Y_t),t\in T\}$ 是一一对应的，称 $\{Z_t,t\in T\}$ 是复随机过程，它的有限维分布函数类似于二维随机过程有限维分布函数的定义，在此不再赘述。

利用有限维分布函数，还可以定义二维随机过程的独立性。

定义 2.2.5 设 $\{(X_t,Y_t),t\in T\}$ 是二维随机过程。对任意的自然数 $m,n\geqslant 1$，$m+n$ 个不同的时间指标 $t_1,\cdots,t_m,t_1',t_2',\cdots,t_n'\in T$ 以及 $m+n$ 个实数 $x_1,\cdots,x_m,y_1,\cdots,y_n\in\mathbf{R}$，如果下式成立

$$P(X_{t_1}\leqslant x_1,\cdots,X_{t_m}\leqslant x_m,Y_{s_1}\leqslant y_1,\cdots,Y_{s_n}\leqslant y_n) = F_{t_1,\cdots,t_m}^{X}(x_1,\cdots,x_m)F_{t_1',\cdots,t_n'}^{Y}(y_1,\cdots,y_n)$$

则称随机过程 X_t 与 Y_t 相互独立。这里 F^X 和 F^Y 分别表示随机过程 X_t 和 Y_t 的边缘有限维分布函数。

2.3 随机过程的数字特征

类似于随机变量数字特征的定义，在这一节引入随机过程的数字特征。

设 $\{X_t,t\in T\}$ 是定义在概率空间 $(\Omega,\mathcal{F},P)$ 上取实值的随机过程，那么随机过程 $\{X_t,t\in T\}$ 的数字特征定义见定义 2.3.1、定义 2.3.2。

定义 2.3.1 对 $\forall t\in T$，X_t 是随机变量，如果 $E(X_t)$ 存在，记为 $m_X(t)$，则称 $m_X(t)(t\in T)$ 是随机过程 X 的均值函数；如果 $D(X_t)$ 存在，记为 $D_X(t)$，则称 $D_X(t)$ $(t\in T)$ 是随机过程 $\{X_t,t\in T\}$ 的方差函数；如果 $E[(X_t)^2]$ 存在，记为 $\Phi_X(t)$，则称 $\Phi_X(t)$ $(t\in T)$ 是随机过程 $\{X_t,t\in T\}$ 的均方值函数。

定义 2.3.2 对 $\forall s,t\in T$，X_s,X_t 是随机变量，如果 $\text{cov}(X_s,X_t)$ 存在，记为 $C_X(s,t)$，

则称 $C_X(s, t)(s, t \in T)$ 是随机过程 $\{X_t, t \in T\}$ 的（自）协方差函数；如果 $E(X_s X_t)$ 存在，记为 $R_X(s, t)$，则称 $R_X(s, t)(s, t \in T)$ 是随机过程 $\{X_t, t \in T\}$ 的（自）相关函数。

容易证明随机过程的均值函数、方差函数、协方差函数、相关函数和均方值函数之间成立：

$$C_X(s, t) = R_X(s, t) - m_X(s)m_X(t)$$
$$D_X(t) = C_X(t, t) = R_X(t, t) - m_X(s)m_X(t)$$
$$\Phi_X(t) = R_X(t, t)$$

例 2.3.1 设随机过程 $\left\{Y_n = \sum_{k=1}^{n} X_k, n \geqslant 1\right\}$，其中 $X_k(k = 1, 2, \cdots)$ 相互独立，且 $p(X_k = 1) = p$，$p(X_k = 0) = 1 - p$。试求随机过程 $\{Y_n, n \geqslant 1\}$ 的均值函数和协方差函数。

解 均值函数

$$EY_n = E \sum_{k=1}^{n} X_k = \sum_{k=1}^{n} EX_k = np$$

不失一般性地假定 $m < n$，则

$$C_Y(m, n) = \text{cov}(Y_m, Y_n) = EY_m Y_n - EY_m EY_n = E\left(\sum_{k=1}^{m} X_k \sum_{k=1}^{n} X_k\right) - mnp^2$$

$$= E\left[\sum_{k=1}^{m} X_k \left(\sum_{k=1}^{m} X_k + \sum_{k=m+1}^{n} X_k\right)\right] - mnp$$

$$= E\left(\sum_{k=1}^{m} X_k\right)^2 + E\left[\left(\sum_{k=1}^{m} X_k\right)\left(\sum_{k=m+1}^{n} X_k\right)\right] - mnp^2$$

$$= \sum_{k=1}^{m} EX_k^2 + \sum_{k \neq j} EX_k EX_j + E\left(\sum_{k=1}^{m} X_k\right) \cdot E\left(\sum_{k=m+1}^{n} X_k\right) - mnp^2$$

$$= mp + (m^2 - m)p^2 + mp(n - m)p - mnp$$

$$= mp(1 - p)$$

综上 $\{Y_n, n \geqslant 1\}$ 的协方差函数为

$$C_X(m, n) = \min\{m, n\}p(1 - p)$$

例 2.3.2 设 $g(t)$ 满足 $g(t + T) = g(t)$，又随机变量 ξ 服从均匀分布，即 $\xi \sim U[0, T]$，令 $X_t = g(t - \xi)$，试求随机过程 X_t 的均值函数和相关函数。

解 由题意知，随机变量 ξ 的密度函数为

$$f(x) = \begin{cases} \dfrac{1}{T} & (0 \leqslant x \leqslant T) \\ 0 & (\text{其他}) \end{cases}$$

故

$$m_X(t) = EX_t = E[g(t - \xi)] = \int_0^T g(t - x)\frac{1}{T}\mathrm{d}x$$

$$= \frac{1}{T}\int_0^T g(t + T - x)\mathrm{d}x$$

$$= \frac{1}{T}\int_t^{t+T} g(u)\mathrm{d}u = \frac{1}{T}\int_0^T g(u)\mathrm{d}u$$

$$R_X(s,t) = EX_sX_t = E[g(s-\xi)g(t-\xi)] = \frac{1}{T}\int_0^T g(s-x)g(t-x)\mathrm{d}x$$

$$= \frac{1}{T}\int_0^T g(s+T-x)g(t+T-x)\mathrm{d}x$$

$$= -\frac{1}{T}\int_{s+T}^s g(u)g(t-s+u)\mathrm{d}u = \frac{1}{T}\int_s^{s+T} g(u)g(t-s+u)\mathrm{d}u$$

$$= \frac{1}{T}\int_s^0 g(u)g(t-s+u)\mathrm{d}u + \frac{1}{T}\int_0^T g(u)g(t-s+u)\mathrm{d}u +$$

$$\frac{1}{T}\int_T^{s+T} g(u)g(t-s+u)\mathrm{d}u$$

$$= \frac{1}{T}\int_s^0 g(u)g(t-s+u)\mathrm{d}u + \frac{1}{T}\int_0^T g(u)g(t-s+u)\mathrm{d}u +$$

$$\frac{1}{T}\int_0^s g(u)g(t-s+u)\mathrm{d}u$$

$$= \frac{1}{T}\int_0^T g(u)g(t-s+u)\mathrm{d}u$$

例 2.3.3　设随机过程 $\{X_t, t\in T\}$ 的均值函数为 $m_X(t)=0(t\in T)$，自相关函数

$$R_X(t_1,t_2) = R_X(t_2-t_1) = 6\mathrm{e}^{-\frac{|t_2-t_1|}{2}} \quad (t_1,t_2\in T)$$

求此随机过程不同时刻的随机变量 $X_t, X_{t+1}, X_{t+2}, X_{t+3}$ 的协方差矩阵 C。

解　由题意，$\mathrm{cov}(X_t,X_t) = R_X(t,t) = R_X(0) = R_X(t+l,t+l) = 6 \quad (l=1,2,3)$

$\mathrm{cov}(X_t,X_{t+1}) = R_X(t,t+1) = R_X(1) = R_X(t+l,t+l+1) = 6\mathrm{e}^{-\frac{1}{2}} \quad (l=1,2)$

$\mathrm{cov}(X_t,X_{t+2}) = R_X(t,t+2) = R_X(2) = R_X(t+l,t+l+2) = 6\mathrm{e}^{-1} \quad (l=1)$

$\mathrm{cov}(X_t,X_{t+3}) = R_X(t,t+3) = R_X(3) = 6\mathrm{e}^{-\frac{3}{2}}$

所以所求的协方差矩阵为

$$C = \begin{bmatrix} 6 & 6\mathrm{e}^{-\frac{1}{2}} & 6\mathrm{e}^{-1} & 6\mathrm{e}^{-\frac{3}{2}} \\ 6\mathrm{e}^{-\frac{1}{2}} & 6 & 6\mathrm{e}^{-\frac{1}{2}} & 6\mathrm{e}^{-1} \\ 6\mathrm{e}^{-1} & 6\mathrm{e}^{-\frac{1}{2}} & 6 & 6\mathrm{e}^{-\frac{1}{2}} \\ 6\mathrm{e}^{-\frac{3}{2}} & 6\mathrm{e}^{-1} & 6\mathrm{e}^{-\frac{1}{2}} & 6 \end{bmatrix}$$

对二维随机过程，有互相关函数和互协方差函数，其定义见定义 2.3.3。

定义 2.3.3　设有实随机过程 $\{X_t, t\in T\}$ 和 $\{Y_t, t\in T\}$，对 $\forall s, t\in T$，X_s, Y_t 是随机变量，如果 $\mathrm{cov}(X_s,Y_t)$ 存在，记为 $C_{XY}(s,t)$，则称 $C_{XY}(s,t)(s,t\in T)$ 是互协方差函数；如果 $E(X_sY_t)$ 存在，记为 $R_{XY}(s,t)$，则称 $R_{XY}(s,t)(s,t\in T)$ 是互相关函数。如果随机过程 $\{X_t, t\in T\}$ 和 $\{Y_t, t\in T\}$ 的互协方差函数值为零，称随机过程 $\{X_t, t\in T\}$ 和 $\{Y_t, t\in T\}$ 不相关。

显然随机过程 $\{X_t, t\in T\}$ 和 $\{Y_t, t\in T\}$ 相互独立，则它们一定不相关，反之不成立。

例 2.3.4　设随机过程 $\{X_t = a\sin(\omega t+X), t\in \mathbf{R}\}$，其中 a, ω 是常数，随机变量 $X\sim$

$U(-\pi,\pi)$。令 $Y_t = X_t^2$，试求：随机过程 Y_t 的均值函数 $m_Y(t)$、相关函数 $R_Y(s,t)$、随机过程 X_t 和 Y_t 的互相关函数 $R_{XY}(s,t)$。

解 由题意知 X 的概率密度函数为

$$f(x) = \begin{cases} \dfrac{1}{2\pi} & (-\pi < x < \pi) \\[2mm] 0 & (\text{其他}) \end{cases}$$

于是

$$m_Y(t) = E(Y_t) = E(X_t^2) = E\left[a^2 \sin^2(\omega t + X)\right]$$

$$= \frac{a^2}{2\pi} \int_{-\pi}^{\pi} \sin^2(\omega t + x)\,\mathrm{d}x$$

$$= \frac{a^2}{2\pi} \int_{-\pi}^{\pi} \frac{1 - \cos 2(\omega t + x)}{2}\,\mathrm{d}x$$

$$= \frac{a^2}{2} \quad (t \in \mathbf{R})$$

$$R_Y(s,t) = E(Y_s Y_t) = a^4 E\left[\sin^2(\omega s + X)\sin^2(\omega t + X)\right]$$

$$= \frac{a^4}{2\pi} \int_{-\pi}^{\pi} \sin^2(\omega s + x)\sin^2(\omega t + x)\,\mathrm{d}x$$

$$= \frac{a^4}{2\pi} \int_{-\pi}^{\pi} \frac{1}{4}\left[\cos\omega(t-s) - \cos(2\omega s + \omega(t-s) + 2x)\right]^2 \mathrm{d}x$$

$$= \frac{a^4}{8\pi} \int_{-\pi}^{\pi} \left[\cos^2\omega(t-s) + \cos^2(2\omega s + \omega(t-s) + 2x) - \right.$$

$$\left. 2\cos\omega(t-s)\cos(2\omega s + \omega(t-s) + 2x)\right]\mathrm{d}x$$

$$= \frac{a^4}{8\pi} \left[2\pi\cos^2\omega(t-s) + \int_{-\pi}^{\pi} \frac{1 + \cos 2(2\omega s + \omega(t-s) + 2x)}{2}\,\mathrm{d}x\right]$$

$$= \frac{a^4}{4} \left[1 + \frac{1}{2}\cos 2\omega(t-s)\right] \quad (s,t \in \mathbf{R})$$

$$R_{XY}(s,t) = EX_s Y_t = E\left[a\sin(\omega s + X)a^2\sin^2(\omega t + X)\right]$$

$$= a^3 E\left[\sin(\omega s + X)\frac{1 - \cos 2(\omega t + X)}{2}\right]$$

$$= a^3 E\left[\frac{1}{2}\sin(\omega s + X)\right] - \frac{a^3}{2}E\left[\sin(\omega s + X)\cos 2(\omega t + X)\right]$$

$$= a^3 E\left[\frac{1}{2}\sin(\omega s + X)\right] - \frac{a^3}{4}E\left[\sin(\omega s + X + 2(\omega t + X)) + \right.$$

$$\left. \sin(\omega s + X - 2(\omega t + X))\right]$$

$$= \frac{a^3}{2}\int_{-\pi}^{\pi} \sin(\omega s + x)\frac{1}{2\pi}\mathrm{d}x - \frac{a^3}{4}\int_{-\pi}^{\pi} \sin(\omega s + x + 2(\omega t + x))\frac{1}{2\pi}\mathrm{d}x + $$

$$\frac{a^3}{4}\int_{-\pi}^{\pi} \sin(\omega s + x - 2(\omega t + x))\frac{1}{2\pi}\mathrm{d}x$$

$$= 0$$

如果随机过程 Z 取复数值(即其状态空间 $S = C$)，也就是 Z 有如下的形式：

$$Z_t = X_t + iY_t \quad (t \in T)$$

其中，$\{Y_t, t \in T\}$ 和 $\{X_t, t \in T\}$ 是定义在同一概率空间取实值的两个随机过程。这时取复数值的随机过程 Z_t 的数字特征定义见定义 2.3.4、定义 2.3.5。

定义 2.3.4　对 $\forall t \in T$，如果 $E(Z_t)$ 存在，记为 $m_Z(t)$，则称 $m_Z(t)(t \in T)$ 是随机过程 $\{Z_t, t \in T\}$ 的均值函数；如果 $D(Z_t) = E|Z_t - m_Z(t)|^2$ 存在，记为 $D_Z(t)$，则称 $D_Z(t)(t \in T)$ 是随机过程 $\{Z_t, t \in T\}$ 的方差函数；如果 $E(|Z_t|^2)$ 存在，记为 $\Phi_Z(t)$，则称 $\Phi_Z(t)(t \in T)$ 是随机过程 $\{Z_t, t \in T\}$ 的均方值函数。

定义 2.3.5　对 $\forall s, t \in T$，Z_s, Z_t 是随机变量，如果 $\mathrm{cov}(Z_s, Z_t) = E\overline{(z_s - m_Z(s))}(z_t - m_Z(t))$ 存在，记为 $C_Z(s, t)$，则称 $C_Z(s, t)(s, t \in T)$ 是随机过程 $\{Z_t, t \in T\}$ 的（自）协方差函数；如果 $E(\overline{Z_s}Z_t)$ 存在，记为 $R_Z(s, t)$，则称 $R_Z(s, t)$ $(s, t \in T)$ 是随机过程 $\{Z_t, t \in T\}$ 的（自）相关函数。

显然，方差函数 $D_Z(t) = R_Z(t, t) - |m_Z(t)|^2$ $(s, t \in T)$。

协方差函数 $C_Z(s, t) = R_Z(s, t) - \overline{m_Z(s)}m_Z(t)$ $(s, t \in T)$。

这里对于复数 $a \in C$，$\bar{a}$ 表示 a 的共轭。例如：如果 $a = \alpha + i\beta$ $(\alpha, \beta \in \mathbf{R})$，则其共轭 $\bar{a} = \alpha - i\beta$。

例 2.3.5　设随机过程 $\left\{ Z_t = \sum_{k=1}^{n} X_k e^{i\omega_k t}, t \in [0, 1] \right\}$，其中 $X_k \sim N(0, \sigma_k^2)$（$\omega_k$ 是常数，$k = 1, 2, \cdots, n$），X_k 相互独立。求随机过程 Z_t 的均值函数和相关函数。

解
$$m_Z(t) = E(Z_t) = E\left(\sum_{k=1}^{n} X_k e^{i\omega_k t} \right) = 0 \quad (t \in [0, 1])$$

$$R_Z(s, t) = E(\overline{Z_s}Z_t) = E\left[\left(\overline{\sum_{k=1}^{n} X_k e^{i\omega_k s}} \right) \left(\sum_{k=1}^{n} X_k e^{i\omega_k t} \right) \right]$$

$$= \sum_{k=1}^{n} \sum_{l=1}^{n} [E(X_k X_l)] e^{i\omega_l t} e^{-i\omega_k s}$$

$$= \sum_{k=1}^{n} \sigma_k^2 e^{i\omega_k (t-s)} \quad (s, t \in [0, 1])$$

需要读者注意的是：并不是所有的随机过程的数字特征都存在。例如，概率论中学到的服从柯西分布的随机变量 X 其数学期望就不存在，则相应的随机过程 $X_t = X + tY$ 的均值函数就不存在，因为服从柯西分布的随机变量的数学期望不存在。那么满足何种性质的随机过程，其上述数字特征一定存在呢？为此，引入二阶矩随机过程（简称二阶矩过程）。

定义 2.3.6　设 $\{X_t, t \in T\}$ 是定义在概率空间 $(\Omega, \mathcal{F}, P)$ 上的可能取复数值的随机过程。如果对任意的参数 $t \in T$，满足 $E(|X_t|^2) < \infty$，则称 $\{X_t, t \in T\}$ 是二阶矩过程。

类似地，还可以定义 $p(p \geqslant 3)$ 阶矩过程。读者可自行给出定义。

例 2.3.6　二阶矩过程的数字特征一定存在。

证明　为了验证这个结论，只需应用简森不等式即可。

简森不等式　设 X 是一个随机变量。如果对任意凸函数 $\varphi(x)$ 满足 $E(|\varphi(x)|) < \infty$，则有
$$\varphi[E(X)] \leqslant E[\varphi(x)]$$
例如经常取的凸函数是 $\varphi(x) = |x|^p$，其中 $p \geqslant 1$。

柯西-施瓦兹不等式 设 X 和 Y 是两个具有有限二阶矩的随机变量，则

$$|E(XY)|^2 \leqslant E(|X|^2) E(|Y|^2)$$

柯西-施瓦兹不等式可以用初等数学的方法证明。

2.4 随机过程的分类与举例

这一节将根据不同的标准对随机过程进行分类并举例。根据时间指标集合 T 和状态空间 S 来分，一般可以将随机过程分为离散时间离散状态随机过程、离散时间连续状态随机过程、连续时间离散状态随机过程和连续时间连续状态随机过程。

下面通过具体实例对该分类加以说明。

例 2.4.1(伯努利过程与二项过程) 设 $\{X_n, n \in \mathbf{N}\}$ 是一离散时间随机过程，并且 X_1, X_2, $\cdots$, X_n, $\cdots$ 是相互独立同分布随机变量列。如果它们共同的分布服从 $0-1$ 分布，则称 $\{X_n, n \in \mathbf{N}\}$ 为伯努利过程。

进一步定义伯努利过程的前 n 项的和 $S_n = \sum_{k=1}^{n} X_k$，令 $S_0 = 0$，易知对每一个 $n \in \mathbf{N}$，随机变量 S_n 都服从一个二项分布，因此称随机变量列 $\{S_n, n \in \mathbf{N}^*\}$ 为二项过程。

可以观察到不管是伯努利过程还是二项过程，它们的时间指标集合 T 和状态空间 S 都是离散的(事实上，对于伯努利过程，其 $T = N$，$S = \{0, 1\}$，而对于二项过程，$T = S = \mathbf{N}^*$)。因此，伯努利过程与二项过程都是离散时间离散状态随机过程。

例 2.4.2(严高斯白噪声) 设 $\{X_n, n \in \mathbf{N}\}$ 是一离散时间随机过程，并且 X_1, X_2, $\cdots$, X_n, $\cdots$ 是相互独立同分布的随机变量列。如果它们共同的分布为 $N(0, \sigma^2)$ 分布(其中 $\sigma^2 > 0$)，则称 $\{X_n, n \in \mathbf{N}\}$ 为严高斯白噪声。

从例 2.4.2 可以看出：严高斯白噪声的状态空间 $S = \mathbf{R}$。因此，严高斯白噪声是一个离散时间连续状态随机过程。

例 2.4.3(计数过程) 计数过程 $\{N_t, t \geqslant 0\}$ 表示到 t 为止发生的随机事件数。

从计数过程的定义来看，它的时间指标集合 $T = [0, \infty)$，状态空间 $S = \mathbf{N}^*$。因此，计数过程是一个连续时间离散状态随机过程。

例 2.4.4(正态(高斯)过程) 设 $\{X_n, n \in \mathbf{N}\}$ 是一取实值(即 $S = \mathbf{R}$)的随机过程。对任意的自然数 $n \geqslant 1$ 和 n 个不同的时间指标 t_1, t_2, $\cdots$, $t_n \in T$，如果 n 维随机变量 $\{X_{t_1}, X_{t_2}, \cdots, X_{t_n}\}$ 服从 n 维正态分布，则称 $\{X_n, n \in \mathbf{N}\}$ 是一个正态(高斯)过程。根据正态(高斯)过程的定义，若 $T = [0, \infty)$，状态空间 $S = \mathbf{R}$，则它显然是一个连续时间连续状态随机过程。

例 2.4.5 假设随机变量 R 和 Θ 相互独立，且随机变量 R 服从瑞利分布，即它的概率密度函数为

$$P_R(r) = \begin{cases} \dfrac{r}{\sigma^2} \exp\left(-\dfrac{r}{2\sigma^2}\right) & (r \geqslant 0) \\ 0 & (r < 0) \end{cases}$$

其中 $\sigma^2 > 0$，而随机变量 Θ 服从 $(0, 2\pi)$ 上的均匀分布。定义随机过程

$$X_t = R\cos(\Theta + \alpha t) \quad (-\infty < t < +\infty)$$

其中 $\alpha \in \mathbf{R}$ 是一个常数。验证：过程 $\{X_t, -\infty < t < +\infty\}$ 是一个正态过程。

证明 设随机变量 $X = R\cos\Theta$，$Y = R\sin\Theta$，则 $X_t = X\cos(\alpha t) - Y\sin(\alpha t)$。下面证明二维随机变量 (X, Y) 服从二维正态分布。事实上，$R = \sqrt{X^2 + Y^2}$，$\Theta = \arctan\left(\dfrac{Y}{X}\right)$，则它们相应的雅可比行列式为

$$\frac{\partial(r, \theta)}{\partial(x, y)} = \begin{vmatrix} \dfrac{x}{\sqrt{x^2 + y^2}} & \dfrac{y}{\sqrt{x^2 + y^2}} \\ \dfrac{-y}{x^2 + y^2} & \dfrac{-x}{x^2 + y^2} \end{vmatrix} = \frac{1}{\sqrt{x^2 + y^2}}$$

因此 (X, Y) 的联合概率密度函数

$$\begin{aligned}
f_{(X,Y)}(x, y) &= f_{(R,\Theta)}\left(\sqrt{x^2 + y^2}, \arctan\left(\frac{y}{x}\right)\right) \frac{1}{\sqrt{x^2 + y^2}} \\
&= f_R\left(\sqrt{x^2 + y^2}\right) f_\Theta\left(\arctan\left(\frac{y}{x}\right)\right) \frac{1}{\sqrt{x^2 + y^2}} \\
&= \frac{1}{2\pi\sigma^2} \exp\left(-\frac{x^2 + y^2}{2\sigma^2}\right)
\end{aligned}$$

这证明了 (X, Y) 服从二维正态分布。进而对任意不同的时间指标 $t_1, t_2, \cdots, t_n \in (-\infty, +\infty)$，$n$ 维随机变量 $(X_{t_1}, X_{t_2}, \cdots, X_{t_n})$ 满足

$$(X_{t_1}, X_{t_2}, \cdots, X_{t_n}) = (X, Y)\boldsymbol{C}$$

从而 $(X_{t_1}, X_{t_2}, \cdots, X_{t_n})$ 服从 n 维正态分布。线性变换矩阵 $\boldsymbol{C}$ 留给读者自己给出。

例 2.4.6 验证：假设过程 $\{X_t, t \in T\}$ 是一个正态过程，那么其有限维分布函数完全由它的均值函数和相关函数决定。

解 由于正态过程的 n 维特征函数为

$$\varphi_{t_1, \cdots, t_n}(u_1, \cdots, u_n) = \exp\left[\mathrm{i}\sum_{k=1}^{n} u_k m_X(t_k) - \frac{1}{2}\sum_{k,l=1}^{n} u_k u_l C_X(t_k, t_l)\right]$$

再注意到随机过程的有限维特征函数与其有限维分布函数的一一对应关系，结论即可得出。

根据样本轨道是否连续来分，可以将随机过程分为连续（轨道）和跳跃轨道随机过程。

例 2.4.7 假设 X 和 Y 是定义在同一概率空间 $(\Omega, \mathcal{F}, P)$ 上的两个随机变量。定义随机过程 $\{X_t, t \geqslant 0\}$ 为

$$X_t = X + tY$$

那么 X_t 是一个连续轨道随机过程。事实上，对每个固定的时间指标 $t \geqslant 0$，我们都有

$$\lim_{s \to t} |X_t(\omega) - X_s(\omega)| = \lim_{s \to t} |(s - t)Y(\omega)| = 0 \quad (\forall \omega \in \Omega)$$

例 2.4.8 例 2.1.1(1) 所给出的随机过程的样本轨道不是连续的。事实上，对随机过程 X_t 有

$$P\left(\lim_{t \downarrow s} |X_t - X_s| = 0\right) = 1 \tag{2.4.1}$$

以后称所有满足条件 (2.4.1) 的随机过程的样本轨道是右连续的。

根据随机过程增量的性质来分，有正交增量过程、独立增量过程、平稳增量过程和平稳的独立增量过程。平稳的独立增量过程也称勒维过程，经典的平稳独立增量过程有维纳

过程、泊松过程和复合泊松过程，第 3 章和第 4 章将会介绍。独立增量过程意味着增量独立但不一定平稳，一个经典例子是随机游动。所谓随机游动，其定义见定义 2.4.1。

定义 2.4.1 设 X_1，X_2，$\cdots$，X_n，$\cdots$是定义在同一概率空间上的一列相互独立的随机变量。设 $a \in \mathbf{R}$ 是一常数。当 $n = 1, 2, \cdots$时，定义

$$S_0 = a, \quad S_n = a + X_1 + \cdots + X_n$$

则称离散时间随机过程 $\{S_0, S_1, \cdots, S_n, \cdots\}$ 为随机游动。

显然其增量 $X_1 = S_1 - S_0$，$\cdots$，$X_n = S_n - S_{n-1}$，$\cdots$是相互独立的，因此随机游动是独立增量过程。

例 2.4.9 独立增量过程的有限维分布函数由其一维分布函数和增量分布函数确定。

证明 对 $\forall n \geq 1$ 和 $t_1 < t_2 < \cdots < t_n \in T$，$(X_{t_1}, X_{t_2}, \cdots, X_{t_n})$ 的特征函数为

$$\varphi_{t_1, t_2, \cdots, t_n}(u_1, u_2, \cdots, u_n) = E\left[\mathrm{e}^{\mathrm{i}(u_1 X_{t_1} + \cdots + u_n X_{t_n})}\right]$$

令

$$Y_1 = X_{t_1}, \quad Y_2 = X_{t_2} - X_{t_1}, \quad \cdots, \quad Y_n = X_{t_n} - X_{t_{n-1}}$$

可以得到

$$X_{t_1} = Y_1$$
$$X_{t_2} = Y_1 + Y_2$$
$$\vdots$$
$$X_{t_n} = Y_1 + Y_2 + \cdots + Y_n$$

则有

$$
\begin{aligned}
\varphi_{t_1, t_2, \cdots, t_n}(u_1, u_2, \cdots, u_n) &= E\left[\mathrm{e}^{\mathrm{i}(u_1 Y_1 + u_2(Y_1 + Y_2) + \cdots + u_n(Y_1 + \cdots + Y_n))}\right] \\
&= E\left[\mathrm{e}^{\mathrm{i}(u_1 + u_2 + \cdots + u_n)Y_1} \mathrm{e}^{\mathrm{i}(u_2 + u_3 + \cdots + u_n)Y_2} \cdots \mathrm{e}^{\mathrm{i}u_n Y_n}\right] \\
&= \varphi_{Y_1}(u_1 + u_2 + \cdots + u_n)\varphi_{Y_2}(u_2 + u_3 + \cdots + u_n)\varphi_{Y_n}(u_n)
\end{aligned}
$$

由 n 维分布函数和 n 维特征函数的一一对应性，可知结论成立。

正交增量过程的增量是在概率意义下正交的，具体定义见定义 2.4.2。

定义 2.4.2 设 $\{X_t, t \geq 0\}$ 是一个定义在概率空间 $(\Omega, \mathcal{F}, P)$ 上的二阶矩过程。对任意的时间指标 $0 \leq t_1 < t_2 \leq t_3 < t_4 < \infty$，如果

$$E\left[\overline{(X_{t_2} - X_{t_1})}(X_{t_4} - X_{t_3})\right] = 0$$

则称 $\{X_t, t \geq 0\}$ 为正交增量过程。

例 2.4.10 设随机过程 $\{X_t, t \geq 0\}$ 是正交增量过程，且 $X_0 = 0$。证明：

（1）其相关函数 $R_X(s, t) = \psi(\min\{s, t\})$，其中 $\psi(t)$ 是随机过程 $\{X_t, t \geq 0\}$ 的均方值函数。

（2）均方值函数 $\psi(t)$ 关于时间指标 t 是单调不减的。

证明 对于（1），不失一般性，假设 $0 \leq s < t$，则有

$$
\begin{aligned}
R_X(s, t) &= E[\overline{X_s}X_t] \\
&= E\left[\overline{(X_s - X_0)}(X_t - X_s)\right] + E\left[|X_s|^2\right] \\
&= R_X(s, s) \\
&= \psi(\min\{s, t\})
\end{aligned}
$$

对于(2)，假设 $0 \leqslant s \leqslant t$，则根据(1)有

$$0 \leqslant E\left[|X_s - X_t|^2\right] = \psi(s) + \psi(t) - 2R_X(s, t)$$
$$= \psi(t) + \psi(s) - 2\psi(s)$$
$$= \psi(t) - \psi(s)$$

这意味着 $\psi(t) \geqslant \psi(s)$，说明均方值函数 $\psi(t)$ 关于时间指标 t 是单调不减的。

定义 2.4.3 如果对 $s < t \in T$，随机过程 $\{X_t, t \geqslant 0\}$ 的增量 $X_t - X_s$ 的分布函数仅依赖于 $t - s$，而与 s，t 本身的取值无关，则称随机过程 $\{X_t, t \geqslant 0\}$ 是平稳增量过程。如果随机过程 $\{X_t, t \geqslant 0\}$ 既是平稳增量过程又是独立增量过程，则称其为平稳的独立增量过程，或者称为平稳独立增量过程，也可称为勒维过程。

定义 2.4.1 中的随机游动，如果 X_1，X_2，$\cdots$，X_n，$\cdots$ 是独立同分布的，那随机游动还是平稳的独立增量过程(勒维过程)。

随机过程的分类方式很多，还可以根据过程是否具有平稳性，将随机过程分为严平稳过程、宽平稳过程和非平稳过程。例如：例 2.4.2 介绍的严高斯白噪声就是一个严平稳过程。对于平稳过程，我们将在第 5 章专门对其进行介绍。

2.5 随机过程的均方微积分

随机过程具有二重性，所以可以讨论随机过程在均方极限意义下的微积分。为了方便，称概率空间 $(\Omega, \mathcal{F}, P)$ 上具有二阶矩的随机变量为二阶矩变量，其全体记为 H。容易验证若 X_1，$X_2 \in H$，则 $C_1 X_1 + C_2 X_2 \in H$(C_1，C_2 是常数)，即 H 是一个线性空间，从而可以在二阶矩变量空间 H 上讨论随机过程的均方微积分。

定义 2.5.1 设 $\{X_n, n = 1, 2, \cdots\} \subset H$，$X \in H$，如果

$$\lim_{n \to \infty} E|X_n - X|^2 = 0$$

则称 $\{X_n, n = 1, 2, \cdots\}$ 均方收敛于 X，或称 $\{X_n, n = 1, 2, \cdots\}$ 的均方极限为 X，记为 $\underset{n \to \infty}{\text{l.i.m.}} X_n = X$。

这里不加证明地给出均方极限的性质。

定理 2.5.1 设 $\{X_n, n = 1, 2, \cdots\} \subset H$，$\{Y_n, n = 1, 2, \cdots\} \subset H$，且 $\underset{n \to \infty}{\text{l.i.m.}} X_n = X$，$\underset{n \to \infty}{\text{l.i.m.}} Y_n = Y$，$X$，$Y \in H$，$a$，$b$ 为常数，则有

(1)(**均方极限的唯一性**) $P(X = Y) = 1$。

(2)(**均方极限的运算性**) $\underset{n \to \infty}{\text{l.i.m.}} (aX_n + bY_n) = aX + bY$。

(3) $\lim_{m \to \infty, n \to \infty} E(\overline{X_m} Y_n) = E(\overline{X} Y)$。

(4) $\lim_{n \to \infty} \varphi_{X_n}(t) = \varphi_X(t)$，也就是 $\{X_n, n = 1, 2, \cdots\}$ 的特征函数序列收敛于 X 的特征函数。

(5)(**均方收敛准则**) $\{X_n, n = 1, 2, \cdots\}$ 均方收敛的充要条件为 $\lim_{m, n \to \infty} E[\overline{X_m X_n}]$ 存在，且为常数。

例 2.5.1 设 $\{X_n, n=1, 2, \cdots\}$ 是相互独立的随机变量序列, $P(X_n=0)=1-\dfrac{1}{n^2}$,

$P(X_n=n)=\dfrac{1}{n^2}$, 试讨论 $\{X_n, n=1, 2, \cdots\}$ 的均方收敛性。

解 由于

$$E(X_m X_n)=\begin{cases} EX_n^2=0^2\times\left(1-\dfrac{1}{n^2}\right)+n^2\times\dfrac{1}{n^2}=1 & (m=n) \\[3mm] EX_m EX_n=\left[0\times\left(1-\dfrac{1}{m^2}\right)+m\times\dfrac{1}{m^2}\right]\left[0\times\left(1-\dfrac{1}{n^2}\right)+n\times\dfrac{1}{n^2}\right]=\dfrac{1}{mn} & (m\neq n) \end{cases}$$

因此 $\lim\limits_{m,\,n\to\infty} E(\overline{X_m}X_n)$ 不存在。由定理 2.5.1(5)知, $\{X_n, n=1, 2, \cdots\}$ 不均方收敛。

对于二阶矩过程 $\{X_t, t\in T\}$, $X\in H$, $t_0\in T$, 若有 $\lim\limits_{t\to t_0}E|X_t-X|^2=0$, 则称当 $t\to t_0$ 时, $\{X_t, t\in T\}$ 均方收敛于 X, 或称 X 为当 $t\to t_0$ 时, $\{X_t, t\in T\}$ 的均方极限, 记为 $\underset{t\to t_0}{\text{l.i.m.}} X_t=X$。

定义 2.5.2 设 $\{X_t, t\in T\}$ 是二阶矩过程, $t_0\in T$, 如果

$$\underset{t\to t_0}{\text{l.i.m.}} X_t=X_{t_0}$$

则称 $\{X_t, t\in T\}$ 在 t_0 处均方连续。若 $\forall t\in T$, $\{X_t, t\in T\}$ 在 t 处都均方连续, 则称 $\{X_t, t\in T\}$ 在 T 上均方连续, 或称 $\{X_t, t\in T\}$ 是均方连续的。

定理 2.5.2(均方连续准则) 二阶矩过程 $\{X_t, t\in T\}$ 在 t 处都均方连续的充要条件是 X_t 的相关函数在 (t, t) 连续。

证明 对 $\forall t_0\in T$, $\{X_t, t\in T\}$ 在 t_0 处均方连续 $\Leftrightarrow \underset{s\to t_0}{\text{l.i.m.}} X_s=X_{t_0} \Leftrightarrow \underset{\substack{s\to t_0 \\ t\to t_0}}{\lim} E(\overline{X_s}X_t)=E(\overline{X_{t_0}}X_{t_0})$, 即 $\underset{\substack{t\to t_0 \\ s\to t_0}}{\lim} R_X(s, t)=R_X(t_0, t_0)$, 也就是 $R_X(s, t)$ 在 (t_0, t_0) 处连续。由 t_0 的任意性可得二阶矩过程 $\{X_t, t\in T\}$ 在 t 处都均方连续的充要条件是 X_t 的相关函数在 (t, t) 连续。

例 2.5.2 设随机过程 $\{X_t=At^2+Bt+C, t\in T\}$, A, B 是常数, C 是随机变量。试判断 X_t 的均方连续性。

解 对 $\forall t, t+\Delta t\in T$, $X_{t+\Delta t}-X_t=A(t+\Delta t)^2+B(t+\Delta t)+C-(At^2+Bt+C)$
$$=2At\Delta t+A\Delta t^2+B\Delta t$$
$$\lim\limits_{\Delta t\to 0}E|X_{t+\Delta t}-X_t|^2=\lim\limits_{\Delta t\to 0}(2At\Delta t+A\Delta t^2+B\Delta t)^2=0$$

所以, 随机过程 $\{X_t=At^2+Bt+C, t\in T\}$ 均方连续。

例 2.5.3 设随机过程 $\{N_t, t\geqslant 0\}$ 的相关函数 $R_N(s, t)=\lambda^2 st+\lambda\min(s, t)+\lambda\min(s, t)$, 其中 λ 是参数, 试判断该随机过程的均方连续性。

解 对 $\forall t_0\geqslant 0$, $\underset{\substack{s\to t_0 \\ t\to t_0}}{\lim} R_N(s, t)=\lambda^2 t_0^2+\lambda t_0$, 故 $\{N_t, t\geqslant 0\}$ 是均方连续的, 从而其均值函数 $m_X(t)$ 与方差函数 $D_X(t)$ 也都是连续函数。

定义 2.5.3 设 $\{X_t, t\in T\}$ 是二阶矩过程, $t_0\in T$, 如果均方极限

$$\mathop{\mathrm{l.i.m.}}_{\Delta t \to 0} \frac{X_{t_0 + \Delta t} - X_{t_0}}{\Delta t}$$

存在，则称此极限为 $\{X_t, t \in T\}$ 在 t_0 点的均方导数，记为 X'_{t_0} 或 $\left.\dfrac{\mathrm{d}X_t}{\mathrm{d}t}\right|_{t=t_0}$，这时称 $\{X_t, t \in T\}$ 在 t_0 处均方可导。

若 $\{X_t, t \in T\}$ 在 T 中的每一点 t 处都均方可导，则称 $\{X_t, t \in T\}$ 在 T 上均方可导，或称 $\{X_t, t \in T\}$ 是均方可导的，此时 $\{X_t, t \in T\}$ 的均方导数是一个新的二阶矩过程，记为 $\{X'_t, t \in T\}$，称为 $\{X_t, t \in T\}$ 的导数过程。如果 $\{X_t, t \in T\}$ 的导数过程 $\{X'_t, t \in T\}$ 均方可导，则称 $\{X_t, t \in T\}$ 二阶均方可导，从而 $\{X_t, t \in T\}$ 的二阶均方导数仍是二阶矩过程，记为 $\{X''_t, t \in T\}$。类似地，可定义 $\{X_t, t \in T\}$ 的高阶导数过程 $\{X_t^{(n)}, t \in T\}$，且若 $\{X_t^{(n)}, t \in T\}$ 存在，则是二阶矩过程。随机过程均方导数的性质见定理 2.5.3。

定理 2.5.3　设 $\{X_t, t \in T\}$，$\{Y_t, t \in T\}$ 在 T 上均方可导，$a, b \in \mathbf{R}$ 是任意常数，$f(t)$ 是一元可导函数，C 是常数或随机变量，则有

（1）$\{X_t, t \in T\}$ 和 $\{Y_t, t \in T\}$ 均方连续。

（2）$(aX_t + bY_t)' = aX'_t + bY'_t$。

（3）$m_{X'}(t) = E(X'_t) = \dfrac{\mathrm{d}}{\mathrm{d}t} E(X_t) = m'_X(t)$。

一般地，若 X_t 在 t 处 n 阶可导，则有

$$m_{X^{(n)}}(t) = E\left(\frac{\mathrm{d}^n X_t}{\mathrm{d}t^n}\right) = \frac{\mathrm{d}^n}{\mathrm{d}t^n} E(X_t) = m_X^{'(n)}(t)$$

也就是求均方导数和求期望运算可以交换次序。

（4）$R_{XX'}(s, t) = E(\overline{X_s} X'_t) = \dfrac{\partial}{\partial t} R_X(s, t)$；

$\quad\quad R_{X'X}(s, t) = E(\overline{X'_s} X_t) = \dfrac{\partial}{\partial s} R_X(s, t)$；

$\quad\quad R_{X'}(s, t) = E(\overline{X'_s} X'_t) = \dfrac{\partial^2 R_X(s, t)}{\partial s \partial t} = \dfrac{\partial^2 R_X(s, t)}{\partial t \partial s} = R_{X'}(t, s)$。

（5）$f(t)X_t$ 均方可导，且有

$$\frac{\mathrm{d}}{\mathrm{d}t}[f(t)X_t] = \frac{\mathrm{d}f(t)}{\mathrm{d}t} X_t + \frac{\mathrm{d}X_t}{\mathrm{d}t} f(t)$$

（6）$(X_t + C)' = X'_t$，反之，若 $X'_t = 0$，则 X_t 是常值随机变量。

该定理的证明用均方导数的定义和期望的性质即可得，读者可自己完成。

例 2.5.4　讨论例 2.5.2 中的随机过程的均方可导性。

解　因为 $\forall t, t + \Delta t \in T$，则

$$\frac{X_{t+\Delta t} - X_t}{\Delta t} = \frac{2At\Delta t + A(\Delta t)^2 + B\Delta t}{\Delta t} = 2At + B + A\Delta t$$

$$\lim_{\Delta t \to 0} E\left|\frac{X_{t+\Delta t} - X_t}{\Delta t} - (2At + B)\right|^2 = \lim_{\Delta t \to 0} E\left[\frac{X_{t+\Delta t} - X_t}{\Delta t} - (2At + B)\right]^2 = \lim_{\Delta t \to 0}(A\Delta t) = 0$$

即 $X'_t = 2At + B$，也就是 X_t 均方可导。

从该例子可以看出，用定义判断一个随机过程的均方可导性只适用于比较简单的随机过程，对一般的随机过程是非常困难的。在 3.4 节维纳过程的随机分析中会给出均方可导的判断准则。

定义 2.5.4 设 $\{X_t, t \in [a, b]\}$ 是二阶矩过程，$f(t, u)$ 是 $[a, b] \times U$ 上的普通函数，$a = t_0 < t_1 < \cdots < t_n = b$ 是区间 $[a, b]$ 的任一划分，$\Delta t_k = t_k - t_{k-1}(k = 1, 2, \cdots, n)$，$\Delta = \max\limits_{1 \leqslant k \leqslant n} \Delta t_k$，$\forall t_k^* \in [t_{k-1}, t_k](k = 1, 2, \cdots, n)$，作和式 $\sum\limits_{k=1}^n f(t_b^*, u) X_{t_k^*} \Delta t_k \in H$，如果均方极限 $\underset{\Delta \to 0}{\text{l.i.m.}} \sum\limits_{k=1}^n f(t_k^*, u) X_{t_k^*} \Delta t_k$ 存在，记为 Y_u，且此极限不依赖于对 $[a, b]$ 的分法及 t_k^* 的取法，则称 $\{f(t, u)X_t, t \in [a, b]\}$ 在 $[a, b]$ 上均方可积，其均方极限 Y_u 称为 $\{f(t, u)X_t, t \in [a, b]\}$ 在 $[a, b]$ 上均方积分，记为 $\int_a^b f(t, u)X_t \mathrm{d}t$，即

$$Y_u = \int_a^b f(t, u)X_t \mathrm{d}t \quad (u \in U)$$

称 $\{Y_u, u \in U\}$ 为 $\{f(t, u)X_t, t \in [a, b]\}$ 在 $[a, b]$ 上的均方积分过程。

一般地，若二阶矩过程 $\{X_t, t \in [a, b]\}$ 在 $[a, b]$ 上均方连续，则 $\{X_t, t \in [a, b]\}$ 在 $[a, b]$ 上均方可积。

定义 2.5.5 设二阶矩过程 $\{X_t, t \in [a, b]\}$ 在 $[a, b]$ 上均方连续，令

$$Y_t = \int_a^t X_s \mathrm{d}s \quad (t \in [a, b])$$

则称 $\{Y_t, t \in [a, b]\}$ 为 $\{X_t, t \in [a, b]\}$ 在 $[a, b]$ 上的均方不定积分。

利用定理 2.5.1 和定义 2.5.5 可以很容易获得均方连续的二阶矩过程 $\{X_t, t \in [a, b]\}$，其均方不定积分 $\{Y_t, t \in [a, b]\}$ 在 $[a, b]$ 上均方可导，且

(1) $P(Y_t' = X_t) = 1$；

(2) $m_Y(t) = \int_a^t m_X(s) \mathrm{d}s \ (t \in [a, b])$；

(3) $R_Y(s, t) = \int_a^s \int_a^t R_X(u, v) \mathrm{d}u \mathrm{d}v \ (s, t \in [a, b])$。

例 2.5.5 设二阶矩过程 $\{X_t, t \in [a, b]\}$ 在 $[a, b]$ 上均方可导，导数过程 $\{X_t', t \in [a, b]\}$ 在 $[a, b]$ 上均方连续，则

$$\int_a^b X_s' \mathrm{d}s = X_b - X_a$$

证明 令 $Y_t = \int_a^t X_s' \mathrm{d}s (t \in [a, b])$，则 $\{Y_t, t \in [a, b]\}$ 在 $[a, b]$ 上均方可导，且 $Y_t' = X_t'$，从而 $[Y_t - X_t]' = 0 \ (t \in [a, b])$。由定理 2.5.3 可得，$Y_t - X_t = X$，即 $Y_t = X_t + X \ (t \in [a, b])$。取 $t = a$，得 $X = -X_a$；取 $t = b$，得 $\int_a^b X_s' \mathrm{d}s = X_b - X_a$。

习 题 2

1. 顾客来到服务台要求服务，当服务台中的服务员都正在为别的顾客服务时，来到的

顾客就要排队等待服务。顾客的到达是随机的，每个顾客所需的服务时间也是随机的，若令 X_t 表示 t 时刻的队长（即正在被服务的顾客和等待服务的顾客的总数目），Y_t 表示 t 时刻来到的顾客所需要的等待时间，$\{X_t , t \geqslant 0\}$ 和 $\{Y_t , t \geqslant 0\}$ 是随机过程吗？为什么？

2. 考虑一维对称游动过程 Y_n，其中 $Y_0 = 0$，$Y_n = \sum\limits_{k=1}^{n} X_k$，$X_k$ 具有概率分布

$$P(X_k = -1) = 0.5 = P(X_k = 1)$$

且 X_1，X_2，… 是相互独立的。

(1) 试写出一个样本函数；

(2) 试求 Y_1，Y_2 的概率分布及其联合概率分布；

(3) 试利用特征函数求 Y_n 的概率分布。

3. 试求随机过程 $\{X_t = At + b , t \in \mathbf{R}\}$ 的一维分布函数，其中 $A \sim N(0, 1)$，b 是常数。

4. 试求随机过程 $\{X_t = A\cos\omega t , t \in \mathbf{R}\}$ 的一维分布函数，概率密度函数和二维联合分布函数 $F_{\frac{\pi}{3\omega}, \frac{\pi}{2\omega}}(x_1 , x_2)$，其中 $A \sim N(0, 1)$，ω 是常数。

5. 试求随机过程 $\{X_t = \mathrm{e}^{-Xt} , t \geqslant 0\}$ 的一维概率密度函数和二维分布函数 $F_{1, 2}(x_1 , x_2)$，其中 X 是概率密度函数为 $f(x)$ 的随机变量。

6. 设四维随机变量 $(X_1 , X_2 , X_3 , X_4) \sim N(\boldsymbol{\mu} , \boldsymbol{C})$，其中

$$\boldsymbol{\mu} = (2 \quad 1 \quad 1 \quad 0), \quad \boldsymbol{C} = \begin{bmatrix} 1 & 2 & 3 & 6 \\ 2 & 3 & 4 & 3 \\ 3 & 4 & 3 & 2 \\ 3 & 3 & 2 & 1 \end{bmatrix}$$

试求 $\boldsymbol{Y} = (2X_1 \quad X_1 + 2X_2 \quad 2X_3 + X_4)$ 的分布。

7. 设随机变量 $X \sim N(0, 1)$，随机变量 ξ 与 X 相互独立，并且 $P(\xi = 0) = P(\xi = 1) = \dfrac{1}{2}$，令

$$Y = \begin{cases} X & (\xi = 0) \\ -X & (\xi = 1) \end{cases}$$

试证：$Y \sim N(0, 1)$，但是二维随机变量 (X , Y) 不是二维正态分布。

8. 已知随机过程 $\{X_t = U + t , t \in [-1, 1]\}$，随机变量 $u \sim U(0, 2\pi)$。

(1) 试求任意两个样本函数，并画出草图；

(2) 试求随机过程 $\{X_t = U + t , t \in [-1, 1]\}$ 的特征函数；

(3) 试求随机过程 $\{X_t = U + t , t \in [-1, 1]\}$ 的均值函数和协方差函数。

9. 设随机过程 $\{X_t , t \in T\}$ 的均值函数是 $m_X(t)$，协方差函数是 $C_X(s , t)$，而 $\varphi(t)$ 是个一元函数。试求随机过程 $\{Y_t = X_t + \varphi(t) , t \in T\}$ 的均值函数和协方差函数。

10. 设随机过程 $\{X_t , t \in T\}$，对任意的实数 x，定义随机过程 $\{Y_t , t \in T\}$，其中

$$Y_t = \begin{cases} 1 & (X_t \leqslant x) \\ 0 & (X_t > x) \end{cases}$$

试求随机过程 $\{X_t , t \in T\}$ 的均值函数 $m_Y(t)$ 和相关函数 $R_Y(s , t)$。

11. 试求下列随机过程的均值函数和相关函数：

(1) $X_t = Xt^2 + 2t + 1$；

(2) $X_t = X\sin 4t + Y\cos 4t$。

其中 X，Y 是不相关的随机变量，且 $EX = EY = \mu$，$DX = DY = \sigma^2$。

12．设随机过程 $\{X_t = U\cos 2t，t \in \mathbf{R}\}$，其中 U 是随机变量，且 $EU = 5$，$DU = 6$，试求随机过程 $\{X_t，t \in \mathbf{R}\}$ 的均值函数和相关函数。

13．设随机过程 $\{X_t，t \in T\}$ 共有三条样本曲线：$X_t(\omega_1) = 1$，$X_t(\omega_2) = \sin t$，$X_t(\omega_3) = \cos t$，且 $P(\{\omega_1\}) = P(\{\omega_2\}) = P(\{\omega_3\}) = \dfrac{1}{3}$，试求随机过程 $\{X_t，t \in \mathbf{R}\}$ 的均值函数和相关函数。

14．一个随机变量的峰度被定义为其四阶中心距与其方差的平方的比值。用特征函数方法证明正态随机变量的峰度为 3。

15．设随机过程 $Y_t = X\cos(\omega t + \Theta)$，其中 ω 是常数，随机变量 X 服从瑞利分布

$$f_X(x) = \begin{cases} \dfrac{x}{\sigma^2}\mathrm{e}^{-\frac{x^2}{2\sigma^2}} & (x > 0) \\ 0 & (x \leqslant 0) \end{cases} \qquad (\sigma > 0)$$

随机变量 $\Theta \sim U(0，2\pi)$，且 X 与 Θ 相互独立。试求随机过程 Y_t 的均值函数和相关函数。

16．设 $\{X_t，t \geqslant 0\}$ 是一个零均值的实的正交增量过程，且 $X_0 = 0$，$X \sim N(0，1)$，况且对任意的 $t \geqslant 0$ 均有 X_t 与 X 相互独立，令 $Y_t = X_t + X(t \geqslant 0)$，试求 $\{Y_t，t \geqslant 0\}$ 的数字特征。

17．设随机过程 $\{X_t，t \geqslant 0\}$ 是正态过程，令 $Y_t = X_{t+1} - X_t$，试证明随机过程 $\{Y_t，t \geqslant 0\}$ 是正态过程。

18．设 ξ 与 η 是两个独立的随机变量，其中 ξ 的概率密度函数为

$$f_\xi(x) = 2x^3\mathrm{e}^{-\frac{1}{2}x^4} \qquad (x > 0)$$

η 服从 $[0，2\pi]$ 上的均匀分布。证明随机过程

$$X_t = \xi^2\cos(2\pi t + \eta) \qquad (t \geqslant 0)$$

是一个正态过程，并计算其均值函数和协方差函数。

19．证明相互独立的正态过程的和仍是正态过程。

20．证明两个相互独立的独立增量过程的和仍是独立增量过程。

21．设 $X_t = A\cos\alpha t + B\sin\alpha t(t > 0)$，其中 α 是常数，A，B 相互独立且同服从区间 $[-1，1]$ 上的均匀分布。判断 $\{X_t，t \geqslant 0\}$ 是否均方可积，若均方可积，试求均方不定积分的均值函数、相关函数和均方值函数。

第 3 章
维 纳 过 程

1827 年，苏格兰植物学家罗伯特·布朗通过显微镜观察悬浮在水中的花粉颗粒的运动，发现这些微小颗粒一直在做大量的无规则运动，但当时他并未给出解释，后来人们就以他的名字命名了这种物理现象。1900 年，法国数学家路易斯·巴舍利耶（见图 3.1(a)）首次在他的博士论文《投机理论》中给出了布朗运动的一种量化理论，并用这种量化的布朗运动来描述金融市场中股票价格的波动。遗憾的是，巴舍利耶关于布朗运动量化的工作在当时并未引起人们的注意。然而在 1905 年，爱因斯坦（见图 3.1(b)）和斯莫卢霍夫斯基各自独立地研究了布朗运动，他们用不同的概率模型求得了运动质点的转移密度。直到 1923 年，美国数学家、控制论创始人诺伯特·维纳（见图 3.1(c)）利用三角级数首次给出了布朗运动的严格数学理论定义，并证明了布朗运动轨道的连续性，因此布朗运动也被称作维纳过程。

1938 年，法国概率学家保罗·莱维（见图 3.1(d)）开始着眼于轨道性质的概率方法，系统深入地研究了布朗运动，取得了一系列重要成果。他用插值方法给出了布朗运动的第二种存在性证明，并研究了布朗运动的首中时、相关泛函以及样本轨道的有限结构性质等。莱维于 1948 年出版著作《随机过程与布朗运动》，提出了独立增量过程的一般理论。1951 年，伊藤清建立了关于布朗运动的随机微积分方程的理论。

(a) 路易斯·巴舍利耶　　(b) 阿尔伯特·爱因斯坦　　(c) 诺伯特·维纳　　(d) 保罗·莱维

图 3.1　数学家

3.1　维纳过程的定义

从 1827 年布朗运动的发现到 1918 年维纳给出布朗运动的简明的数学描述，历经了 90

年，维纳究竟是如何给出维纳过程的数学描述的呢？他假定 W_t 表示质点在时刻 t 的位置，同时 W_t 也表示质点直到 t 所做的位移，因此在时间 (s, t) 内，它所做的位移是 $W_t - W_s$。由于在时间 (s, t) 内质点受到周围分子的大量碰撞，每次碰撞都产生一个小的位移，故 $W_t - W_s$ 是大量小位移的和，由中心极限定理知，它服从正态分布。

介质处于平衡状态，因此质点在一小区间上位移的统计规律只与区间长度有关，而与开始观察的时刻无关。由于分子运动的独立性和无规则性，可以认为质点在不同时间内受到的碰撞是独立的，因此分子运动所产生的位移也是独立的，由此产生了维纳过程的定义。

定义 3.1.1 已知随机过程 $\{W_t, t \geq 0\}$，如果满足

(1) $W_0 = 0$，

(2) $\{W_t, t \geq 0\}$ 是独立增量过程，即对任意的自然数 $n \geq 2$ 和任意的时间指标 $0 = t_0 < t_1 < t_2 < \cdots < t_n$，增量 $W_{t_n} - W_{t_{n-1}}$，$\cdots$，$W_{t_2} - W_{t_1}$，$W_{t_1} - W_{t_0}$ 是相互独立的随机变量，

(3) 对每个 $t > s \geq 0$，$W_t - W_s$ 服从正态分布 $N(0, \sigma^2(t-s))$，

则称 $\{W_t, t \geq 0\}$ 是参数为 σ^2 的维纳过程，也称为布朗运动。

注：$\sigma = 1$ 的布朗运动称为标准布朗运动；如果 $\sigma \neq 1$，则 $\left\{\dfrac{W_t}{\sigma}, t \geq 0\right\}$ 是标准布朗运动。

实际上，维纳过程可以从任意一点开始，用 W_t^x 表示起始于 x 的维纳过程。由于维纳过程具有平稳增量性，所以只需研究起点是零的维纳过程即可。为了方便，参数为 1 的维纳过程简称为维纳过程。

定理 3.1.1 参数为 σ^2 的维纳过程是均值函数为 $m_W(t) = 0$，相关函数为 $R_W(s, t) = \sigma^2 \min\{t, s\}$（$\forall s, t \geq 0$）的正态过程。

证明 均值函数显然成立。

对 $s, t \geq 0$，不失一般性，不妨假设 $s \leq t$，则

$$
\begin{aligned}
R_W(s, t) &= E(W_s W_t) \\
&= E[(W_s - W_0)(W_t - W_s + W_s)] \\
&= E[(W_s - W_0)(W_t - W_s)] + E(W_s)^2 = 0 + E(W_s)^2 \\
&= D(W_s) + [E(W_s)]^2 \\
&= \sigma^2 s = \sigma^2 \min(s, t)
\end{aligned}
$$

对任意的自然数 n，$\forall t_1 < t_2 < \cdots < t_n$，由参数为 σ^2 的维纳过程的定义有：W_{t_1}，$W_{t_2} - W_{t_1}$，$\cdots$，$W_{t_n} - W_{t_{n-1}}$ 相互独立，且 $W_{t_k} - W_{t_{k-1}}$ 服从正态分布 $N(0, \sigma^2(t_k - t_{k-1}))$，所以 $(W_{t_1}, W_{t_2} - W_{t_1}, \cdots, W_{t_n} - W_{t_{n-1}})$ 服从 n 维正态分布。

又因为

$$
(W_{t_1}, W_{t_2}, \cdots, W_{t_n}) = (W_{t_1}, W_{t_2} - W_{t_1}, \cdots, W_{t_n} - W_{t_{n-1}}) \cdot
\begin{pmatrix}
1 & 1 & \cdots & 1 \\
0 & 1 & \cdots & 1 \\
0 & 0 & \cdots & 1 \\
\vdots & \vdots & & \vdots \\
0 & 0 & \cdots & 1
\end{pmatrix}
$$

所以 $(W_{t_1}, W_{t_2}, \cdots, W_{t_n})$ 服从 n 维正态分布。由正态过程的定义知，参数为 σ^2 的维纳过程是正态过程。

例 3.1.1 设 $\{W_t, t \geqslant 0\}$ 是维纳过程，求：

(1) $W_1 + W_2 + W_3 + W_4$ 的分布；

(2) $W_{\frac{1}{4}} + W_{\frac{1}{2}} + W_{\frac{3}{4}} + W_1$ 的分布；

(3) 维纳过程的有限维分布函数。

解 (1) 由定理 3.1.1 知，维纳过程是正态过程，故 (W_1, W_2, W_3, W_4) 服从均值向量

是 $(0, 0, 0, 0)$，协方差矩阵是 $\begin{pmatrix} 1 & 1 & 1 & 1 \\ 1 & 2 & 2 & 2 \\ 1 & 2 & 3 & 3 \\ 1 & 2 & 3 & 4 \end{pmatrix}$ 的 4 维正态分布。

而

$$W_1 + W_2 + W_3 + W_4 = (W_1, W_2, W_3, W_4) \begin{pmatrix} 1 \\ 1 \\ 1 \\ 1 \end{pmatrix}$$

故由式 (1.5.8) 知，$W_1 + W_2 + W_3 + W_4$ 服从一维正态分布 $N(0, 30)$。

(2) 同理可求 $W_{\frac{1}{4}} + W_{\frac{1}{2}} + W_{\frac{3}{4}} + W_1$ 的分布为 $N\left(0, \dfrac{15}{2}\right)$。

(3) 一般由

$$(W_{t_1}, W_{t_2}, \cdots, W_{t_n}) = (W_{t_1}, W_{t_2} - W_{t_1}, \cdots, W_{t_n} - W_{t_{n-1}}) \cdot \begin{pmatrix} 1 & 1 & \cdots & 1 \\ 0 & 1 & \cdots & 1 \\ 0 & 0 & \cdots & 1 \\ \vdots & \vdots & & \vdots \\ 0 & 0 & \cdots & 1 \end{pmatrix}$$

可得维纳过程的有限维分布为 n 维正态分布 $N(\boldsymbol{\mu}, \boldsymbol{\Sigma})$，其中均值向量 $\boldsymbol{\mu}$ 是 n 维零向量，协方差矩阵 $\boldsymbol{\Sigma}$ 为

$$\begin{pmatrix} 1 & 1 & \cdots & 1 \\ 0 & 1 & \cdots & 1 \\ 0 & 0 & \cdots & 1 \\ \vdots & \vdots & & \vdots \\ 0 & 0 & \cdots & 1 \end{pmatrix}_{n \times n}^{\mathrm{T}} \begin{pmatrix} t_1 & 0 & \cdots & 0 \\ 0 & t_2 - t_1 & \cdots & 0 \\ 0 & 0 & \cdots & 0 \\ \vdots & \vdots & & \vdots \\ 0 & 0 & \cdots & t_n - t_{n-1} \end{pmatrix}_{n \times n} \begin{pmatrix} 1 & 1 & \cdots & 1 \\ 0 & 1 & \cdots & 1 \\ 0 & 0 & \cdots & 1 \\ \vdots & \vdots & & \vdots \\ 0 & 0 & \cdots & 1 \end{pmatrix}_{n \times n}$$

例 3.1.2 试求维纳过程的 n 维特征函数。

解 不失一般性，假设 $\forall n \in \mathbf{N}$，$\forall 0 = t_0 < t_1 < t_2 < \cdots < t_n$，定义增量 $\xi_k = W_{t_k} - W_{t_{k-1}}$ $(k = 1, 2, \cdots, n)$，因此 $\xi_1, \xi_2, \cdots, \xi_n$ 是相互独立的，且 $\xi_k \sim N(0, t_k - t_{k-1})$。

由于 $W_{t_k} = \sum_{i=1}^{n} \xi_i$ $(k = 1, \cdots, n)$，因此

$$\varphi_{t_1, t_2 \cdots, t_n}(u_1, \cdots, u_n) = E\left[\exp\left(\mathrm{i} \sum_{k=1}^{n} u_k W_{t_k}\right)\right] = E[\exp(\mathrm{i}(u_1 + \cdots + u_n)\xi_1)] \times \cdots \times E[\exp(\mathrm{i}u_n \xi_n)]$$

$$= \exp\left[-\frac{1}{2}(u_1 + \cdots + u_n)^2 t_1\right] \times \cdots \times \exp\left[-\frac{1}{2}u_n^2(t_n - t_{n-1})\right]$$

例 3.1.3 试求维纳过程的条件期望。

解 例 3.1.1 给出了维纳过程的 n 维分布函数，形式是比较复杂的。下面通过分析维纳过程的条件密度函数，给出维纳过程简化的 n 维联合密度函数的表达式，从而获得其条件期望。

首先当 $t_1 < t_2$ 时，求 $W_{t_2} | W_{t_1}$ 下的条件密度表达式。因为

$$P(W_{t_2} \leqslant x_2 | W_{t_1} = x_1) = P(W_{t_2} - x_1 \leqslant x_2 - x_1 | W_{t_1} = x_1)$$
$$= P(W_{t_2} - W_{t_1} \leqslant x_2 - x_1 | W_{t_1} = x_1)$$
$$= P(W_{t_2} - W_{t_1} \leqslant x_2 - x_1)$$
$$= \int_{-\infty}^{x_2 - x_1} \frac{1}{\sqrt{2\pi(t_2 - t_1)}} e^{-\frac{y^2}{2(t_2 - t_1)}} dy$$

故 $W_{t_2} | W_{t_1} \sim N(x_1, t_2 - t_1)$，从而其条件期望为 $E(W_{t_2} | W_{t_1}) = W_{t_1}$。

进一步利用数学归纳法可证当 $0 = t_0 < t_1 < t_2 < \cdots < t_n$ 时，$(W_{t_1}, W_{t_2}, \cdots, W_{t_n})$ 的联合密度函数为

$$f(x_1, x_2, \cdots, x_n) = f_{W_{t_1}}(x_1) f_{W_{t_2} | W_{t_1}}(x_2 | x_1) f_{W_{t_3} | W_{t_2}, W_{t_1}}(x_3 | x_2, x_1) \cdots$$
$$f_{W_{t_n} | W_{t_{n-1}}, \cdots, W_{t_1}}(x_n | x_{n-1}, \cdots, x_1)$$
$$= f_{W_{t_1}}(x_1) f_{W_{t_2} | W_{t_1}}(x_2 | x_1) f_{W_{t_3} | W_{t_2}}(x_3 | x_2) \cdots f_{W_{t_n} | W_{t_{n-1}}}(x_n | x_{n-1})$$
$$= f_{t_1}(x_1) f_{t_2 - t_1}(x_2 - x_1) \cdots f_{t_n - t_{n-1}}(x_n - x_{n-1})$$

其中 $f_t(x) = \dfrac{1}{\sqrt{2\pi t}} e^{-\frac{x^2}{2t}}$。

也可以利用随机变量的变换定理证明。

令 $Y_i = W_{t_i} - W_{t_{i-1}}$ $(i = 1, 2, \cdots, n)$，由维纳过程的独立增量性可知，$Y_1, Y_2, \cdots, Y_n$ 相互独立，且 $Y_i \sim N(0, t_i - t_{i-1})$ $(i = 1, 2, \cdots, n)$，从而 $(Y_1, Y_2, \cdots, Y_n)$ 服从 n 元正态分布，且其联合概率密度函数为

$$g(y_1, y_2, \cdots, y_n) = \prod_{i=1}^{n} \frac{1}{\sqrt{2\pi(t_i - t_{i-1})}} e^{-\frac{y_i^2}{2(t_i - t_{i-1})}}$$

由于 $W_{t_i} = Y_1 + Y_2 + \cdots + Y_i$，利用定理 1.2.2 可求得 $(W_{t_1}, W_{t_2}, \cdots, W_{t_n})$ 的联合密度函数为

$$f(x_1, x_2, \cdots, x_n) = g(x_1, x_2 - x_1, \cdots, x_n - x_{n-1}) | J | = \prod_{i=1}^{n} \frac{1}{\sqrt{2\pi(t_i - t_{i-1})}} e^{-\frac{(x_i - x_{i-1})^2}{2(t_i - t_{i-1})}}$$

其中：

$$|J| = \begin{vmatrix} 1 & 0 & 0 & \cdots & 0 & 0 \\ -1 & 1 & 0 & \cdots & 0 & 0 \\ 0 & -1 & 1 & \cdots & 0 & 0 \\ \vdots & \vdots & \vdots & & \vdots & \vdots \\ 0 & 0 & 0 & \cdots & 1 & 0 \\ 0 & 0 & 0 & \cdots & -1 & 1 \end{vmatrix} = 1$$

3.2　维纳过程的性质

3.1 节的介绍让我们对维纳过程有了基本的了解，本节将介绍维纳过程的几个性质。

现假设 $\{W_t, t \geqslant 0\}$ 是概率空间 $(\Omega, \mathcal{F}, P)$ 上的维纳过程，则有如下结论。

性质 1（对称性）　$-W_t$ 也是维纳过程。

性质 2（自相似性）　对任意的常数 $a > 0$ 和固定的时间指标 $t \geqslant 0$，有 $W_{at} \doteq a^{\frac{1}{2}} W_t$。

性质 3（时间逆转性）　对任意固定的时间指标 $T > 0$，定义维纳过程的时间逆转过程：
$$B_t = W_T - W_{T-t} \quad (0 \leqslant t \leqslant T)$$
则 $\{B_t, 0 \leqslant t \leqslant T\}$ 是维纳过程。

性质 4（平移不变性）　定义随机过程
$$B_t = W_{t+a} - W_a \quad (t \geqslant 0)$$
a 是常数，则 $\{B_t, t \geqslant 0\}$ 是维纳过程。

性质 5（尺度不变性）　随机过程 $\left\{\dfrac{W_{ct}}{\sqrt{c}}, t \geqslant 0\right\}$（$c > 0$ 是常数），则 $\left\{\dfrac{W_{ct}}{\sqrt{c}}, t \geqslant 0\right\}$ 是维纳过程。

注：性质 3 和性质 4 的出发点不同，因而一个是时间可逆性，一个是平移不变性，但其本质是相同的。

维纳过程的轨道是连续的。事实上，利用定义 3.1.1 的条件（2）和（3），可以验证维纳过程满足随机过程的柯尔莫哥洛夫连续性判别准则。

定理 3.2.1（柯尔莫哥洛夫连续性判别准则）　设 $T > 0$，假设 $\{X_t, 0 \leqslant t \leqslant T\}$ 是一个定义在概率空间 $(\Omega, \mathcal{F}, P)$ 上取实值的连续时间随机过程。如果存在常数 $\alpha, \beta, C > 0$，使
$$E(|X_t - X_s|^\alpha) \leqslant C|t-s|^{1+\beta} \quad (0 \leqslant s, t \leqslant T) \tag{3.2.1}$$
则存在一个连续（轨道）的连续时间随机过程与其等价。

例 3.2.1　如果一个随机过程 W 满足定义 3.1.1 的条件（2）和（3），则对任意的自然数 $n \in \mathbf{N}$，一定有
$$E(|W_t - W_s|^{2n}) = \frac{(2n)!}{2^n n!}|t-s|^n \quad (\forall s, t \geqslant 0) \tag{3.2.2}$$

证明　不失一般性，设 $t > s \geqslant 0$。用定义 3.1.1 得到增量 $W_t - W_s \sim N(0, t-s)$。记
$$F_{2n} = \int_{-\infty}^{+\infty} x^{2n} e^{-\frac{x^2}{2(t-s)}} dx \quad (n \in \mathbf{N})$$
则有迭代形式
$$E(|W_t - W_s|^{2n}) = \frac{F_{2n}}{\sqrt{2\pi(t-s)}} = \frac{(2n-1\sqrt{t-s})F_{2n-1}}{\sqrt{2\pi}} = \cdots = \frac{(2n)!}{2^n n!}|t-s|^n$$

根据式（3.2.2）和定理 3.2.1，我们可以看到：满足定义 3.1.1 的条件（2）和（3）的随机过程存在着一个连续（轨道）的等价随机过程，即维纳过程的轨道是连续的。

例 3.2.2　验证：假设过程 $\{X_t, t \in T\}$ 是一个正态过程，那么其有限维分布函数完全由其均值函数和相关函数决定。

证明 由于正态过程的 n 维特征函数为

$$\varphi_{t_1, \cdots, t_n}(u_1, \cdots, u_n) = \exp\left[i\sum_{k=1}^{n} u_k m_X(t_k) - \frac{1}{2}\sum_{k,l=1}^{n} u_k u_l C_X(t_k, t_l) \right]$$

由于特征函数和分布函数相互唯一确定，因此正态过程的有限维分布函数完全由它的均值函数和相关函数决定。

更进一步，如果连续（轨道）的高斯过程 X_t 具有零均值函数且相关函数为 $R_X(s, t) = \sigma^2 \min\{s, t\}$，那么该高斯过程一定是参数为 σ^2 的维纳过程。

设 $\{W_t, t \geqslant 0\}$ 是维纳过程，则维纳过程 $\{W_t, t \geqslant 0\}$ 的样本轨迹具有不可微性质。我们将该性质以定理的形式给出。

定理 3.2.2 设 $\Delta t > 0$，对于固定的时刻 $t > 0$，定义增量 $\Delta W_t = W_{t+\Delta t} - W_t$，那么对于任意固定的 $x > 0$ 和时刻 $t > 0$，有

$$P\left(\lim_{\Delta t \to 0^+} \left| \frac{\Delta W_t}{\Delta t} \right| > x \right) = 1$$

证明 设随机变量 $\xi = \Delta W_t$，则 $\xi \sim N(0, \Delta t)$。应用维纳过程和概率测度的性质，有

$$
\begin{aligned}
P\left(\lim_{\Delta t \to 0^+} \left| \frac{\Delta W_t}{\Delta t} \right| > x \right) &= \lim_{\Delta t \to 0^+} P\left(\left| \frac{\Delta W_t}{\Delta t} \right| > x \right) = \lim_{\Delta t \to 0^+} P(|\xi| > x\Delta t) \\
&= \lim_{\Delta t \to 0^+} \frac{2}{\sqrt{2\pi\Delta t}} \int_{x\Delta t}^{+\infty} \exp\left(-\frac{y^2}{2\Delta t} \right) \mathrm{d}y \\
&= \lim_{\Delta t \to 0^+} \sqrt{\frac{2}{\pi}} \int_{x\sqrt{\Delta t}}^{+\infty} \exp\left(-\frac{z^2}{2} \right) \mathrm{d}z \\
&= \sqrt{\frac{2}{\pi}} \int_{0}^{+\infty} \exp\left(-\frac{z^2}{2} \right) \mathrm{d}z \\
&= 1
\end{aligned}
$$

这样我们即证得定理 3.2.2 成立。

通过上面的证明可以发现：在 Δt 充分小的时候，误差概率

$$P\left(\left| \frac{\Delta W_t}{\Delta t} \right| \leqslant x \right) = \sqrt{\frac{2}{\pi}} \int_{0}^{x\sqrt{\Delta t}} \exp\left(-\frac{z^2}{2} \right) \mathrm{d}z \leqslant x\sqrt{\frac{2\Delta t}{\pi}} \ll 1$$

其中，$\ll 1$ 表示远小于 1。

另一方面，如果取固定的 $x > 0$ 充分大，那么对于每一个时刻 $t > 0$，当 $\Delta t \to 0^+$ 时，随机变量 $\frac{\Delta W_t}{\Delta t}$ 一定是无界的（由定理 3.2.1 知，其发生的概率为 1）。因此，布朗运动的样本轨迹 $t \to W_t$ 在每一个时刻点 t 是不可微的（其发生的概率为 1）。

在工程应用中经常碰到维纳过程的首达时和最大值。

定义 3.2.1 设 $\{W_t, t \geqslant 0\}$ 是维纳过程，称 $T_a = \inf\{t, t > 0, W_t = a\}$ 是首次击中 a 的时间，简称为首达时。对 $\forall t > 0$，称 $M_t = \max_{0 \leqslant u \leqslant t} W_u$ 为 $[0, t]$ 上的最大值。

显然，当 $a > 0$ 时，事件 $\{T_a \leqslant t\} = \{M_t \geqslant a\}$。

例 3.2.3 设 $\{W_t, t \geqslant 0\}$ 是维纳过程，则其首达时和最大值的密度函数分别为

$$f_{M_t}(a) = \sqrt{\frac{2}{\pi t}} \mathrm{e}^{-\frac{a^2}{2t}} I_{[0, +\infty)}(a)$$

$$f_{T_a}(t) = \frac{a}{\sqrt{2\pi}} e^{-\frac{a^2}{2t}} t^{-\frac{3}{2}} \quad (t > 0)$$

证明　由例 3.1.3 可知，$W_{t_0+t} \mid W_{t_0} \sim N(x_0, t)$，从而

$$P(W_{t_0+t} > x_0 \mid W_{t_0} = x_0) = \int_{x_0}^{+\infty} \frac{1}{\sqrt{2\pi t}} e^{-\frac{(x-x_0)^2}{2t}} \mathrm{d}x$$

$$= P(W_{t_0+t} \leqslant x_0 \mid W_{t_0} = x_0)$$

$$= \frac{1}{2} \tag{3.2.3}$$

又由全概率公式可得

$$P(W_t \geqslant a) = P(W_t \geqslant a \mid T_a \leqslant t) P(T_a \leqslant t) + P(W_t \geqslant a \mid T_a > t) P(T_a > t)$$

显然

$$P(W_t \geqslant a \mid T_a > t) = 0$$

又在 $T_a \leqslant t$ 的条件下，即当 $W_{T_a} = a$ 时，$\{W_t \geqslant a\}$ 和 $\{W_t \leqslant a\}$ 是等可能的，即

$$P(W_t \geqslant a \mid T_a \leqslant t) = P(W_t \leqslant a \mid T_a \leqslant t) = \frac{1}{2}$$

所以

$$P(T_a \leqslant t) = 2P(W_t \geqslant a)$$

于是当 $a > 0$ 时，有

$$F_{T_a}(t) = P(T_a \leqslant t) = 2P(W_t \geqslant a) = \frac{2}{\sqrt{2\pi t}} \int_a^{+\infty} e^{-\frac{u^2}{2t}} \mathrm{d}u$$

$$= \sqrt{\frac{2}{\pi}} \int_{\frac{a}{\sqrt{t}}}^{+\infty} e^{-\frac{x^2}{2}} \mathrm{d}x = 2\left[1 - \Phi\left(\frac{a}{\sqrt{t}}\right)\right]$$

从而首达时的概率密度函数为

$$f_{T_a}(t) = \frac{a}{\sqrt{2\pi}} e^{-\frac{a^2}{2t}} t^{-\frac{3}{2}} \quad (t > 0)$$

由首达时和最大值的关系可得

$$f_{M_t}(a) = \sqrt{\frac{2}{\pi t}} e^{-\frac{a^2}{2t}} I_{[0, +\infty)}(a)$$

例 3.2.4　设 $\{W_t, t \geqslant 0\}$ 是维纳过程，$T_a = \inf\{t, t > 0, W_t = a\}$ 是首达时。证明：

(1) $P(T_a < +\infty) = 1$；

(2) $E(T_a) = +\infty$。

证明　(1) $P(T_a < +\infty) = \lim_{t \to \infty} P(T_a \leqslant t) = \lim_{t \to \infty} \frac{2}{\sqrt{2\pi}} \int_{\frac{a}{\sqrt{t}}}^{+\infty} e^{-\frac{y^2}{2}} \mathrm{d}y = \frac{2}{\sqrt{2\pi}} \int_0^{\infty} e^{-\frac{y^2}{2}} \mathrm{d}y = 1$

(2) $E(T_a) = \int_0^{+\infty} P(T_a > t) \mathrm{d}t = \int_0^{+\infty} [1 - P(T_a \leqslant t)] \mathrm{d}t = \int_0^{+\infty} \left(1 - \frac{2}{\sqrt{2\pi}} \int_{\frac{a}{\sqrt{t}}}^{+\infty} e^{-\frac{y^2}{2}} \mathrm{d}y\right) \mathrm{d}t$

$$= \frac{2}{\sqrt{2\pi}} \int_0^{+\infty} \int_0^{\frac{a}{\sqrt{t}}} e^{-\frac{y^2}{2}} \mathrm{d}y \mathrm{d}t = \frac{2}{\sqrt{2\pi}} \int_0^{+\infty} \left(\int_0^{\frac{a^2}{y^2}} \mathrm{d}t\right) e^{-\frac{y^2}{2}} \mathrm{d}y$$

$$= \frac{2a^2}{\sqrt{2\pi}} \int_0^{+\infty} \frac{1}{y^2} e^{-\frac{y^2}{2}} \mathrm{d}y \geqslant \frac{2a^2 e^{-\frac{1}{2}}}{\sqrt{2\pi}} \int_0^1 \frac{1}{y^2} \mathrm{d}y = +\infty$$

3.3 与维纳过程有关的随机过程

本节将介绍几类由维纳过程衍生出来的随机过程，并讨论它们的性质。

下面假设 W 是维纳过程。

1. 过程 1——d 维维纳过程

设 $d \in \mathbf{N}$，如果 $W^1, \cdots, W^d$ 是 d 个相互独立的维纳过程，则称 $(W^1, \cdots, W^d)$ 是 d 维维纳过程。

2. 过程 2——一般维纳过程

设 $\mu \in \mathbf{R}$，$\sigma > 0$，定义随机过程

$$B_t^{\mu, \sigma^2} = \mu t + \sigma W_t \quad (\forall t \geqslant 0)$$

则称 $B^{\mu, \sigma^2} = \{B_t^{\mu, \sigma^2}, t \geqslant 0\}$ 为一般维纳过程。

例 3.3.1 计算一般维纳过程的均值函数和相关函数。

解 均值函数为

$$m_B(t) = E[\mu t + \sigma W_t] = \mu t \quad (\forall t \geqslant 0)$$

相关函数为

$$R_B(s, t) = \sigma^2 \min\{s, t\} \quad (\forall s, t \geqslant 0)$$

例 3.3.2 验证：一般维纳过程是一个高斯过程。

证明 对任意自然数 $n \geqslant 2$，不失一般性，取 n 个不同的时间指标 $0 = t_0 < t_1 < \cdots < t_n < \infty$。定义增量 $\xi_k = B_{t_k}^{\mu, \sigma^2} - B_{t_{k-1}}^{\mu, \sigma^2}$，其中 $k = 1, \cdots, n$。由于 B^{μ, σ^2} 仍具有平稳性和独立增量性，则随机变量 $\xi_1, \cdots, \xi_n$ 是相互独立的，且

$$\xi_k \sim N(\mu(t_k - t_{k-1}), \sigma^2(t_k - t_{k-1}))$$

因此，n 维随机变量 $(\xi_1, \cdots, \xi_n)$ 服从 n 维正态分布。注意到：

$$(B_{t_1}^{\mu, \sigma^2}, B_{t_2}^{\mu, \sigma^2}, \cdots, B_{t_n}^{\mu, \sigma^2}) = (\xi_1, \cdots, \xi_n) \times \boldsymbol{M}_{n \times n}$$

其中，$\boldsymbol{M}_{n \times n}$ 是一个可逆的 n 维方阵（具体形式留给读者计算）。

由 n 维正态分布的性质[见式（1.5.7）和式（1.5.8）]可知，n 维随机变量 $(B_{t_1}^{\mu, \sigma^2}, B_{t_2}^{\mu, \sigma^2}, \cdots, B_{t_n}^{\mu, \sigma^2})$ 也服从 n 维正态分布。故一般维纳过程是一个高斯过程。

3. 过程 3——布朗桥

对于任意的时间指标 $t \in [0, 1]$，定义随机过程

$$B_t^{\mathrm{br}} = W_t - tW_1 \tag{3.3.1}$$

则称 $B^{\mathrm{br}} = \{B_t^{\mathrm{br}}, t \in [0, 1]\}$ 为从 0 到 0 的布朗桥。

从布朗桥的定义显然可以得到 $B_0^{\mathrm{br}} = B_1^{\mathrm{br}} = 0$。

例 3.3.3 计算布朗桥的均值函数和相关函数。

解 均值函数为

$$m_{B^{\mathrm{br}}}(t) = E(W_t - tW_1) = 0 \quad (\forall t \in [0, 1])$$

相关函数为

$$R_{B^{\mathrm{br}}}(s, t) = \min\{s, t\} - st \quad (\forall s, t \in [0, 1])$$

例 3.3.4 验证：从 0 到 0 的布朗桥是一个高斯过程。

证明 设 $0 < t_1 < t_2 < \cdots < t_n < 1$，于是采用与证明例 3.3.2 类似的方法，得到

$$\xi_1 = W_{t_1} - t_1 W_1, \cdots, \xi_n = W_{t_n} - t_n W_1$$

服从 n 维正态分布。

例 3.3.5 设常数 $a, b \in \mathbf{R}$。定义从 a 到 b 的布朗桥

$$B_t^{a \to b} = a + (b - a)t + B_t^{\mathrm{br}} \quad (t \in [0, 1]) \tag{3.3.2}$$

其中，$B^{\mathrm{br}} = \{B_t^{\mathrm{br}}, t \in [0, 1]\}$ 表示从 0 到 0 的布朗桥。证明：

(1) $B_0^{a \to b} = a$ 和 $B_1^{a \to b} = b$；

(2) 从 a 到 b 的布朗桥也是一个高斯过程，且

$$m^{a \to b}(t) = E(B_t^{a \to b}) = a + (b - a)t$$

$$C^{a \to b}(s, t) = E[(B_s^{a \to b} - m^{a \to b}(s))(B_t^{a \to b} - m^{a \to b}(t))] = \min\{s, t\} - st$$

其中，$s, t \in [0, 1]$。事实上，上面的结论可以由布朗桥的定义直接得出。

观察布朗桥的定义式(3.3.1)和式(3.3.2)以及它们的均值函数、相关函数与协方差函数会发现：从 0 到 0 的布朗桥与从 a 到 b 的布朗桥的协方差函数并未发生改变，即对所有 $s, t \in [0, 1]$ 和常数 a, b，$C^{a \to b}(s, t) = C^{0 \to 0}(s, t)$。

4. 过程 4——指数维纳过程(几何布朗运动)

设 $\mu \in \mathbf{R}$ 和 $\sigma > 0$，定义随机过程

$$B_t^{\mathrm{ge}} = \exp(B_t^{\mu, \sigma^2}) \quad (\forall t \geqslant 0)$$

则称 $B^{\mathrm{ge}} = \{B_t^{\mathrm{ge}}, t \geqslant 0\}$ 为指数维纳过程，其中 B^{μ, σ^2} 表示一般维纳过程。

通常人们用指数维纳过程描述金融市场中的风险资产(如股票)的价格。这也是著名的布莱克-斯科尔斯公式的一个最基本假设。一个有意思的结果是：指数维纳过程 B^{μ, σ^2} 可以写成如下伊藤随机微分方程的形式：

$$\begin{cases} \dfrac{\mathrm{d}B_t^{\mathrm{ge}}}{B_t^{\mathrm{ge}}} = \left(\mu + \dfrac{1}{2}\sigma^2\right)\mathrm{d}t + \sigma\mathrm{d}W_t \\ B_0^{\mathrm{ge}} = 1 \end{cases}$$

其中，$t \geqslant 0$。

随机微分方程的具体推导见参考文献[3]。

例 3.3.6 计算指数维纳过程的均值函数和相关函数。

解 均值函数为

$$m_{B^{\mathrm{ge}}}(t) = E[\exp(B_t^{\mu, \sigma^2})] = \mathrm{e}^{\mu t} E[\exp(\sigma W_t)] = \exp\left[\left(\mu + \dfrac{\sigma^2}{2}\right)t\right]$$

假设 $0 \leqslant s < t < \infty$，则相关函数为

$$\begin{aligned} R_{B^{\mathrm{ge}}}(s, t) &= \mathrm{e}^{\mu(t+s)} E[\mathrm{e}^{2\sigma W_s} \mathrm{e}^{\sigma(W_t - W_s)}] \\ &= \mathrm{e}^{\mu(t+s)} E(\mathrm{e}^{2\sigma W_s}) E(\mathrm{e}^{\sigma W_{t-s}}) \\ &= \mathrm{e}^{\mu(t+s)} \mathrm{e}^{2\sigma^2 s} \mathrm{e}^{\frac{\sigma^2}{2}(t-s)} \end{aligned}$$

我们把 $s > t \geqslant 0$ 的情况留给读者自行完成。

5. 过程 5——反射布朗运动

称随机过程

$$B_t^{\text{re}} = |W_t| \quad (t \geqslant 0)$$

为反射布朗运动。反射布朗运动的一个关键性质是

$$P(B_t^{\text{re}} \geqslant 0) = 1 \quad (\forall t \geqslant 0)$$

这类过程在流体排队和金融模型中有重要应用。

例 3.3.7 计算反射布朗运动的一维分布函数和均值函数。

解 首先计算反射布朗运动的一维分布函数。

当 $x \geqslant 0$ 时，有

$$\begin{aligned}
F_t(x) &= P(B_t^{\text{re}} \leqslant x) = P(|W_t| \leqslant x) \\
&= P(-x \leqslant W_t \leqslant x) \\
&= \int_{-x}^{x} \varphi_t(y) \mathrm{d}y \\
&= 2 \int_0^x \varphi_t(y) \mathrm{d}y
\end{aligned}$$

而当 $x < 0$ 时，有 $F_t(x) = 0$。

下面计算其均值函数。

对任意的 $t > 0$，有

$$m_{B^{\text{re}}}(t) = E(|W_t|) = \int_{-\infty}^{+\infty} |y| \varphi_t(y) \mathrm{d}y = 2 \int_0^{+\infty} y \varphi_t(y) \mathrm{d}y = \sqrt{\frac{2t}{\pi}}$$

当 $t = 0$ 时，显然有 $m_{B^{\text{re}}}(0) = 0$。

6. 过程 6——奥恩斯坦-乌伦贝克过程

假设 $\alpha > 0$，定义随机过程

$$B_t^{\text{ou}} = \mathrm{e}^{-\alpha t} W_{\gamma(t)} \quad (t \geqslant 0)$$

其中，$\gamma(t) = \int_0^t \mathrm{e}^{2\alpha s} \mathrm{d}s = \frac{1}{2\alpha}(\mathrm{e}^{2\alpha t} - 1)$，则称 $B^{\text{ou}} = \{B_t^{\text{ou}}, t \geqslant 0\}$ 为奥恩斯坦-乌伦贝克过程。

奥恩斯坦-乌伦贝克过程是由奥恩斯坦和乌伦贝克在 1930 年引入的。这类过程在流体排队和金融建模中也有重要应用。类似于指数维纳过程可以写成伊藤随机微分方程的形式，奥恩斯坦-乌伦贝克过程仍可以表述为下面随机微分方程的解：

$$\begin{cases} \mathrm{d}B_t^{\text{ou}} = -\alpha B_t^{\text{ou}} \mathrm{d}t + \mathrm{d}W_t \\ B_0^{\text{ou}} = 0 \end{cases}$$

其中，$t \geqslant 0$。随机微分方程的具体推导形式详见参考文献[3]。

例 3.3.8 计算奥恩斯坦-乌伦贝克过程的均值函数和相关函数。

解 其均值函数为

$$m_{B^{\text{ou}}}(t) = E(\mathrm{e}^{-\alpha t} W_{\gamma(t)}) = \mathrm{e}^{-\alpha t} E(W_{\gamma(t)}) = 0$$

对于相关函数，先考虑 $0 \leqslant s < t$ 的情形。注意到函数 $t \to \gamma(t)$ 是单增的，于是由维纳过程 W 的平稳独立增量性，有

$$
\begin{aligned}
R_{B^{ou}}(s,t) &= \mathrm{e}^{-a(s+t)} E(W_{\gamma(s)} W_{\gamma(t)}) \\
&= \mathrm{e}^{-a(s+t)} E(W_{\gamma(t)-\gamma(s)}) E(W_{\gamma(s)}) + \mathrm{e}^{-a(s+t)} E(|W_{\gamma(s)}|^2) \\
&= \mathrm{e}^{-a(s+t)} E[|W_{\gamma(s)}|^2] \\
&= \gamma(s) \mathrm{e}^{-a(s+t)}
\end{aligned}
$$

我们把 $s>t\geqslant 0$ 的情况留给读者完成。

例 3.3.9　假设 $\{W_t,t\geqslant 0\}$ 是维纳过程，记 $T_a=\inf\{t,t>0,W_t=a\}$ 是首次击中 a 的时间，令

$$
X_t = \begin{cases} W_t & (t<T_a) \\ a & (t\leqslant T_a) \end{cases}
$$

一般称 X_t 是吸收维纳过程。试证明：当 $x<a$ 时，有

$$
P(X_t \leqslant x) = \frac{1}{\sqrt{2\pi t}} \int_{x-2a}^{x} \mathrm{e}^{-\frac{y^2}{2t}} \mathrm{d}y
$$

证明　对 $x<a$，可得

$$
P(X_t \leqslant x) = P(W_t \leqslant x, \max_{0\leqslant s\leqslant t} W_s < a) = P(W_t \leqslant x) - P(W_t \leqslant x, \max_{0\leqslant s\leqslant t} W_s > a)
$$

再证明对 $x<a$ 时，有

$$
P(W_t \leqslant x, \max_{0\leqslant s\leqslant t} W_s > a) = P(W_t \geqslant 2x - y)
$$

之后利用高斯分布的对称性即可证明本例。

维纳过程发展至今，其本身及其各种变形过程已在许多领域诸如生物学、可靠性理论、交换理论、管理科学、经济学中得到了广泛的应用。特别地，由维纳过程的自相似性（见 3.1 节）引申出来的分数布朗运动（见本章习题 10）在信号分析和处理、通信网络建模中起着重要的作用。

3.4　维纳过程的随机分析

在 3.3 节介绍的与维纳过程有关的随机过程中，OU 过程等都来自某些随机微分方程的解，随机微分方程是描述随机现象的有力工具，它与维纳过程的导数、积分密切相关。本节将介绍维纳过程的极限、连续、导数和积分的概念。

用定义 2.5.1 来判断一个随机变量序列或二阶矩过程是否存在均方极限是很困难的，Cauchy 准则和 Loeve 准则给出了一些实用的判别法则。

Cauchy 准则　设 $\{X_n,n=1,2,\cdots\}$ 是二阶矩变量序列，则 X_n 均方收敛的充要条件是 $\lim\limits_{n,m\to\infty} E|X_m - X_n|^2 = 0$。

该准则的证明较复杂，要用到测度论知识，这里不做证明。

Loeve 准则（定理 2.5.1(5)）　设 $\{X_n,n=1,2,\cdots\}$ 是二阶矩变量序列，则 X_n 均方收敛的充要条件是 $\lim\limits_{n,m\to\infty} E[\overline{X}_m X_n] = c$，其中 $c<+\infty$ 是常数。

证明　必要性由定理 2.5.1 的(4)直接可得。

充分性：因为 $\lim\limits_{n,m\to\infty} E(\overline{X}_m X_n) = c$，所以

$$E|X_m - X_n|^2 = E|\overline{(X_m - X_n)} \cdot (X_m - X_n)|$$
$$= E(\overline{X}_m X_m) - E(\overline{X}_m X_n) - E(\overline{X}_n X_m) + E(\overline{X}_n X_n) \to 0 \quad (m,n \to \infty)$$

例 3.4.1 设 $X_1, X_2, \cdots, X_n, \cdots$ 是维纳过程的 n 个不同时刻 $1, 2, \cdots, n, \cdots$ 所获得的随机变量,令 $S_n = X_1 + X_2 + \cdots + X_n$,试判断 $\{S_n, n=1, 2, \cdots\}$ 的均方收敛性。

解 不失一般性,假定 $n \geqslant m$,于是
$$S_n - S_m = X_{m+1} + X_{m+2} + \cdots + X_n$$
$$= (n-m)X_{m+1} + (n-m-1)(X_{m+2} - X_{m+1}) + \cdots + 2(X_{n-1} - X_{n-2}) + (X_n - X_{n-1})$$
可得
$$E|S_n - S_m|^2 = E|X_{m+1} + X_{m+2} + \cdots + X_n|^2$$
$$= D(X_{m+1} + X_{m+2} + \cdots + X_n) + |E(X_{m+1} + X_{m+2} + \cdots + X_n)|^2$$
$$= (n-m)^2 \times (m+1) + (n-m-1)^2 + \cdots + 4 + 1$$
由于
$$\{S_n, n=1, 2, \cdots\} \text{ 均方收敛} \Leftrightarrow \lim_{\substack{m \to \infty \\ n \to \infty}} E|S_n - S_m|^2 = 0$$
因此 $\{S_n, n=1, 2, \cdots\}$ 不均方收敛。

请读者思考:如果 $X_1, X_2, \cdots, X_n, \cdots$ 是独立同分布的随机变量序列,那么它均方收敛的条件是什么?

例 3.4.2 正态随机变量序列的均方极限仍然是正态随机变量,即若 $X_1, X_2, \cdots, X_n, \cdots$ 为正态随机变量序列,而且 $\text{l.i.m.} X_n = X$,则 X 为正态随机变量。

证明 记 $EX_n = \mu_n$,$DX_n = \sigma_n^2$,$EX = \mu$,$DX = \sigma^2$,$\varphi_n(u)$ 是 X_n 的特征函数,$\varphi(u)$ 是 X 的特征函数。由已知条件 $\lim_{n \to \infty} X_n = X$,可得
$$\text{l.i.m.}_{n \to \infty} \mu_n = \mu, \ \lim_{n \to \infty} \sigma_n^2 = \sigma^2, \ \lim_{n \to \infty} \varphi_n(u) = \varphi(u)$$
而
$$\varphi_n(u) = E(e^{iuX_n}) = e^{i\mu_n u - \frac{1}{2}\sigma_n^2 u^2}$$
故
$$\varphi(u) = \lim_{n \to \infty} \varphi_n(u) = e^{i\mu u - \frac{1}{2}\sigma^2 u}$$
由特征函数的唯一性可知,随机变量 X 是正态随机变量。

例 3.4.3 维纳过程 $\{W_t, t \geqslant 0\}$ 是均方连续的随机过程。

证明 $E|X_t - X_{t_0}|^2 = E(\overline{X_t - X_{t_0}})(X_t - X_{t_0})$
$$= R(t,t) - R(t,t_0) - R(t_0,t) + R(t_0,t_0)$$
而 $\{W_t, t \geqslant 0\}$ 的相关函数是 $R_W(s,t) = \min(s,t)$,故 $\lim_{t \to t_0} E|X_t - X_{t_0}|^2 = 0$,即维纳过程 $\{W_t, t \geqslant 0\}$ 是均方连续的随机过程。

例 3.4.4 对于 $\forall n \in \mathbf{N}$,n 维正态随机向量 $\boldsymbol{X}_t = (X_t^1, X_t^2, \cdots, X_t^n)$ 的均方极限仍旧是 n 维正态随机向量 $\boldsymbol{X} = (X^1, X^2, \cdots, X^n)$。

证明 设 $\varphi_{\boldsymbol{X}_t}(u)$、$\varphi_{\boldsymbol{X}}(u)$ 分别是 $\boldsymbol{X}_t$ 和 $\boldsymbol{X}$ 的特征函数,记 $\boldsymbol{X}_t$ 和 $\boldsymbol{X}$ 的均值向量和协方差矩阵分别为 $\boldsymbol{\mu}_t = (\mu_t^1, \mu_t^2, \cdots, \mu_t^n)$ 和 $\boldsymbol{\mu} = (\mu^1, \mu^2, \cdots, \mu^n)$,$\boldsymbol{B}_t = (\sigma_t^{ij})_{n \times n}$ 和 $\boldsymbol{B} = (\sigma^{ij})_{n \times n}$,

由已知条件l.i.m. $\boldsymbol{X}_t = \boldsymbol{X}$ 及均方极限的运算性得
$$\lim_{t \to t_0} \mu_t^{(m)} = \mu^{(m)} , \ \lim_{t \to t_0} \sigma_t^{ij} = \sigma^{ij} \quad (m = 1, 2, \cdots, n)$$

因此
$$\lim_{t \to t_0} \boldsymbol{\mu}_t = \boldsymbol{\mu} , \ \lim_{t \to t_0} \boldsymbol{B}_t = \boldsymbol{B}$$

则
$$\varphi_{\boldsymbol{X}_t}(u) = \mathrm{e}^{\mathrm{i}\boldsymbol{\mu}_t u^{\mathrm{T}} - \frac{1}{2} \boldsymbol{u} \boldsymbol{B}_t u^{\mathrm{T}}}$$

所以
$$\varphi_{\boldsymbol{X}}(u) = \lim_{t \to t_0} \varphi_{\boldsymbol{X}_t}(u) = \lim_{t \to t_0} \mathrm{e}^{\mathrm{i}\boldsymbol{\mu}_t u^{\mathrm{T}} - \frac{1}{2} \boldsymbol{u} \boldsymbol{B}_t u^{\mathrm{T}}} = \mathrm{e}^{\mathrm{i}\boldsymbol{\mu} u^{\mathrm{T}} - \frac{1}{2} \boldsymbol{u} \boldsymbol{B} u^{\mathrm{T}}}$$

故 $\boldsymbol{X}$ 仍旧是正态随机变量。

2.5 节给出了均方导数的定义及均方导数的若干运算法则。用均方导数的定义判断一个二阶矩过程是否均方可导是不方便的，利用均方可导准则可以比较方便地解决此问题。

均方可导准则 设$\{X_t, t \in T\}$是二阶矩过程，$t_0 \in T$，则$\{X_t, t \in T\}$在 t_0 处均方可导的充要条件是 $R_X(s, t)$ 在(t_0, t_0)处广义二阶可导。

广义二阶可导就是 $\lim\limits_{\substack{h \to 0 \\ k \to 0}} \dfrac{f(s+h, t+k) - f(s+h, t) - f(s, t+k) + f(s, t)}{hk}$ 存在，其中 $f(s, t)$是普通的二元函数。

证明 $\{X_t, t \in T\}$在 $t_0 \in T$ 均方可导的充要条件是l.i.m.$\limits_{h \to 0} \dfrac{X(t_0 + h) - X(t_0)}{h}$存在，而

l.i.m.$\limits_{h \to 0} \dfrac{X(t_0 + h) - X(t_0)}{h}$存在的充要条件是$\lim\limits_{\substack{h \to 0 \\ k \to 0}} E\left[\dfrac{X(t_0 + h) - X(t_0)}{h} \cdot \dfrac{X(t_0 + k) - X(t_0)}{k}\right]$

存在，化简该式，就是 $\lim\limits_{\substack{h \to 0 \\ k \to 0}} \dfrac{R(t_0 + h, t_0 + k) - R(t_0 + h, t_0) - R(t_0, t_0 + k) + R(t_0, t_0)}{hk}$

存在，故$\{X_t, t \in T\}$在 t_0 处均方可导的充要条件是 $R_X(s, t)$在(t_0, t_0)处广义二阶可导。

例 3.4.5 分析维纳过程$\{W_t, t \geqslant 0\}$的均方可导性。

解 由于 $R_W(s, t) = \min(s, t)(s, t \geqslant 0)$，则
$$\lim_{\Delta t \to 0^+} \frac{R_W(t + \Delta t, t) - R_W(t, t)}{\Delta t} = \lim_{\Delta t \to 0^+} \frac{0}{\Delta t} = 0$$
$$\lim_{\Delta t \to 0^-} \frac{R_W(t + \Delta t, t) - R_W(t, t)}{\Delta t} = \lim_{\Delta t \to 0^-} \frac{\Delta t}{\Delta t} = 1$$

所以维纳过程不是均方可导的。

但工程实践中，往往对维纳过程的相关函数作如下处理：引入函数 $u(s-t) = \begin{cases} 1 & (s < t) \\ 0 & (s > t) \end{cases}$ 和 $\delta(s-t) = \dfrac{\partial}{\partial t} u(s-t)$，这时 $\dfrac{\partial^2}{\partial t \partial s} R_W(s, t) = \delta(s-t) = \dfrac{\partial^2}{\partial s \partial t} R_W(s, t)$。若有一个实随机过程的相关函数是$\delta(s-t)$，则称该实随机过程是维纳过程的导数过程，记为$\{W_t', t \geqslant 0\}$，也称其为白噪声过程或白噪声。

对于均方定积分，同样有均方可积准则。

均方可积准则 设 $\{X_t, t \in [a, b]\}$ 是二阶矩过程，$f(t, u)$ 是 $[a, b] \times U$ 上的二元函数，则 $f(t, u)X_t$ 在 $[a, b]$ 上均方可积的充分条件是 $\int_a^b \int_a^b \overline{f(s, u)} f(t, u) R_X(s, t) \mathrm{d}s \mathrm{d}t$ 存在。

该准则由均方定积分的定义和均方极限的 Loeve 收敛准则可得。

例 3.4.6 讨论维纳过程 $\{W_t, t \geqslant 0\}$ 的均方可积性。

解 由于 $R_W(s, t) = \min(s, t) (s, t \geqslant 0)$，对 $\forall b > 0$，二重积分

$$\int_0^b \int_0^b R_W(s, t) \mathrm{d}s \mathrm{d}t = \int_0^b \int_0^b \min(s, t) \mathrm{d}s \mathrm{d}t = \int_0^b \left(\int_0^s t \mathrm{d}t + \int_s^b s \mathrm{d}t \right) \mathrm{d}s = \frac{b^3}{3}$$

由均方可积准则知，对 $\forall b > 0$，维纳过程在 $[0, b]$ 上均方可积。

例 3.4.7 定义 $Y_t = \int_a^t W_s \mathrm{d}s (t \in [a, b])$，其中 $\{W_s, s \geqslant a\}$ 是维纳过程，则 $\{Y_t, t \in [a, b]\}$ 是正态过程。

证明 对 $\forall n \in \mathbf{N}$，$a = t_0 < t_1 < \cdots < t_n = b$ 是 $[a, b]$ 的任意一个分划，对每一个 $t_k (k = 1, \cdots, n)$，$a = s_0 < s_1 < \cdots < s_{n_k} = t_k$ 是 $[a, t_k]$ 的任意分划。令 $\Delta_k = \max \Delta s_l^{(k)}$，$\Delta = \max\limits_{1 \leqslant k \leqslant n} \Delta_k$。对 $\forall u_l^{(k)} \in [s_{l-1}, s_l]$，有

$$\underset{\Delta t \to 0}{\text{l.i.m.}} \sum_{l=1}^{n_k} W_{u_l^{(k)}} \Delta s_l^{(k)} = Y_{t_k} \quad (k = 1, 2, \cdots, n)$$

因为维纳过程是一正态过程，所以 $(W_{u_1^{(1)}}, W_{u_2^{(1)}} \cdots, W_{u_{n_1}^{(1)}}, \cdots, W_{u_1^{(n)}}, W_{u_2^{(n)}}, \cdots, W_{u_n^{(n)}})$ 是 $n_1 + n_2 + \cdots + n_n$ 维正态随机向量，则有

$$\left(\sum_{l=1}^{n_1} W_{u_l^{(1)}} \Delta s_l^{(1)}, \sum_{l=1}^{n_2} W_{u_l^{(2)}} \Delta s_l^{(2)}, \cdots, \sum_{l=1}^{n_n} W_{u_l^{(n)}} \Delta s_l^{(n)} \right) = (W_{u_1^{(1)}}, W_{u_2^{(1)}} \cdots, W_{u_{n_1}^{(1)}}, \cdots, W_{u_1^{(n)}},$$
$$W_{u_2^{(n)}}, \cdots, W_{u_n^{(n)}}) \times \boldsymbol{M}$$

其中矩阵 $\boldsymbol{M}$ 为
$\begin{pmatrix} \Delta s_1^{(1)} & 0 & \cdots & 0 \\ \Delta s_2^{(1)} & 0 & \cdots & 0 \\ \vdots & \vdots & \cdots & \vdots \\ \Delta s_{n_1}^{(1)} & 0 & \cdots & 0 \\ 0 & \Delta s_1^{(2)} & \cdots & 0 \\ 0 & \Delta s_2^{(2)} & \cdots & 0 \\ \vdots & \vdots & \cdots & \vdots \\ 0 & \Delta s_{n_2}^{(2)} & \cdots & 0 \\ 0 & 0 & \cdots & \Delta s_1^{(n)} \\ 0 & 0 & \cdots & \Delta s_2^{(n)} \\ \vdots & \vdots & \cdots & \vdots \\ 0 & 0 & \cdots & \Delta s_{n_n}^{(n)} \end{pmatrix}$
，所以 $\left(\sum\limits_{l=1}^{n_1} W_{u_l^{(1)}} \Delta s_l^{(1)}, \sum\limits_{l=1}^{n_2} W_{u_l^{(2)}} \Delta s_l^{(2)}, \cdots, \right.$

$\left. \sum\limits_{l=1}^{n_n} W_{u_l^{(n)}} \Delta s_l^{(n)} \right)$ 是 n 维正态向量，$\{Y_t, t \in [a, b]\}$ 是正态过程。

3.5 维纳过程的应用案例

随着科学技术的发展，航空航天工业、电子工业等领域出现了一些寿命特别长、可靠性特别高的产品，这给以失效为基础的传统的可靠性分析方法带来了挑战。由于大部分部件的失效最终可以追溯到产品或部件潜在的性能退化过程，譬如元器件电性能的退化、机械部件的磨损和绝缘材料的老化等，因此，可以通过产品或部件的性能退化数据来分析产品或部件的可靠性指标。

一般对于航空公司而言，研究人员通过对表征飞机发动机性能的某些量进行连续测量来获得退化数据，利用退化数据对发动机性能的退化过程进行分析，从而对发动机的可靠性指标做出评定。排气温度裕度是发动机换发的主要参考依据之一，即当排气温度裕度衰退到其阈值时，发动机便会换发。而发动机排气温度裕度的衰退可以认为是内部材料逐渐变化和外部环境不断作用的结果。由于环境外力、内部材料具有随机性，发动机的排气温度裕度在某一时刻的退化量也是随机的，因此可以利用一些随机过程模型来描述发动机的性能退化。

设发动机 t 时刻的性能退化量 X_t 是服从某个分布的随机变量，因而$\{X_t, t \geqslant 0\}$是随机过程。发动机在 t 时刻是否发生退化超限是通过判断退化量 X_t 与超限阈值 L 的大小关系来确定的。实际上根据退化超限的定义，发动机的退化超限时间 T 是退化量 X_t 首次达到超限阈值 L 的时间，即 $T = \inf\{\tau, X_{t+\tau} \leqslant L \mid X_t > L\}$。

假设发动机是修复如新的，即同一型号的发动机返修回来后，排气温度裕度恢复到同一值 S，且阈值为 L。由于排气温度裕度是随着时间的增加而衰退的，因此 $L < S$，而 X_t 表示 t 时刻的排气温度裕度，有 $X_0 = S$。通过数据分析可知，可以假设随机过程 X_t 是一般维纳过程，即 $X_t = S + \mu t + \sigma^2 W_t$，其中 μ、σ^2 是未知参数，W_t 是参数为 1 的维纳过程。

定理 3.5.1 $\forall S > 0$，$L < S$，有

$$P(T > t) = \Phi\left(\frac{\mu t + S - L}{\sigma \sqrt{t}}\right) - e^{-\frac{2\mu(S-L)}{\sigma^2}} \Phi\left[\frac{\mu t - (S - L)}{\sigma \sqrt{t}}\right] \tag{3.5.1}$$

其中，T 表示排气温度裕度首次超过阈值 L 的时间。

假定当前时刻 h 的排气温度裕度 $X_h = x (x > L)$，给定预测可靠性水平 α，利用维纳过程的马尔可夫性，可以获得发动机继续运行的时间 ΔT 满足的方程：

$$\frac{L - x - \mu \Delta T}{\sigma \sqrt{\Delta T}} = M_{1-\alpha} \tag{3.5.2}$$

解式(3.5.2)可以获得在当前排气温度裕度条件下发动机还能继续运行的时间，其中 $M_{1-\alpha}$ 可以查表获得。

为了获得具体的排气温度裕度首次超过阈值 L 的时间和当前排气温度裕度条件下发动机还能继续运行的时间的具体数值，还需估计式(3.5.1)、式(3.5.2)中的未知参数 μ、σ^2。

设有 m 台同型号的发动机，在 n 个不同的时刻对排气温度裕度进行观察，不同时刻 t_i，$t_j (t_i < t_j)$时的排气温度裕度增量为

$$X_{t_j} - X_{t_i} = \mu(t_j - t_i) + \sigma(W_{t_j} - W_{t_i}) \sim N(\mu(t_j - t_i), \sigma^2(t_j - t_i))$$

因此,利用 m 台同型号的发动机、n 个不同时刻的排气温度裕度 $\{x_{ij}\}$ $(i=1, 2, \cdots, m; j=1, 2, \cdots, n)$,可以得到各测量时刻间的排气温度裕度增量为

$$x_{ij} = x_{ij+1} - x_{ij} \quad (i=1, 2, \cdots, m; j=1, 2, \cdots, n)$$

利用极大似然估计进行参数估计,可得

$$L(\mu, \sigma) = \prod_{i=1}^{m} \prod_{j=1}^{n} \frac{1}{\sqrt{2\pi(t_{j+1} - t_j)}} e^{-\frac{\Delta x_{ij} - \mu(t_{j+1} - t_j)}{2\sigma^2(t_{j+1} - t_j)}}$$

解方程组

$$\begin{cases} \dfrac{\partial \ln(L(\mu, \sigma))}{\partial \mu} = 0 \\ \dfrac{\partial \ln(L(\mu, \sigma))}{\partial \sigma} = 0 \end{cases}$$

就可以求得参数 μ、σ^2 的估计值。

下面通过一个具体的例子来说明。

例 3.5.1 选用某航空公司 PW4000 发动机 14 台,采集 2002—2007 年 6 年的排气温度裕度数据,如表 3.5.1 所示。t 表示的是发动机的使用循环次数,初始时刻 t_0 的排气温度裕度 $S=75$,其阈值 $L=0$。

表 3.5.1 排气温度裕度数据

序号	循 环 数								
	100	⋯	1000	⋯	3600	3700	3800	3900	4000
727462	66	⋯	53.6	⋯	15	10.4	5.8	1.2	−34
727746	55.8	⋯	41.5	⋯	27.8	26.5	26	26	26
727944	39	⋯	37	⋯	19.4	16.5	13.6	10.7	7.8
727769	63	⋯	63	⋯	26.7	26.5	26.3	26.1	25.9
727454	67.3	⋯	33.7	⋯	28.2	26.5	24.8	25	25
727902	65	⋯	51	⋯	51.8	34.4	34.4	34.4	29.1
727455	43.5	⋯	53	⋯	19.2	17.9	16.6	15.3	14
727747	59	⋯	45	⋯	23.1	20.1	16.8	13.5	10.2
727943	49	⋯	52	⋯	27	27	27	27	27
729022	56	⋯	56	⋯	47.8	27.8	27.8	27.8	27.8
727767	69.7	⋯	48	⋯	−0.19				
727768	61.1	⋯	51.9	⋯	13.9	12.5	6.8	−4.9	
729228	73.3	⋯	56	⋯	19.8	19	5.6	3.8	−0.6
729229	68		57.8	⋯	21.6	18.7	9.5	1.2	−3.8

利用前 10 台的数据，通过似然估计得到 μ，σ^2 的极大似然估计值为 $\hat{\mu}=-0.009\ 593$，$\hat{\sigma}=0.415\ 54$。利用式(3.5.1)可得发动机的可靠度函数为

$$R(t)=P(T>t)=\Phi\left(\frac{-0.009\ 593t+75}{0.415\ 54\sqrt{t}}\right)-4160.364\Phi\left(\frac{-0.009\ 593t-75}{0.415\ 54\sqrt{t}}\right)$$

给定预测可靠度水平 $\alpha=0.9$，根据后 4 台发动机在 1000 循环时的排气温度裕度预测其退化超限时间，并与真实退化超限时间作比较，结果见表 3.5.2。

表 3.5.2　排气温度裕度的预测和比较

发动机序号	727767	727768	729228	729229
预测退化超限时间/cycle	2328.2708	2588.9946	2868.1737	2978.4274
真实退化超限时间/cycle	2600	2900	3000	3000
相对误差/%	10.45	10.72	4.3	0.7
平均误差/%	6.57			

从表 3.5.2 中可以看出，用一般维纳过程建模排气温度裕度是可行的，和实际是比较吻合的。

习　题　3

1. 验证维纳过程 W 的对称性、自相似性和时间逆转性。

2. 设 $\{W_t,\ t\geqslant 0\}$ 是维纳过程，试求 $W_1+W_2+\cdots+W_n$ 的分布。

3. 设 $\{W_t,\ t\geqslant 0\}$ 是维纳过程，证明 $\{tW_{\frac{1}{t}},\ t\geqslant 0\}$ 和 $\{W_t-W_a,\ t\geqslant a\}$（其中 $a>0$）是维纳过程。

4. 设 $\{X(t),\ 0\leqslant t\leqslant 1\}$ 是布朗桥，令 $Y(t)=(t+1)X\left(\dfrac{t}{t+1}\right)(t\geqslant 0)$，证明 $\{Y(t),\ t\geqslant 0\}$ 是维纳过程。

5. 计算维纳过程 $\{W_t,\ t\geqslant 0\}$ 的 m 阶距，其中 $m\in\mathbf{N}$，即对任意的 $t>0$，计算 $E[W_t^m]$。

6. 设 $\{W_t,\ t\geqslant 0\}$ 是维纳过程，对任意的时刻 $0\leqslant s<t$，计算数学期望

$$E[W_t^3-W_s^3-3(tW_t-sW_s)]$$

和

$$E[W_t^4-W_s^4-6(t-s)W_s^2-3(t-s)^2]$$

7. 设 $\{W_t,\ t\geqslant 0\}$ 是维纳过程，计算 $P\{W_2\leqslant 0\}$ 和 $P\{W_t\leqslant 0,\ t=0,1,2\}$。

8. 设 $\{W_t,\ t\geqslant 0\}$ 是维纳过程。

(1) 证明对于任意的 $t\geqslant 0$，$s\geqslant 0$，$X_t=W_t-W_s$ 的协方差函数是对称的；

(2) 对 $\forall\ 0\leqslant t_1<t_2<\cdots<t_n$，$0\leqslant t_1+\tau$，$(X_{t_1},\ X_{t_2},\ \cdots,\ X_{t_n})$ 和 $(X_{t_1+\tau},\ X_{t_2+\tau},\ \cdots,\ X_{t_n+\tau})$ 有相同的联合分布函数吗？

9. 设 $\{W_t,\ t\geqslant 0\}$ 是维纳过程。证明：对任意固定的时刻 $t_0>0$，过程 $\{W_{t+t_0}-W_{t_0},\ t\geqslant 0\}$

也是维纳过程。

10. 设 $\{B_t^H, t \geqslant 0\}$ 是一个样本轨道连续的实值正态过程，且 $B_0^H = 0$（其中 $H \in (0, 1)$），其均值函数 $m_H(t) \equiv 0$，协方差函数

$$C_H(s, t) = \frac{1}{2}(|s|^{2H} + |t|^{2H} - |t-s|^{2H})$$

其中，$s, t \geqslant 0$。以后我们称过程 B^H 为分数布朗运动。试完成以下问题：

(1) 分数布朗运动 B^H 是一个 H 自相似过程，即对任意的常数 $a > 0$ 和 $t \geqslant 0$，有 $B_{at}^H \approx a^H B_t^H$。

(2) 分数布朗运动 B^H 具有平稳增量性，即对任意的 $t > s \geqslant 0$，有

$$B_t^H - B_s^H \approx B_{t-s}^H$$

且这个增量 $B_{t-s}^H \sim N(0, (t-s)^{2H})$。

(3) 计算分数布朗运动 B^H 的方差函数 $D_H(t)$。

(4) 设 $n \in \mathbf{N}$，定义分数高斯噪声：

$$X(n) = B_{n+1}^H - B_n^H$$

回答以下问题：

当 $H = \frac{1}{2}$ 时，分数高斯噪声 $\{X(n), n \in \mathbf{N}\}$ 是一列独立同分布于标准正态的随机变量列。

当 $H \neq \frac{1}{2}$ 时，定义分数高斯噪声 $\{X(n), n \in \mathbf{N}\}$ 的相关函数

$$\rho(n) = E[X(0)X(n)]$$

证明：当 $H < \frac{1}{2}$ 时，无穷级数 $\sum_{n=0}^{\infty} \rho(n)$ 收敛。

11. 设 $\{W_t, t \geqslant 0\}$ 是一个维纳过程。证明：对任意 $x > 0$，有如下不等式成立：

$$\frac{1}{\sqrt{2\pi t}} \frac{xt}{t + x^2} e^{-\frac{x^2}{2t}} \leqslant P(W_t > x) \leqslant \sqrt{\frac{t}{2\pi}} \frac{e^{-\frac{x^2}{2t}}}{x}$$

其中，$t > 0$。

12. 设 $\{B_t, t \geqslant 0\}$ 是一个指数维纳过程。对任意的 $n = 1, 2, \cdots$，计算 $E[B_t^n]$，其中 $t > 0$。

13. 设 $\{W_t, t \geqslant 0\}$ 是参数 σ^2 的维纳过程，求下列过程的均值函数和相关函数：

(1) $X_t = W_t^2 \quad (t \geqslant 0)$；

(2) $X_t = t W_{\frac{1}{t}} \quad (t > 0)$；

(3) $X_t = c^{-1} W_{c^2 t} \quad (t \geqslant 0)$；

(4) $X_t = W_t - t W_t \quad (0 \leqslant t \leqslant 1)$。

14. 求下列随机过程的均值函数和相关函数，从而判断其均方连续性和均方可微性。

(1) $X_t = t W_{\frac{1}{t}}, t > 0$，其中 W_t 是维纳过程；

(2) $X_t = W_t^2, t \geqslant 0$，其中 W_t 是参数为 σ^2 的维纳过程。

15. 设 $\{W_t,\ t \geqslant 0\}$ 是参数为 σ^2 的维纳过程，求下列随机过程的均值函数和相关函数。

(1) $X_t = \int_0^t W_s \mathrm{d}s \quad (t \geqslant 0)$；

(2) $X_t = \int_0^t s W_s \mathrm{d}s \quad (t \geqslant 0)$；

(3) $X_t = \int_t^{t+l} [W_s - W_t] \mathrm{d}s \quad (t \geqslant 0)$。

第 4 章
跳跃随机过程

概率论中的泊松分布是 19 世纪概率、统计领域的领军人物之一泊松（见图 4.1）在 1838 年提出的。1943 年，C. 帕尔姆在电话业务问题的研究中运用了这一分布，后来辛钦于 20 世纪 50 年代在服务系统的研究中又进一步发展了泊松过程。

本章所谓的跳跃随机过程，是指其样本轨道并不像维纳过程的轨道那样是连续的，而是存在间断点。本章主要介绍泊松过程、复合泊松过程、非齐次泊松过程等几类跳跃随机过程，核心是泊松过程。

图 4.1　西莫恩·德尼·泊松

4.1　泊松过程的定义

无论是泊松过程、复合泊松过程还是非齐次泊松过程，都与计数过程密切相关，我们先从计数过程开始本章的讨论。

计数过程在实际生活中有着广泛的应用，比如：$[0, t]$ 内投篮投中的次数，$[0, t]$ 内某部电话接收到的电话数量，$[0, t]$ 内通过某个十字路口的车辆数等，只要是关心所观察事件出现的次数，就可以使用计数过程来描述。

称随机过程 $\{N_t^c, t \geqslant 0\}$ 为计数过程，若 N_t^c 表示到时刻 t 为止已发生的"事件 A"的总数，显然 N_t^c 具有：

（1）N_t^c 取正整数值以及 0；

（2）若 $s \leqslant t$，则 $N_s^c \leqslant N_t^c$；

（3）当 $s < t$ 时，$N_t^c - N_s^c$ 等于区间 $(s, t]$ 中发生的"事件 A"的次数。

计数过程的样本轨道是单调不减的，轨道间断点跳跃的高度永远都是 1，见图 4.1.1，而且计数过程 N_t^c 是独立增量过程，计数过程 N_t^c 是平稳增量过程。

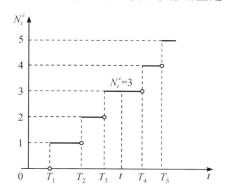

图 4.1.1　计数过程 N_t^c 的样本轨道

人们经常称 $T_1 < T_2 < \cdots T_n < \cdots$ 为计数过程的到达（随机）时间，进一步定义

$$\tau_n = T_n - T_{n-1} \quad (n = 1, 2, \cdots)$$

称 $\{\tau_n, n = 1, 2, \cdots\}$ 为计数过程 N_t^c 的到达（随机）时间间隔。

定义 4.1.1　称计数过程 $\{N_t, t \geqslant 0\}$ 为具有参数（强度、比率）$\lambda > 0$ 的泊松过程，若它满足下列条件

（1）$N_0 = 0$；

（2）N_t 是平稳的独立增量过程；

（3）在任意长度为 t 的区间中，事件 A 发生的次数服从参数 $\lambda > 0$ 的泊松分布，即对任意 $s, t \geqslant 0$，有

$$P\{N_{s+t} - N_s = n\} = \mathrm{e}^{-\lambda t} \frac{(\lambda t)^n}{n!} \quad (n = 0, 1, \cdots)$$

定理 4.1.1（泊松过程的数字特征）　设 $\{N_t, t \geqslant 0\}$ 是参数 $\lambda > 0$ 的泊松过程，对任意的 $t, s \geqslant 0$，有

$$m_X(t) = E(N_t) = \lambda t \qquad D_X(t) = D(N_t) = \lambda t$$
$$R_N(s, t) = E(N_s N_t) = \lambda^2 st + \lambda \min\{s, t\}$$

证明　由定义显然有 $m_N(t) = \lambda t, D_N(t) = \lambda t (t \geqslant 0)$。

对 $s \geqslant 0, t \geqslant 0$，不失一般性，假设 $s \leqslant t$，则

$$
\begin{aligned}
R_N(s, t) &= E(N_s N_t) = E[(N_s - N_0)(N_t - N_s + N_s)] \\
&= E[(N_s - N_0)(N_t - N_s)] + E(N_s)^2 \\
&= E(N_s)E(N_t - N_s) + D(N_s) + [E(N_s)]^2 \\
&= \lambda s(\lambda t - \lambda s) + \lambda s + \lambda^2 s^2 = \lambda^2 st + \lambda s \\
&= \lambda^2 st + \lambda \min\{s, t\}
\end{aligned}
$$

例 4.1.1　假设某天文台观测到的流星流是一个泊松过程，根据以往资料统计为每小时平均观察到 3 颗流星。试求 8:00—12:00 期间该天文台没有观察到流星的概率。

解　用 $\{N_t, t \geqslant 0\}$ 表示到 t 为止观察到的流星流，由已知条件泊松过程的参数 $\lambda = 3$，

则上午 8：00—12：00 期间，该天文台没有观察到流星的概率即 $P(N_t=0)=\mathrm{e}^{-12}$。

例 4.1.2（泊松过程在排队论中的应用） 研究随机服务系统中的排队现象时，经常用到泊松过程模型。例如：到达电话总机的呼叫数目，到达某服务设施（商场、车站、购票处等）的顾客数，都可以用泊松过程来描述。以某火车站售票处为例，设从早上 8：00 开始，此售票处连续售票，乘客以 10 人/小时的平均速率到达，则 9：00—10：00 这一小时内最多有 5 名乘客来此购票的概率是多少？10：00—11：00 没有人来购票的概率是多少？

解 用泊松过程 $\{N_t,\ t\geqslant 0\}$ 来描述购票的人数，设 8：00 为时刻 0，则 9：00 为时刻 1，参数 $\lambda=10$，于是

$$P\{N_2-N_1\leqslant 5\}=\sum_{n=0}^{5}\mathrm{e}^{-10}\frac{10^n}{n!},\ P\{N_3-N_2=0\}=\mathrm{e}^{-10}\frac{10^0}{0!}=\mathrm{e}^{-10}$$

例 4.1.3（事故发生次数及保险公司接到的索赔数） 若以 N_t 表示某公路交叉口、矿山、工厂等场所在 $[0,t]$ 时间内发生不幸事故的数目，则泊松过程就是 $\{N_t,\ t\geqslant 0\}$ 的一种很好近似。例如，保险公司接到赔偿请求的次数（设一次事故导致一次索赔），向 315 台的投诉（设商品出现质量问题为事故）等都是可以用泊松过程的模型。考虑一种最简单的情形，设保险公司每次的赔付都是 1，每月平均接到索赔要求为 4 次，则一年中它要付出的金额平均为多少？

解 设一年开始时刻为 0，1 月末为时刻 1，…，12 月末为时刻 12，则有

$$P\{N_{12}-N_0=n\}=\frac{(4\times 12)^n}{n!}\mathrm{e}^{-4\times 12}$$

$$E[N_{12}-N_0]=\sum_{n=0}^{\infty}n\cdot\frac{(4\times 12)^n}{n!}\mathrm{e}^{-4\times 12}=48$$

例 4.1.4 事件 A 的发生形成强度为 λ 的泊松过程，如果每次事件发生时以概率 p 能够被记录下来，且每次的事件记录与否是相互独立的，并以 M_t 表示到时刻 t 被记录下来的事件总数，则 $\{M_t,\ t\geqslant 0\}$ 是一个强度为 λp 的泊松过程。

解 首先记事件 A 的发生形成强度为 λ 的泊松过程为 $\{N_t,\ t\geqslant 0\}$，显然有 $M_0=0$ 成立；由已知条件知，事件的记录与否是相互独立的，故在不同时间区间上独立增量性满足。进一步有

$$P(M_t-M_s=k)=\sum_{i=0}^{\infty}P(M_t-M_s=k\mid N_t-N_s=i)P(N_t-N_s=i)$$

$$=\sum_{i=k}^{\infty}P(M_t-M_s=k\mid N_t-N_s=i)P(N_t-N_s=i)$$

$$=\sum_{i=k}^{\infty}C_i^k p^k(1-p)^{i-k}\frac{[\lambda(t-s)]^i}{i!}\mathrm{e}^{-\lambda(t-s)}$$

$$=\frac{[\lambda p(t-s)]^k\mathrm{e}^{-\lambda(t-s)}}{k!}\sum_{i=k}^{\infty}\frac{1}{(i-k)!}(1-p)^{i-k}(\lambda(t-s))^{i-k}$$

$$=\frac{[\lambda p(t-s)]^k\mathrm{e}^{-\lambda p(t-s)}}{k!}$$

故 $\{M_t,\ t\geqslant 0\}$ 是一个强度为 λp 的泊松过程。

例 4.1.5（几何泊松过程） 设 $\{N_t,\ t\geqslant 0\}$ 是参数为 $\lambda>0$ 的泊松过程。假设常数 $\sigma>-1$，

定义随机过程

$$N_t^{\mathrm{ge}} = \exp[N_t \ln(\sigma+1) - \lambda\sigma t] = (\sigma+1)^{N_t} \mathrm{e}^{-\lambda\sigma t}$$

其中 $t>0$ 和 $N_0^{\mathrm{ge}} = 1$，那么对任意 $0 \leqslant s < t < \infty$，有

$$E\left(\frac{N_t^{\mathrm{ge}}}{N_s^{\mathrm{ge}}}\right) = 1$$

证明 用泊松过程的平稳独立增量性质，有

$$E\left(\frac{N_t^{\mathrm{ge}}}{N_s^{\mathrm{ge}}}\right) = E\{\exp[(N_t - N_s)\ln(\sigma+1) - \lambda\sigma(t-s)]\}$$

$$= E\{\exp[N_{t-s}\ln(\sigma+1)]\}\mathrm{e}^{-\lambda\sigma(t-s)}$$

$$= \mathrm{e}^{-\lambda\sigma(t-s)} \sum_{n=0}^{\infty} (\sigma+1)^n \frac{\lambda^n(t-s)^n}{n!} \mathrm{e}^{-\lambda(t-s)}$$

$$= \mathrm{e}^{-\lambda(\sigma+1)(t-s)} \sum_{n=0}^{\infty} \frac{[\lambda(\sigma+1)(t-s)]^n}{n!}$$

$$= \mathrm{e}^{-\lambda(\sigma+1)(t-s)} \times \mathrm{e}^{\lambda(\sigma+1)(t-s)}$$

$$= 1$$

于是命题得证。

从计数过程和泊松过程的定义可以看出，泊松过程是计数过程，反之不成立。计数过程比泊松过程广得多，定理 4.1.2 给出了计数过程与泊松过程的关系。

定理 4.1.2 如果计数过程 $N^c = \{N_t^c, t \geqslant 0\}$ 的到达（随机）时间间隔 $\{\tau_n, n=1, 2, \cdots\}$ 是独立且同分布于参数为 $\lambda > 0$ 的指数分布，则计数过程 N^c 是一个参数为 $\lambda > 0$ 的泊松过程。

证明 只需验证上述计数过程满足泊松过程定义 4.1.1 中的三个条件即可。显然定义 4.1.1 中的 (1) 成立：$N_0^c = 0$。下面证明：对任意的时间指标 $t > 0$，随机变量 N_t^c 服从参数为 λt 的泊松分布。

事实上，由于计数过程的到达时间 $T_n = \sum_{k=1}^{n} \tau_k (n=1, 2, \cdots)$，由已知到达时间间隔 $\{\tau_n, n=1, 2, \cdots\}$ 是独立且同分布于参数为 $\lambda > 0$ 的指数分布，因此 $T_n \sim \Gamma(n, \lambda)$，其概率密度函数为

$$f_{T_n}(x) = \frac{\lambda^n}{n-1} x^{n-1} \mathrm{e}^{-\lambda x} I_{(0, \infty)}(x)$$

设集合 $A_t = \{(x, y) \in (0, \infty)^2, x \leqslant t < x+y\}$，那么对任意的 $n \in \mathbf{N}$，有

$$P(N_t = n) = P(T_n \leqslant t < T_{n+1}) = P(T_n \leqslant t < T_n + \tau_n)$$

$$= \iint_{A_t} f_{T_n}(x) \lambda \mathrm{e}^{-\lambda y} \mathrm{d}x\,\mathrm{d}y$$

$$= \int_0^t f_{T_n}(x) \mathrm{e}^{-\lambda(t-x)} \mathrm{d}x = \frac{\lambda^n}{n!} \mathrm{e}^{-\lambda t} \qquad (4.1.1)$$

最后证明：对于 $0 \leqslant s < t$，增量 $N_t - N_s$ 是独立于 $\{N_u, u \leqslant s\}$ 且其服从参数为 $\lambda(t-s)$ 的泊松分布。注意到对任意的 $k \in \mathbf{N}$，有

$$\{N_s^c = k\} = \{T_k \leqslant s < T_{k+1}\}$$

定义

$$\widetilde{N}_t^s = N_t - N_s \quad (t \geqslant s)$$

那么 $\widetilde{N}^s = \{\widetilde{N}_t^s, t \geqslant s\}$ 是一个从时刻 s 开始的计数过程。其中计数过程 $\widetilde{N}^s$ 的到达时间间隔为

$$\begin{cases} \widetilde{\tau}_1 = \tau_{k+1} - (s - T_k) \\ \widetilde{\tau}_n = \tau_{n+2} \end{cases} \quad (n = 2, 3, \cdots)$$

因此，在 $\{N_s^c = k\}$ 的条件下，$\widetilde{N}^s$ 的到达时间间隔 $\{\widetilde{\tau}_1, \widetilde{\tau}_2, \cdots\}$ 独立同分布于参数为 λ 的指数分布。于是 $\widetilde{N}^s$ 独立于 $\{N_u, u \leqslant s\}$。进一步将式 (4.1.1) 的证明应用到 $\widetilde{N}_t^s$ 上，可得 $\widetilde{N}_t^s$ 服从参数为 $\lambda(t-s)$ 的泊松分布。

基于定理 4.1.2，完全可以通过仿真计数过程的到达时间间隔来仿真泊松过程的样本轨道。下面的 MATLAB 代码仿真了泊松过程的到达时间间隔。

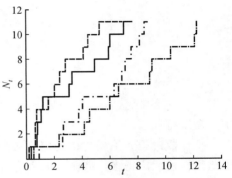

图 4.1.2　四条泊松过程的仿真样本轨道

```
u=rand(1, K);
T=zeros(1, K+1);
k=zeros(1, K+1);
for j=1:k
k(j+1)=j;
T(j+1)=T(j)-log(u(j))/lambda;
End
```

图 4.1.2 是四条仿真的泊松过程的样本轨道 (其中 $\lambda = 1$)。

例 4.1.6　同一概率空间上独立泊松过程的叠加仍旧是泊松过程，即若参数为 λ 的泊松过程 $L = \{L_t, t \geqslant 0\}$ 和参数为 μ 的泊松过程 $M = \{M_t, t \geqslant 0\}$ 相互独立，来自同一概率空间，则 $N_t = L_t + M_t (t \geqslant 0)$ 是参数为 $\lambda + \mu$ 的泊松过程。

证明　由概率论泊松过程的再生性和泊松过程的定义立即可证。

更一般的情况：若 $\{N_t^k, t \geqslant 0\}(k = 1, 2, \cdots, n)$ 为 n 个相互独立且强度分别为 $\lambda_1, \lambda_2, \cdots, \lambda_n$ 的泊松过程，则 $N_t = \sum_{k=1}^n N_t^k (t \geqslant 0)$ 是强度为 $\lambda = \sum_{k=1}^n \lambda_k$ 的泊松过程。

4.2　泊松过程的性质

这一节进一步挖掘泊松过程的内在统计特性。现在假设 $\{N_t, t \geqslant 0\}$ 是一个参数为 $\lambda > 0$ 的泊松过程。设 T_n 表示第 n 个随机点的到达时间，于是泊松过程 N_t 的（随机）到达时间 $\{T_n, n \in \mathbf{N}\}$ 也可以表示为

$$\begin{cases} T_1 = \min\{t > 0, N_t = 1\} \\ T_2 = \min\{t > T_1, N_t = 2\} \\ \quad \vdots \\ T_{n+1} = \min\{t > T_n, N_t = n+1\} \quad (n \in \mathbf{N}) \end{cases}$$

因此泊松过程的(随机)到达时间间隔$\{\tau_n,n\in\mathbf{N}\}$为$\tau_n=T_{n+1}-T_n(n\in\mathbf{N})$。

4.2.1　到达时间和到达时间间隔序列的分布

定理 4.2.1　设$\{N_t,t\geqslant 0\}$是参数$\lambda>0$的泊松过程,则其到达时间间隔$\{\tau_n,n\in\mathbf{N}\}$是相互独立且同服从于参数为$\lambda$的指数分布。

证明　先验证$\tau_1\sim\mathrm{Exp}(\lambda)$(表示参数为$\lambda$的指数分布)。事实上,由于$\tau_1=T_1$,故对任意$t>0$,有
$$P(\tau_1>t)=P(T_1>t)=P(N_t=0)=\mathrm{e}^{-\lambda t}$$
下面验证τ_1和τ_2是相互独立的且$\tau_2\sim\mathrm{Exp}(\lambda)$。

对任意时间指标$t_2>t_1>0$和充分小的$\delta_1,\delta_2>0$使$t_i-\delta_i>0$,$t_2-\delta_2>t_1+\delta_1$,其中$i\in\{1,2\}$,考虑
$$P(t_1-\delta_1<T_1\leqslant t_1+\delta_1,t_2-\delta_2<T_2\leqslant t_2+\delta_2)$$
$$=P(N_{t_1-\delta_1}=0,N_{t_1+\delta_1}-N_{t_1-\delta_1}=1,N_{t_2-\delta_2}-N_{t_1+\delta_1}=0,N_{t_2+\delta_2}-N_{t_2-\delta_2}=1)$$
$$=P(N_{t_1-\delta_1}=0)P(N_{t_1+\delta_1}-N_{t_1-\delta_1}=1)P(N_{t_2-\delta_2}-N_{t_1+\delta_1}=0)P(N_{t_2+\delta_2}-N_{t_2-\delta_2}=1)$$
$$=4\lambda^2\delta_1\delta_2\mathrm{e}^{-\lambda(t_2+\delta_2)}$$
因此二维随机变量(T_1,T_2)的联合概率密度函数为
$$f_{T_1,T_2}(t_1,t_2)=\begin{cases}\lambda^2\mathrm{e}^{-\lambda t_2}&(t_1>t_2>0)\\0&(否则)\end{cases}$$

注意到$\tau_1=T_1$和$\tau_2=T_2-T_1$,则二维随机变量(τ_1,τ_2)的联合概率密度函数为
$$f_{\tau_1,\tau_2}(t_1,t_2)=\begin{cases}\lambda^2\mathrm{e}^{-\lambda(t_1+t_2)}&(t_1,t_2>0)\\0&(否则)\end{cases}$$

从而得到τ_2的概率密度函数为
$$f_{\tau_2}(t_2)=\int_0^\infty\lambda^2\mathrm{e}^{-\lambda(s+t_2)}\mathrm{d}s=\lambda\mathrm{e}^{-\lambda t_2}$$

故$\tau_2\sim\mathrm{Exp}(\lambda)$且$f_{\tau_1,\tau_2}(t_1,t_2)=f_{\tau_1}(t_1)f_{\tau_2}(t_2)$,因此$\tau_1$和$\tau_2$也是相互独立的。对于一般的情形,我们把它的验证留给读者。

注意:计数过程的到达时间间隔相互独立同服从指数是泊松过程的充要条件。

例 4.2.1　设从早上 8:00 开始有无穷多的人排队等候服务,只有一名服务员,且每个人接受服务的时间是独立的并服从均值为 20 min 的指数分布,则到中午 12:00 为止平均有多少人已经离去?已有 9 个人接受服务的概率是多少?

解　由题意,每个人接受服务的时间是独立的并服从指数分布,故排队等待服务的人数可以用泊松过程来描述,且$\lambda=3$,则 8:00—12:00 平均离开的人数为
$$m_N(4)=3\times 4=12(人)$$
已有 9 个人接受服务的概率为
$$P(N_{12}-N_8=9)=\frac{(12)^9}{9!}\mathrm{e}^{-12}$$

定理 4.2.2 设 $\{N_t, t \geqslant 0\}$ 是参数 $\lambda > 0$ 的泊松过程，$T_n = \sum_{k=1}^{n} \tau_k (n = 1, 2, \cdots)$，则 $T_n \sim \Gamma(n, \lambda)$，即 $f_{T_n}(t) = \dfrac{\lambda^n}{n-1} t^{n-1} e^{-\lambda t} (t \geqslant 0)$。

证明 $t < 0$ 时，T_n 的分布函数 $F_{T_n}(t) = 0$，则 $t \geqslant 0$ 时，有

$$F_{T_n}(t) = P\{T_n \leqslant t\} = P\{N_t \geqslant n\} = \sum_{k=n}^{\infty} \frac{(\lambda t)^k}{k!} e^{-\lambda t}$$

对分布函数求导可得概率密度函数，即

$$f_{T_n}(t) = -\lambda e^{-\lambda t} \sum_{k=n}^{\infty} \frac{(\lambda t)^k}{k!} + \sum_{k=n}^{\infty} \frac{k(\lambda t)^{k-1} \cdot \lambda}{k!} e^{-\lambda t}$$

$$= -\lambda \sum_{k=n}^{\infty} \frac{(\lambda t)^k}{k!} e^{-\lambda t} + \lambda \sum_{k=n}^{\infty} \frac{(\lambda t)^{k-1}}{(k-1)!} e^{-\lambda t}$$

$$= \lambda e^{-\lambda t} \frac{(\lambda t)^{n-1}}{(n-1)!} \quad (t \geqslant 0)$$

例 4.2.2 某班学生要去 A 教室上教学课程。现有 B 和 C 两个入口可以进入 A 教室。设在时刻 $\lambda > 0$，从 B 口进入 A 教室的学生数为 N_t^B，从 C 口进入教室的学生数为 $N_t^C (N_0^B = N_0^C = 0)$。假设 $N^B = \{N_t^B, t \geqslant 0\}$ 和 $N^C = \{N_t^C, t \geqslant 0\}$ 是两个分别服从参数为 $\lambda_B = 0.5$ 和 $\lambda_C = 1.5$ 的独立的泊松过程。试求：

(1) 在一个固定的 3 分钟内没有学生进入 A 教室的概率有多大？

(2) 学生到达 A 教室的时间间隔的均值是多少？

(3) 已知一个学生进入了 A 教室，那么他（她）是从 C 口进入的概率有多大？

(4) 画出进入教室的学生数的一个样本轨道，并判断该随机过程是否均方连续。

解 (1) 设 t 时刻进入 A 教室的学生人数为 N_t，那么

$$N_t = N_t^B + N_t^C \quad (t \geqslant 0)$$

根据例 4.1.6 得，过程 $\{N_t, t \geqslant 0\}$ 是一个参数为 $\lambda = \lambda_B + \lambda_C = 2$ 的泊松过程。

设 $0 = T_0 < T_1 < \cdots < T_n < \cdots$ 是泊松过程 N_t 的到达时间，于是随机变量 T_1 服从参数为 2 的指数分布，因此在一个固定的 3 分钟内没有学生进入 A 教室的概率为

$$P(T_1 > 3) = e^{-6} \approx 2.5\%$$

(2) 泊松过程 N_t 的到达时间间隔 $\tau_n = T_n - T_{n-1} (n = 1, 2, \cdots)$ 是独立同分布于参数 2 的指数分布，故学生到达 A 教室的时间间隔的均值是 $E[\tau_n] = 0.5$。

(3) 假设 $\{\tau_n^B, n \in \mathbf{N}\}$ 和 $\{\tau_n^C, n \in \mathbf{N}\}$ 分别为 N^B 和 N^C 的到达时间间隔，因为 N^B 和 N^C 是相互独立的，故 $\{\tau_n^B, n \in \mathbf{N}\}$ 与 $\{\tau_n^C, n \in \mathbf{N}\}$ 也是相互独立的。因此进入 A 教室的这位学生是从 C 口进入的概率为

$$P(\tau_n^C < \tau_n^B) = \frac{\lambda_C}{\lambda_B + \lambda_C} = \frac{1.5}{2} = 75\%$$

(4) 进入教室的学生数的一个样本轨道见图 4.2.1。由均方连续准则知该随机过程均方连续。

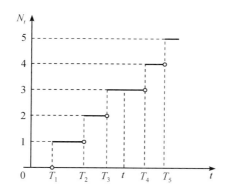

图 4.2.1　进入教室的学生数的样本轨道

4.2.2　泊松过程的分解

例 4.2.3　假设顾客按照速率为 λ 的泊松过程到达一个商店，并且每个到达的顾客以概率 p 是男性顾客，以概率 $1-p$ 是女性顾客，若用 N_t^1 和 N_t^2 分别表示 $[0,t]$ 内到达商店的男性顾客和女性顾客人数，证明 N_t^1 和 N_t^2 分别服从速率是 λp 和 $\lambda(1-p)$ 的泊松过程。

证明过程参考例 4.1.4。

例 4.2.3 的一般化，就是与泊松过程叠加相反的问题的泊松过程的分解。如果参数为 λ 的泊松过程 N_t 到达的随机点有 2 个类别，并且假定每个到达的随机点以概率 p 和 $1-p$ 为第 1 类和第 2 类随机点，若用 N_t^1，N_t^2 分别表示 $[0,t]$ 内到达的第 1，2 类随机点的数量，则 $N_t^i(i=1,2)$ 分别服从参数是 λp 和 $\lambda(1-p)$ 的相互独立的泊松过程。

证明　（1）N_t^1，N_t^2 的零初值性是显然的。

（2）由 N_t 的独立增量性及 $N_t=N_t^1+N_t^2$，以及 N_t^1，N_t^2 的相互独立性（见后），易知 N_t^1，N_t^2 也具备独立增量性。

（3）对任意的 $0\leqslant s<t$，$N_t^1-N_s^1$ 的概率为

$$P(N_t^1-N_s^1=k)=\sum_{m=0}^{\infty}P(N_t^1-N_s^1=k\mid N_t-N_s=m)P(N_t-N_s=m)$$

$$=\sum_{m=k}^{\infty}P(N_t^1-N_s^1=k\mid N_t-N_s=m)P(N_t-N_s=m)$$

$$=\sum_{m=k}^{\infty}C_m^k p^k(1-p)^{m-k}\frac{[\lambda(t-s)]^m}{m!}e^{-\lambda(t-s)}$$

$$=\frac{[\lambda p(t-s)]^k e^{-\lambda(t-s)}}{k!}\sum_{m=k}^{\infty}\frac{1}{(m-k)!}(1-p)^{m-k}[\lambda(t-s)]^{m-k}$$

$$=\frac{[\lambda p(t-s)]^k e^{-\lambda p(t-s)}}{k!}\quad(k=0,1,2,\cdots)$$

故 N_t^1 是参数为 λp 的泊松过程。同理可证 N_t^2 是参数为 $\lambda(1-p)$ 的泊松过程。

（4）证明 N_t^1 和 N_t^2 的独立性。

由于

$$P(N_t^1 = k_1, N_t^2 = k_2) = P(N_t^1 = k_1, N_t = k_1 + k_2)$$
$$= P(N_t = k_1 + k_2) P(N_t^1 = k_1 \mid N_t = k_1 + k_2)$$

而

$$P(N_t^1 = k_1 \mid N_t = k_1 + k_2) = C_{k_1 + k_2}^{k_1} p^{k_1} (1-p)^{k_2}$$

因此

$$P(N_t^1 = k_1, N_t^2 = k_2) = \frac{(\lambda t)^{k_1 + k_2}}{(k_1 + k_2)!} e^{-\lambda t} \cdot \frac{(k_1 + k_2)!}{k_1! \ k_2!} p^{k_1} (1-p)^{k_2}$$

$$= \frac{(\lambda p t)^{k_1}}{k_1!} e^{-\lambda p t} \cdot \frac{[\lambda(1-p)t]^{k_2}}{k_2!} e^{-\lambda(1-p)t}$$

$$= P(N_t^1 = k_1) P(N_t^2 = k_2)$$

故 N_t^1 和 N_t^2 是相互独立的。

一般地，如果参数为 λ 的泊松过程到达的随机点有 k 个类别，并且假定每个到达的随机点以概率 p_i 为第 $i(i=1, 2, \cdots, k)$ 类随机点，满足 $p_1 + p_2 + \cdots + p_k = 1$，若用 $N_t^1, N_t^2, \cdots, N_t^k$ 分别表示 $[0, t]$ 内到达的第 $1, 2, \cdots, k$ 类随机点的数量，则 $N_t^i(i=1, 2, \cdots, k)$ 服从参数是 $\lambda p_i(i=1, 2, \cdots, k)$ 的相互独立的泊松过程。

进一步，如果在 y 时刻到达的随机点以概率 $p_i(y)$ 为第 $i(i=1, 2, \cdots, k)$ 类随机点，$p_1(y) + p_2(y) + \cdots + p_k(y) = 1$，则 $N_t^i(i=1, 2, \cdots, k)$ 是相互独立的泊松过程且

$$EN_t^i = \lambda \int_0^t p_i(y) \mathrm{d}y \quad (i=1, 2, \cdots, k)$$

例 4.2.4　假定某汽车站有 A，B 两辆跑同一线路的长途汽车。设到达该站的旅客数是一个平均 10 分钟到达 15 位旅客的泊松过程，而每个旅客以概率 $\frac{2}{3}$ 进去 A 车。试求进入 A 车的旅客数的概率分布。

解　由题意，到达车站的旅客服从 $\lambda = \frac{15}{10}$ 的泊松过程，进入 A 车的旅客数服从参数为 $\frac{15}{10} \times \frac{2}{3}$ 的泊松过程，故进入 A 车的旅客数的概率分布为

$$P(N_t^A = k) = \frac{t^k}{k!} e^{-1} \quad (k=0, 1, 2, \cdots)$$

回顾例 4.2.2，图 4.2.1 给出了 N_t 的一条轨道，可以看出泊松过程的轨道是不连续的。例 4.2.2 说明泊松过程在充分小的时间区间内发生跳动的次数等于或大于 2 的概率趋于 0。

4.2.3　泊松过程的 0－1 律

定理 4.2.3　对于参数为 $\lambda > 0$ 的泊松过程 $\{N_t, t \geq 0\}$，它一定满足如下的性质：对任意的时间指标 $t > 0$ 和充分小的 $h > 0$：

(1) $P(N_{t+h} - N_t = 0) = 1 - \lambda h + o(h)$。

(2) $P(N_{t+h} - N_t = 1) = \lambda h + o(h)$。

其中，$o(h)$ 表示 h 的高阶无穷小。

证明　直接应用泊松过程的定义 4.1.1 与泰勒展开公式即可获证。

称等式(1)和(2)为泊松过程的 0－1 律。

明显地，泊松过程是特殊的计数过程，除了定理 4.1.2 中所给出的方法外，还能不能通过别的方法由计数过程来构造泊松过程呢？

假定计数过程 $\{N_t^C,\ t\geqslant 0\}$ 表示 $[0,t]$ 内某个电话总机接收到的电话数。分析该计数过程，由于电话到来的随机性，显然在不相重叠的时间区间上，接收到的电话数是相互独立的（计数过程具备独立增量性），在某一段时间段内接收到的电话数只与这段时间的长短有关（计数过程具备平稳性），况且在充分短的时间区间内最多只能接收到 1 个电话[满足定理 4.2.3 中的性质(1)和(2)]，这样的计数过程 $\{N_t^C,\ t\geqslant 0\}$ 是泊松过程。

定理 4.2.4　如果一个计数过程 $\{N_t^C,\ t\geqslant 0\}$ 具有平稳的独立增量性，且满足定理 4.2.3 中的性质(1)和(2)，那么这个计数过程一定是一个泊松过程。

证明　我们只需验证 $(N_t^c=k)=\dfrac{(\lambda t)^k}{k!}e^{-\lambda t}$，其中 $k\in\mathbf{N}$。为此定义函数 $q_k(t)=P(N_t^c=k)$。先考虑函数 $q_0(t+h)$，其中 $h>0$ 充分小。

利用定理 4.2.2 中的性质(1)得

$$q_0(t+h)=P(N_{t+h}^c=0)=P(N_{t+h}^c-N_t^c=0,\ N_t^c=0)$$
$$=P(N_{t+h}^c-N_t^c=0)P(N_t^c=0)$$
$$=[1-\lambda h+o(h)]q_0(t)$$

于是

$$\frac{q_0(t+h)-q_0(t)}{h}=-\lambda q_0(t)+\frac{o(h)}{h}$$

令上式两边 $h\to 0$，得

$$q_0'(t)=-\lambda q_0(t)\quad(q_0(0)=1)$$

解常微分方程得 $q_0(t)=e^{-\lambda t}$。

继续考虑函数 $q_k(t+h)(k=1,2,\cdots)$。用性质(1)和(2)得

$$q_k(t+k)=P(N_{t+h}^c=k)$$
$$=P(N_t^c=k,\ N_{t+h}^c-N_t^c=0)+P(N_t^c=k-1,\ N_{t+h}^c-N_t^c=1)$$
$$+\sum_{j=2}^{k}P(N_t^c=k-j,\ N_{t+h}^c-N_t^c=j)$$
$$=q_k(t)q_0(h)+q_{k-1}(t)q_1(h)+\sum_{j=2}^{k}q_{k-j}(t)q_j(h)$$
$$=q_k(t)[1-\lambda h+o(h)]+q_{k-1}(t)[\lambda h+o(h)]+o(h)$$

整理上式得

$$\frac{q_k(t+h)-q_k(t)}{h}=-\lambda q_k(t)+\lambda q_{k-1}(t)+\frac{o(h)}{h}$$

令上式两边 $h\to 0$ 得迭代常微分方程

$$q_k'(t)+\lambda q_k(t)=\lambda q_{k-1}(t)$$

其中，$q_1(0)=0$，$q_0(t)=e^{-\lambda t}$。

解常微分方程得

$$q_k(t)=\frac{(\lambda t)^k}{k!}e^{-\lambda t}\quad(k=1,2,\cdots)$$

4.2.4 泊松过程的条件分布

例 4.2.5 对于参数为 $\lambda > 0$ 的泊松过程 $\{N_t, t \geqslant 0\}$，验证：在 $\{N_t = 1\}$ 的条件下，泊松过程 N_t 的第一个到达时间 T_1 服从 $[0, t]$ 上的均匀分布。

解 对于时间指标 $t > s > 0$，有

$$P(T_1 \leqslant s \mid N_t = 1) = \frac{P(T_1 \leqslant s, N_t = 1)}{P(N_t = 1)} = \frac{P(N_s = 1, N_t - N_s = 0)}{P(N_t = 1)}$$

$$= \frac{\lambda s e^{-\lambda s} e^{-\lambda(t-s)}}{\lambda t e^{-\lambda t}} = \frac{s}{t}$$

如果在 $\{N_t = n\}$ 的条件下，泊松过程 N_t 的到达时间 $(T_1, T_2, \cdots, T_n)$ 服从什么分布呢？

例 4.2.6 对于参数为 $\lambda > 0$ 的泊松过程 $\{N_t, t \geqslant 0\}$，证明：在 $\{N_t = n\}$ 的条件下，泊松过程 N_t 的到达时间 $(T_1, T_2, \cdots, T_n)$ 的联合概率密度函数为

$$f(u_1, u_2, \cdots, u_n \mid n) = \begin{cases} \dfrac{n!}{t^n} & (0 < u_1 < \cdots < u_n < t) \\ 0 & (\text{其他}) \end{cases}$$

证明 取充分小的 $h_1, h_2, \cdots, h_n > 0$，使 $u_k < T_k \leqslant u_k + h_k$ $(k = 1, 2, \cdots, n)$，且 $(u_k, u_k + h_k]$ $(k = 1, 2, \cdots, n)$ 互不相交，则当 $0 \leqslant u_1 < u_2 < \cdots < u_n < t$ 时，有

$$P\left(\bigcap_{k=1}^{n}(u_k < T_k \leqslant u_k + h_k) \mid N_t = n\right)$$

$$= \frac{P\left[\bigcap_{k=1}^{n}(u_k < T_k \leqslant u_k + h_k), N_t = n\right]}{P(N_t = n)}$$

$$= \frac{P(N_{h_1} = 1, N_{h_2} = 1, \cdots, N_{h_n} = 1, N_{t-h_1-h_2-\cdots-h_n} = 0)}{P(N_t = n)}$$

$$= \frac{P(N_{h_1} = 1)P(N_{h_2} = 1)\cdots P(N_{h_n} = 1)P(N_{t-h_1-h_2-\cdots-h_n} = 0)}{P(N_t = n)}$$

$$= \frac{\lambda h_1 e^{-\lambda h_1} \lambda h_2 e^{-\lambda h_2} \cdots \lambda h_n e^{-\lambda h_n} e^{-\lambda(t-h_1-\cdots-h_n)}}{\dfrac{(\lambda t)^n}{n!} e^{-\lambda t}} = \frac{n!}{t^n} h_1 h_2 \cdots h_n$$

从而在 $\{N_t = n\}$ 的条件下，泊松过程 N_t 的到达时间 $(T_1, T_2, \cdots, T_n)$ 的联合概率密度函数为

$$f(u_1, u_2, \cdots, u_n \mid n) = \begin{cases} \dfrac{n!}{t^n} & (0 < u_1 < \cdots < u_n < t) \\ 0 & (\text{其他}) \end{cases}$$

定理 4.2.4 可视为泊松过程的另一种定义。下面我们举一个应用泊松过程建模的实例。

例 4.2.7 现有一设备其使用寿命 T 是一个服从参数为 $\lambda = 2 \times 10^{-4}$（时间单位为小时）的指数分布的随机变量，如果该设备不能工作，则立即被另外一台能工作的相同设备所取代，这样依次下去。用 N_t 表示在 $[0, t]$ 时间段内不能工作的设备数，其中 $t > 0$，显然 N_t

是一个取值于 **N** 的随机变量，且 $N_0=0$。我们假设 $\{N_t,t\geqslant0\}$ 是一个参数为 $\lambda=2\times10^{-4}$ 的泊松过程。已知设备更换一次的成本为 $a>0$ 元，货币的折损率为 $r>0$。试计算设备将来所有更换的成本的现值。

解 考虑泊松过程 N_t 的到达（随机）时间 $0<T_1<T_2<\cdots<T_n<\cdots$，那么在该实例中，$T_n$ 可解释为第 n 次更换设备的（随机）时间，其中 $n=1,2,\cdots$，于是设备将来所有更换的时间为 $\{T_n,n\in\mathbf{N}\}$。故设备将来所有更换的成本的现值为

$$C=E\Big(\sum_{k=1}^{\infty}a\,\mathrm{e}^{-rT_n}\Big)$$

注意到 $T_n\sim\Gamma(n,\lambda)$（见定理 4.1.1 的证明），因此 $C=\dfrac{a\lambda}{r}$。

4.3 复合泊松过程

人们在考虑设备故障所需的维修费用、自然灾害所造成的损失、股票市场的价格、保险公司的保险赔付时，都会碰到这样的模型：事件的发生依从一泊松过程，而每次事件都还依附一些随机变量（如费用，损失等），这时，人们感兴趣的不仅仅是事件发生的次数，还需要了解总费用和总的损失，这类模型可以抽象为本节要介绍的复合泊松过程。

定义 4.3.1 设 $\{N_t,t\geqslant0\}$ 是参数为 λ 的泊松过程，$\{Y_k,k=0,1,2,\cdots\}$ 是一列独立同分布的随机变量序列，且与 $\{N_t,t\geqslant0\}$ 相互独立，令 $X_t=\sum_{k=1}^{N_t}Y_k$，称随机过程 $\{X_t,t\geqslant0\}$ 是复合泊松过程。

例 4.3.1 如果 $\{N_t,t\geqslant0\}$ 表示在 $[0,t]$ 内到达的某种粒子的数量，而第 k 个到达的粒子携带有能量 Y_k，那么在 $[0,t]$ 内到达的粒子携带的总能量是复合泊松过程 $X_t=\sum_{k=1}^{N_t}Y_k$。

例 4.3.2 如果 $\{N_t,t\geqslant0\}$ 表示在 $[0,t]$ 内到达某商店的顾客的数量，而第 k 个到达的顾客在商店所花的钱数为 Y_k，那么在 $[0,t]$ 内商场的营业额可以用复合泊松过程描述：$X_t=\sum_{k=1}^{N_t}Y_k$。

例 4.3.3 如果 $\{N_t,t\geqslant0\}$ 表示在 $[0,t]$ 内发生火灾的累计次数，而 Y_k 表示第 k 次火灾后支付的赔偿金，那么到时刻 t 为止，累计的赔偿金可以用复合泊松过程描述：$X_t=\sum_{k=1}^{N_t}Y_k$。

例 4.3.4 假设在股票交易市场中，如果 $\{N_t,t\geqslant0\}$ 表示在 $[0,t]$ 内股票的交易次数，而 Y_k 表示第 k 次与第 $k-1$ 次交易前后股票价格的变化，不妨假定它们是独立同分布的随机变量，且与 $\{N_t,t\geqslant0\}$ 相互独立，则 $X_t=\sum_{k=1}^{N_t}Y_k$ 代表时刻 t 股票总价格变化，这是投资者计算盈亏决定投资意向的重要指标，显然 $\{X_t,t\geqslant0\}$ 是一个复合 Poisson 过程。

实际上，复合泊松过程也可以由随机游动和泊松过程表示。

设 $\xi_1,\xi_2,\cdots,\xi_n,\cdots$ 是一列独立同分布的(i.i.d)随机变量列，则称

$$S_n=\sum_{k=1}^{n}\xi_k \quad (S_0=x \in \mathbf{R}, n \in \mathbf{N})$$

是一个初始值为 x 的随机游动。

现在假设 $x=0$ 且参数 $\lambda>0$ 的泊松过程 $\{N_t,t\geq 0\}$ 与随机变量序列 $\{\xi_k,k\in\mathbf{N}\}$ 相互独立，那么复合泊松过程 $\{X_t,t\geq 0\}$ 可表示为

$$X_t=S_{N_t} \quad (t\geq 0)$$

例 4.3.5 假设随机变量 ξ_1 的数学期望为 $\mu\in\mathbf{R}$，方差为 $\sigma^2>0$。计算复合泊松过程 $\{X_t,t\geq 0\}$ 的均值函数和方差函数。

解 利用条件数学期望的性质(见定义 1.6.3)得

$$m_X(t)=E(S_{N_t})=E[E(S_{N_t} \mid N_t)]$$

$$=\sum_{k=0}^{\infty}E(S_{N_t} \mid N_t=k)P(N_t=k)$$

$$=\sum_{k=0}^{\infty}E(S_k \mid N_t=k)P(N_t=k)$$

$$=E(S_1)\sum_{k=0}^{\infty}kP(N_t=k)$$

$$=\mu\lambda t$$

相似地，有方差函数

$$D_X(t)=\lambda tE(\xi_1^2)=\lambda(\mu^2+\sigma^2)t$$

定理 4.3.1 设 $\{X_t,t\geq 0\}$ 是复合泊松过程，则：

(1) X_t 的一维特征函数为 $\varphi_t(u)=e^{\lambda t[f(u)-1]}$，其中 $f(u)$ 是 $Y_k(k=1,2,3\cdots)$ 的特征函数；

(2) 若 $EY_k^2<\infty$，则 $m_X(t)=\lambda tEY_k$，$D_X(t)=\lambda tEY_k^2$。

证明 X_t 的一维特征函数为

$$\varphi_t(u)=Ee^{iuX_t}=Ee^{iu\sum_{k=1}^{N_t}Y_k}=E(Ee^{iu\sum_{k=1}^{N_t}Y_k} \mid N_t)$$

$$=\sum_{n=0}^{+\infty}Ee^{iu\sum_{k=1}^{n}Y_k}P(N_t=n)$$

$$=\sum_{n=0}^{+\infty}f(u)^n\frac{(\lambda t)^n e^{-\lambda t}}{n!}$$

$$=e^{\lambda t[f(u)-1]}$$

均值函数为

$$m_X(t)=\left|\frac{\varphi_t(u)'}{i}\right|_{u=0}=\frac{e^{\lambda t[f(u)-1]}}{i}\lambda tf'(u)\big|_{u=0}$$

$$=\lambda tEY_k$$

而

$$EX_t^2 = \frac{\varphi_t(u)''}{\mathrm{i}^2}\bigg|_{u=0} = \frac{\mathrm{e}^{\lambda t[f(u)-1]}}{\mathrm{i}^2}\lambda t f''(u)\big|_{u=0} + \frac{\mathrm{e}^{\lambda t[f(u)-1]}}{\mathrm{i}^2}[\lambda t f'(u)]^2$$

$$= \lambda t EY_k^2 + (\lambda t)^2(EY_k)^2$$

故方差函数为

$$D_X(t) = EX_t^2 - (EX_t)^2 = \lambda t EY_k^2$$

为了计算复合泊松过程的相关函数，首先要证明定理 4.3.2。

定理 4.3.2　复合泊松过程 $\{X_t,\ t\geqslant 0\}$ 是平稳独立增量过程。

证明　先证明 $\{X_t,\ t\geqslant 0\}$ 的独立增量性。

设 $0\leqslant t_0 < t_1 < t_2$，由 $\{N_t,\ t\geqslant 0\}$ 和 $Y_n(n=1,2,\cdots)$ 相互独立，则对 $\forall x_1,x_2\in\mathbf{R}$，有

$$P(X_{t_1}-X_{t_0}\leqslant x_1,\ X_{t_2}-X_{t_1}\leqslant x_2)$$

$$= P(\bigcup_{0\leqslant i_0\leqslant i_1\leqslant i_2}(N_{t_0}=i_0,\ N_{t_1}=i_1,\ N_{t_2}=i_2,\ X_{t_1}-X_{t_0}\leqslant x_1,\ X_{t_2}-X_{t_1}\leqslant x_2)$$

$$= \sum_{0\leqslant i_0\leqslant i_1\leqslant i_2} P(N_{t_0}=i_0,\ N_{t_1}=i_1,\ \sum_{n=i_0+1}^{i_1}Y_n\leqslant x_1,\ N_{t_1}=i_1,\ N_{t_2}=i_2,\ \sum_{n=i_1+1}^{i_2}Y_n\leqslant x_2)$$

$$= \sum_{0\leqslant i_0\leqslant i_1\leqslant i_2} P(N_{t_1}-N_{t_0}=i_1-i_0,\ \sum_{n=i_0+1}^{i_1}Y_n\leqslant x_1,\ N_{t_2}-N_{t_1}=i_2-i_1,\ \sum_{n=i_1+1}^{i_2}Y_n\leqslant x_2)$$

$$= \sum_{0\leqslant i_0\leqslant i_1\leqslant i_2} P(N_{t_1}-N_{t_0}=i_1-i_0,\ \sum_{n=i_0+1}^{i_1}Y_n\leqslant x_1)P(N_{t_2}-N_{t_1}=i_2-i_1,\ \sum_{n=i_1+1}^{i_2}Y_n\leqslant x_2)$$

$$= \sum_{0\leqslant i_0\leqslant i_1} P(N_{t_1}-N_{t_0}=i_1-i_0,\ \sum_{n=i_0+1}^{i_1}Y_n\leqslant x_1)\sum_{0\leqslant i_1\leqslant i_2}P(N_{t_2}-N_{t_1}=i_2-i_1,\ \sum_{n=i_1+1}^{i_2}Y_n\leqslant x_2)$$

$$= P(X_{t_1}-X_{t_0}\leqslant x_1)P(X_{t_2}-X_{t_1}\leqslant x_2)$$

类似可以证明：

$$\forall\ 0\leqslant t_1 < t_2 < \cdots < t_n,\ \forall\ x_1,x_2,\cdots,x_n\in\mathbf{R}$$

$$P(X_{t_1}-X_{t_0}\leqslant x_1,\ X_{t_2}-X_{t_1}\leqslant x_2,\ \cdots X_{t_n}-X_{t_{n-1}}\leqslant x_n)$$

$$= P(X_{t_1}-X_{t_0}\leqslant x_1)P(X_{t_2}-X_{t_1}\leqslant x_2)\cdots P(X_{t_n}-X_{t_{n-1}}\leqslant x_n)$$

即 $\{X_t,\ t\geqslant 0\}$ 是独立增量过程。

再证明 $\{X_t,\ t\geqslant 0\}$ 的平稳增量性，即证明对 $\forall s(0\leqslant s < t)$，$X_t-X_s$ 的特征函数是 $t-s$ 的函数。

$$\varphi_{t-s}(u) = E\mathrm{e}^{\mathrm{i}u(X_t-X_s)} = E\mathrm{e}^{\mathrm{i}u\sum_{k=N_s+1}^{N_t}Y_k} = E(E\mathrm{e}^{\mathrm{i}u\sum_{k=N_s+1}^{N_t}Y_k}\mid N_t-N_s)$$

$$= \sum_{n=0}^{+\infty}E\mathrm{e}^{\mathrm{i}u\sum_{k=N_s+1}^{n}Y_k}P(N_t-N_s=n)$$

$$= \sum_{n=0}^{+\infty}f(u)^n\frac{[\lambda(t-s)]^n\mathrm{e}^{-\lambda(t-s)}}{n!}$$

$$= \mathrm{e}^{\lambda(t-s)(f(u)-1)}$$

其中 $f(u)$ 是 $Y_n(n=1,2,\cdots)$ 的特征函数。故 $\{X_t,\ t\geqslant 0\}$ 是平稳增量过程。

因此，$\{X_t, t \geqslant 0\}$ 是平稳的独立增量过程。

于是利用定理 4.3.2，复合泊松过程的相关函数可以通过简单计算得到。

当 $0 \leqslant s < t < \infty$ 时，其相关函数为

$$
\begin{aligned}
R_X(s, t) &= E(X_s X_t) \\
&= E[X_s(X_t - X_s + X_s)] \\
&= E(X_s)E(X_{t-s}) + E(X_s^2) \\
&= m_X(s)m_X(t-s) + \Phi_X(s) \\
&= m_X(s)m_X(t-s) + D_X(s) + m_X^2(s) \\
&= \lambda^2 st(EY_k)^2 + \lambda s EY_k^2
\end{aligned}
$$

相似地，还可以计算 $0 \leqslant t < s < \infty$ 的情形，我们把最后的计算留给读者。

例 4.3.6 设移民到某地定居的户数是一泊松过程，已知平均每周有 2 户定居。设每户的人口数是一随机变量，而且一户有 4 人的概率为 $\dfrac{1}{6}$，有 3 人的概率是 $\dfrac{1}{3}$，有 2 人的概率为 $\dfrac{1}{3}$，有 1 人的概率是 $\dfrac{1}{6}$，且知各户的人口数相互独立。求 $[0, t]$ 周内到该地定居的移民人数的数学期望与方差。

解 记 Y_k 为第 k 户的人口数，则 Y_k 相互独立，移民总人数是复合泊松过程，即

$$
X_t = \sum_{k=1}^{N_t} Y_k
$$

根据题意 $\lambda = 2$，则

$$
EY_1 = 4 \times \frac{1}{6} + 3 \times \frac{1}{3} + 2 \times \frac{1}{3} + 1 \times \frac{1}{6} = \frac{5}{2}
$$

$$
EY_1^2 = 4^2 \times \frac{1}{6} + 3^2 \times \frac{1}{3} + 2^2 \times \frac{1}{3} + 1^2 \times \frac{1}{6} = \frac{43}{6}
$$

故得 $m_X(t) = \lambda t EY_k = 2t \times \dfrac{5}{2} = 5t$，$D_X(t) = \lambda t EY_k^2 = \dfrac{43}{3}t$。

例 4.3.7 设某飞机场到达的客机数服从泊松过程，平均每小时到达的客机数为 5 架，客机共有 A、B、C 三种类型，它们能承载的乘客数分别为 180 人、145 人、80 人，且这三种飞机出现的概率相同。3 小时内到达机场的最多乘客数的数学期望为多少？方差为多少？

解 用 Y_k 表示某机场第 k 架到达的飞机所乘的乘客数，则 Y_k 相互独立。令 X_t 表示 $[0, t]$ 时间段内到达机场的乘客数，则

$$
X_t = \sum_{k=1}^{N_t} Y_k
$$

由于

$$
EY_k = (180 + 145 + 80) \times \frac{1}{3} = 135
$$

$$
EY_k^2 = \frac{1}{3} \times (180^2 + 145^2 + 80^2) = 19\,942
$$

故

$$EX_t = 2025, \ DX_t = 299\ 130$$

下面举一个应用复合泊松过程建模的实例。

例 4.3.8　考虑一个保险公司的盈余状况。假设该公司发生的索赔次数服从一个参数为 $\lambda > 0$ 的泊松过程 $\{N_t, t \geqslant 0\}$，即在时间段 $[0, t]$ 内共有 N_t 次索赔发生。用非负随机变量 ξ_k 表示保险公司支付第 k 次索赔的金额，其中 $k = 1, 2, \cdots$。通常认为索赔额随机变量列 $\{\xi_k, k \in \mathbf{N}\}$ 是独立同分布的并且与索赔次数过程 N_t 独立。为维持保险业务的正常运作，保险公司在每一个单位时间区间的始端收取 $a > 0$ 个钱币单位的保险单，这些保险公司在时刻 $t > 0$ 的盈余 X_t 可表示为

$$X_t = x + at - S_{N_t} \quad (t \geqslant 0) \tag{4.3.1}$$

其中 $X_0 = x > 0$ 表示保险公司的初始盈余。

上面描述的随机过程模型称为经典风险模型。对于该模型，人们最为关注的是保险公司的破产概率有多大，为此，定义该保险公司的破产时

$$T(\omega) = \min\{t > 0, X_t(\omega) < 0\}$$

通常取 $\min \varnothing = +\infty$。显然破产时 T 是一个非负随机变量(或称随机时)。那么保险公司的破产概率可表示为

$$\psi(x) = P(T < +\infty \mid X_0 = x)$$

直接求解破产概率 $\psi(x)$ 并不容易，人们往往代替计算破产时 T 的拉普拉斯变换，即

$$\varphi(\alpha) = E(\mathrm{e}^{-\alpha T}) \quad (\alpha > 0)$$

这里我们并不介绍如何计算上述的量，有兴趣的读者可参考文献[5]和[6]。

下面的事实已经被证明：如果索赔额 ξ_1 的均值为 $\mu > 0$，那么当 $a < \lambda \cdot \mu$ 时，保险公司最终破产。图 4.3.1 是保险公司盈余过程 X_t 的样本轨道图像。观察图 4.3.1，破产时 $T = T_5$，其中 $T_1 < T_2 < \cdots < T_n < \cdots$，表示泊松过程 N_t 的(随机)到达时间。另外，图 4.3.1 中所有黑体直线的倾斜都为 $a > 0$ 且有 $X_{T_k} - X_{T_k -} = -\xi_k \ (k \in \mathbf{N})$。

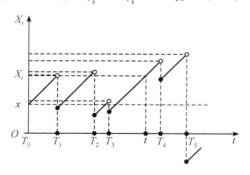

图 4.3.1　保险公司盈余过程 X_t 的样本轨道

在很多实际情况下，保险公司的盈余水平可能还受周围各种经济环境的影响。为了在模型中能体现这一点，人们往往在式(4.3.1)所描述的盈余过程 $\{X_t, t \geqslant 0\}$ 中加入一个与复合泊松过程独立的维纳过程 $\{W_t, t \geqslant 0\}$，即此时保险的盈余过程为

$$X_t = x + at + \sigma W_t - S_{N_t} \quad (t \geqslant 0)$$

其中 $\sigma > 0$ 表示外界环境的波动水平。这时我们称上面的 X_t 为布朗扰动下的风险模型。一个很明显的性质是我们仍有 $X_{T_k} - X_{T_k -} = -\xi_k \ (t > 0, k \in \mathbf{N})$。

4.4 非齐次泊松过程和条件泊松过程

4.4.1 非齐次泊松过程

上面讨论的泊松过程一般称为齐次泊松过程。当泊松过程的强度 λ 随时间改变时，齐次泊松过程扩展成为非齐次泊松过程。非齐次泊松过程的定义见定义 4.4.1。

定义 4.4.1 称计数过程 $\{N_t, t \geqslant 0\}$ 为具有跳跃强度函数为 $\lambda(t)$ 的非齐次泊松过程，若满足下列条件：

(1) 零初值性：$N_0 = 0$；

(2) 独立增量性：即 $\{N_t, t \geqslant 0\}$ 是一个独立增量过程；

(3) $P(N_{t+h} - N_t = 1) = \lambda(t)h + o(h)$，$P(N_{t+h} - N_t = 0) = 1 - \lambda(t)h + o(h)$。

显然，当强度函数 $\lambda(t) \equiv \lambda$ 是一个正常数时，非齐次泊松过程就变为齐次泊松过程。非齐次泊松过程的强度是与时间 t 有关的函数。以后没有特别说明的话，提到的泊松过程都是指齐次泊松过程。由非齐次泊松过程的定义可以看出，非齐次泊松过程不再具有平稳增量性。

定理 4.4.1 设 $\{N_t, t \geqslant 0\}$ 是强度 $\lambda(t)$ 的非齐次泊松过程，则

(1) 其均值和方差函数相等，且有 $m_N(t) = D_N(t) = \int_0^t \lambda(s)\mathrm{d}s$；

(2) $P(N_{t+h} - N_t = n) = \dfrac{[m_N(t+s) - m_N(t)]^n}{n!}\mathrm{e}^{-[m_N(t+s) - m_N(t)]}$ 或 $P(N_t = n) = \dfrac{[m_N(t)]^n}{n!}\mathrm{e}^{-[m_N(t)]}$ $(n = 0, 1, 2, \cdots)$。

证明留给读者自己完成。

例 4.4.1 某商店每日 8:00 开始营业，8:00—11:00 平均顾客到达率线性增加，在 8:00 顾客平均到达率为 5 人/时，11:00 到达率达最高峰 20 人/时。11:00—13:00，平均顾客到达率维持不变，为 20 人/时；13:00—17:00，顾客到达率线性下降；到 17:00，顾客到达率为 12 人/时。假定不相重叠的时间间隔内到达商店的顾客数是相互独立的，在 8:30—9:30 无顾客到达商店的概率是多少？在这段时间内到达商店顾客的数学期望是多少？

解 将时间 8:00—17:00 平移为 00:00—9:00，依题意得顾客到达率为

$$\lambda = \begin{cases} 5 + 5t & (0 \leqslant t \leqslant 3) \\ 20 & (3 < t \leqslant 5) \\ 20 - 2(t-5) & (5 < t \leqslant 9) \end{cases}$$

由题意，顾客的变化可用非齐次泊松过程描述，从而有

$$m_N(0.5) = \int_0^{0.5} (5 + 5t) = \frac{25}{8}$$

$$m_N(1.5) = \int_0^{1.5} (5 + 5t) = \frac{105}{8}$$

在 8:30—9:30 无顾客到达商店的概率为

$$P(N_{1.5} - N_{0.5} = 0) = \frac{\left(\frac{105}{8} - \frac{25}{8}\right)^0}{0!} \exp\left[-\left(\frac{105}{8} - \frac{25}{8}\right)\right] = e^{-10}$$

8:30—9:30 到达商店的顾客的期望为

$$m_N(1.5) - m_N(0.5) = \frac{105}{8} - \frac{25}{8} = 10$$

例 4.4.2　设某设备的使用年限为 10 年，在前 5 年内平均 2.5 年需要维修一次，后 5 年平均 2 年需维修一次，求在使用期限内只维修过 1 次的概率。

解　因为维修次数与使用时间有关，所以该过程是非齐次泊松过程，强度函数为

$$\lambda(t) = \begin{cases} \dfrac{1}{2.5} & (0 \leqslant t \leqslant 5) \\ \dfrac{1}{2} & (5 < t \leqslant 10) \end{cases}$$

则

$$m(10) = \int_0^{10} \lambda(t) \mathrm{d}t = \int_0^5 \frac{1}{2.5} \mathrm{d}t + \int_5^{10} \frac{1}{2} \mathrm{d}t = 4.5$$

从而

$$P(N_{10} - N_0 = 1) = e^{-4.5} \frac{4.5}{1!} = \frac{9}{2} e^{-\frac{9}{2}}$$

4.4.2　条件泊松过程

把泊松过程的强度参数 λ 推广为随机变量，便得到条件泊松过程。

定义 4.4.2　设 X 是具有分布函数 $F(x)$ 的正值随机变量，$\{N_t, t \geqslant 0\}$ 是一个计数过程，且在 $X = \lambda$ 的条件下，$\{N_t, t \geqslant 0\}$ 是一强度为 λ 的泊松过程，即对 $\forall s \geqslant 0, t, \lambda > 0$，有

$$P(N_{t+s} - N_s = n \mid X = \lambda) = \frac{(\lambda t)^n}{n!} e^{-\lambda t} \quad (n = 0, 1, 2, \cdots)$$

则称 $\{N_t, t \geqslant 0\}$ 是一个条件泊松过程。

由连续型全概率公式可得

$$P(N_{t+s} - N_s = n) = \int_0^{+\infty} \frac{(\lambda t)^n}{n!} e^{-\lambda t} \mathrm{d}F(x)$$

从中可以看出计数过程 $\{N_t, t \geqslant 0\}$ 不是泊松过程，仅当 $X = \lambda$ 时，它才是泊松过程。

我们可以计算出在 $N_t = n$ 的条件下，X 的条件分布。注意到，对于充分小的 $\Delta\lambda$，有

$$P[X \in (\lambda, \lambda + \Delta\lambda) \mid N_t = n] = \frac{P[N_t = n, X \in (\lambda, \lambda + \Delta\lambda)]}{P(N_t = n)}$$

$$= \frac{P[N_t = n \mid X \in (\lambda, \lambda + \Delta\lambda)] P[X \in (\lambda, \lambda + \Delta\lambda)]}{P(N_t = n)}$$

$$= \frac{\dfrac{(\lambda t)^n}{n!} e^{-\lambda t} \mathrm{d}F(x)}{\displaystyle\int_0^{+\infty} \frac{(\lambda t)^n}{n!} e^{-\lambda t} \mathrm{d}F(x)}$$

由此得到

$$P(X \leqslant x \mid N_t = n) = \frac{\int_0^x \frac{(\lambda t)^n}{n!} e^{-\lambda t} dF(x)}{\int_0^{+\infty} \frac{(\lambda t)^n}{n!} e^{-\lambda t} dF(x)}$$

定理 4.4.2 设 $\{N_t, t \geqslant 0\}$ 是条件泊松过程，且 $EX^2 < \infty$，则

(1) $EN_t = tEX (\forall t \geqslant 0)$；

(2) $DN_t = t^2 DX + tEX (\forall t \geqslant 0)$。

证明 (1) $EN_t = E[E(N_t \mid X)] = \int_0^{+\infty} E(N_t \mid X = \lambda) dF(\lambda)$

$$= \int_0^{+\infty} \lambda t \, dF(\lambda) = tEX (\forall t \geqslant 0)$$

(2) $DN_t = EN_t^2 - (EN_t)^2 = E(EN_t^2 \mid X) - (EN_t)^2$

$$= \int_0^{+\infty} E(N_t^2 \mid X = \lambda) dF(\lambda) - (EN_t)^2$$

$$= \int_0^{+\infty} [\lambda t + (\lambda t)^2] dF(\lambda) - (EN_t)^2$$

$$= t^2 DX + tEX (\forall t \geqslant 0)$$

例 4.4.3 设意外事故发生频率受某种未知因素的影响，有两种可能 λ_1, λ_2，且 $P(X = \lambda_1) = p$，$P(X = \lambda_2) = 1 - p \stackrel{\text{def}}{=} q$，$0 < p < 1$ 为已知。已知到某时刻 t 已经发生了 n 次事故，下一次事故在 $t + s$ 之前不会来到的概率是多少？另外，发生的频率是 λ_1 的概率是多少？

解 由题意得

$$P\{N_{t+s} - N_t = 0 \mid N_t = n\} = \frac{P(N_t = n, N_{t+s} - N_t = 0)}{P(N_t = n)}$$

$$= \frac{P(N_t = n, N_{t+s} - N_t = 0, X = \lambda_1) + P(N_t = n, N_{t+s} - N_t = 0, X = \lambda_2)}{P(N_t = n, X = \lambda_1) + P(N_t = n, X = \lambda_2)}$$

$$= \frac{P(N_t = n, N_{t+s} - N_t = 0 \mid X = \lambda_1)P(X = \lambda_1) + P(N_t = n, N_{t+s} - N_t = 0 \mid X = \lambda_2)P(X = \lambda_2)}{P(N_t = n \mid X = \lambda_1)P(X = \lambda_1) + P(N_t = n \mid X = \lambda_2)P(X = \lambda_2)}$$

$$= \frac{p\lambda_1^n e^{-\lambda_1(t+s)} + q\lambda_2^n e^{-\lambda_2(t+s)}}{p\lambda_1^n e^{-\lambda_1 t} + q\lambda_2^n e^{-\lambda_2 t}}$$

发生的频率是 λ_1 的概率是

$$P\{X = \lambda_1 \mid N_t = n\} = \frac{P(X = \lambda_1, N_t = n)}{P(N_t = n)}$$

$$= \frac{P(N_t = n \mid X = \lambda_1)P(X = \lambda_1)}{P(N_t = n)}$$

$$= \frac{p\lambda_1^n e^{-\lambda_1 t}}{p\lambda_1^n e^{-\lambda_1 t} + q\lambda_2^n e^{-\lambda_2 t}}$$

4.5　泊松过程的应用案例

4.5.1　地震的预测和经济影响

地震是最可怕和最具破坏性的自然灾害之一。伴随地震的发生，可能会造成许多人员的伤亡和大量的财产损失。不少学者研究发现，在某一区域或地震带上，地震会按照一定时间间隔规律地复现。因此，对于地震复发周期以及各级地震的发生概率的研究就变得非常有意义。

这一节利用收集的《新疆统计年鉴》相关数据，在假设年度地震发生状况为具有泊松随机变量序列的情况下，对搜集到的新疆地区的地震相关数据集进行的假设检验表明泊松假定是合理的，从而在此假设下，计算出各级地震的发生概率并估算由此带来的经济损失。下面介绍具体的处理方法。

收集《新疆统计年鉴》相关数据，并绘制统计图如图 4.5.1 所示。

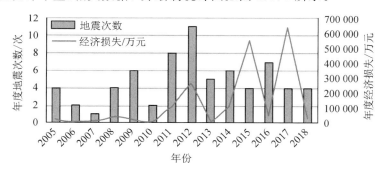

图 4.5.1　新疆年度地震次数及经济损失

从图 4.5.1 可以看到，2005—2018 年，新疆共发生 68 次 5 级以上地震，每次地震都造成了不小的经济损失。

假设地震是按齐次泊松过程 $\{N_t, t \geqslant 0\}$ 发生的，Y_k 表示第 k 次地震造成的经济损失，假定 $\{Y_k, k = 0, 1, 2, \cdots\}$ 为独立同分布的随机变量序列，则复合泊松过程 $X_t = \sum_{k=1}^{N_t} Y_k$ 表示地震造成的经济损失的大小。

实际上，地震是按齐次泊松过程 $\{N_t, t \geqslant 0\}$ 发生的假设是否合理呢？需要通过统计的方法进行假设检验。

H_0：地震次数的发生符合泊松过程。

H_1：地震次数的发生不符合泊松过程。

利用《新疆统计年鉴》2005—2018 年地震次数的相关数据，通过数理统计中的 χ^2 拟合优度检验可得出接受原假设的结论，这意味着地震发生的次数服从泊松过程，强度为

$$\lambda = \frac{68}{14} = 4.86(\text{年}) \tag{4.5.1}$$

$$\lambda = \frac{4.86}{365} = 0.013 \text{（天）} \tag{4.5.2}$$

地震次数呈泊松分布且平均值为 $\lambda = 4.86$（年）和 $\lambda = 0.013$（天）。

由式（4.5.1）、式（4.5.2）可知，以天为单位，估计地震重现概率的概率函数为

$$P(N_t = k) = \frac{(0.013t)^k}{k!} e^{-0.013t} \quad (k = 0, 1, 2, \cdots) \tag{4.5.3}$$

以年份为单位，估计地震重现概率的概率函数为

$$P(N_t = k) = \frac{(4.86t)^k}{k!} e^{-4.86t} \quad (k = 0, 1, 2, \cdots) \tag{4.5.4}$$

利用式（4.5.3）计算得到的概率值见表 4.5.1。

表 4.5.1　以天为单位估计地震复现概率

地震的次数	60 天（2019.03.01）	120 天（2019.04.30）	180 天（2019.06.29）
0	0.458 406	0.210 123	0.096 328
1	0.357 557	0.327 812	0.225 407
2	0.139 447	0.255 694	0.263 726
3	0.036 256	0.132 961	0.205 706
4	0.007 070	0.051 855	0.120 338
5	0.001 103	0.016 179	0.056 318
6	0.000 143	0.004 206	0.021 964
地震的次数	240 天（2019.08.28）	300 天（2019.10.27）	365 天（2019.12.31）
0	0.044 157	0.020 242	0.008 695
1	0.137 770	0.078 943	0.041 258
2	0.214 922	0.153 940	0.097 885
3	0.223 519	0.200 122	0.154 821
4	0.174 345	0.195 119	0.183 657
5	0.108 791	0.152 193	0.174 290
6	0.056 571	0.098 925	0.137 834

同样利用式（4.5.4）可以计算得到以年为单位估计地震复现的概率值，留给读者计算。

利用《新疆统计年鉴》2005—2018 年地震每年的经济损失数据，估计在 14 年时间内新疆地区地震所造成经济损失的期望值为 $EY_i = 27\,979.58$ 万元。

因此，在 t 时间内地震造成的经济损失为

$$EX_t = \lambda t EY_k = 363.7346t$$

通过以上分析得出的结果可为今后新疆地震灾害的预防提供一定的理论参考。

4.5.2　追踪 HIV 感染的人数

一个人从感染艾滋病 HIV 病毒到艾滋病症状出现有比较长的潜伏期。因此，对于负责公众健康的部门来说，在任意给定的时间确定人群中受到感染的人数是困难的。接下来介绍一个初级的近似模型，用它可以得到感染人数的粗略估计。

假定个体按未知速率 λ 的泊松过程感染 HIV 病毒，从个体感染直到出现疾病症状的时间是服从参数为 μ 的指数分布的随机变量，不同的感染个体的潜伏期是相互独立的。以 N_t^1

表示直到时刻 t 为止显现疾病症状的人数，以 N_t^2 表示直到时刻 t 为止 HIV 为阳性但还没有出现任何疾病症状的人数，即 N_t^1 和 N_t^2 表示的是感染 HIV 病毒的两类个体：一类有疾病症状，另一类无疾病症状。由例 4.2.3 可知，它们分别服从独立的泊松过程，此时平均感染 HIV 且有症状的人数和平均感染 HIV 但无症状的人数分别为

$$EN_t^1 = \lambda \int_0^t (1 - \mu e^{-\mu y}) dy = \lambda \left(t - \frac{1}{\mu} + \frac{1}{\mu} e^{-\mu t} \right)$$

$$EN_t^2 = \lambda \int_0^t e^{-\mu y} dy = \lambda \left(\frac{1}{\mu} - \frac{1}{\mu} e^{-\mu t} \right)$$

由于 λ 未知，因此首先必须估计 λ，然后才能借助 EN_t^2 估计 N_t^2 的人数。实际上，负责公众健康的部门是知道 N_t^1 的值的，因而可以用此已知值作为均值 EN_t^1 的估计，即如果直到 t 为止呈现症状的人数是 n_1，那么可以估计

$$n_1 = EN_t^1 = \lambda \left(t - \frac{1}{\mu} + \frac{1}{\mu} e^{-\mu t} \right)$$

因此可以由

$$\hat{\lambda} = \frac{n_1}{\left(t - \frac{1}{\mu} + \frac{1}{\mu} e^{-\mu t} \right)}$$

给出的 $\hat{\lambda}$ 来估计 λ，由

$$N_t^2 \text{ 的估计} = \hat{\lambda} \left(\frac{1}{\mu} - \frac{1}{\mu} e^{-\mu t} \right) = \frac{n_1}{\left(t - \frac{1}{\mu} + \frac{1}{\mu} e^{-\mu t} \right)} \left(\frac{1}{\mu} - \frac{1}{\mu} e^{-\mu t} \right) = \frac{n_1 (1 - e^{-\mu t})}{\mu t - 1 + e^{-\mu t}}$$

估计受到感染但在时刻 t 没有症状的人数。

习　题　4

1. 设 $\{N_t, t \geq 0\}$ 是一个参数为 $\lambda = 2$ 的泊松过程。试求：

(1) $P(N_1 \leq 2)$；

(2) $P(N_1 = 1, N_2 = 3)$；

(3) $P(N_1 \geq 2 \mid N_1 \geq 1)$。

2. 设 $\{N_t, t \geq 0\}$ 是一个参数为 $\lambda > 0$ 的泊松过程，设 $s, t > 0$，试求：

(1) $P(N_s = k \mid N_{t+s} = n)(0 \leq k \leq n)$；

(2) $Z = E(N_{t+s} \mid N_s)$ 的分布列、期望和方差。

3. 设 $\{N_t, t \geq 0\}$ 是一个参数为 $\lambda > 0$ 的泊松过程。设 $0 \leq s < t < \infty$，计算数学期望：

$$E[N_t^3 - N_s^3 - 3\lambda(t-s)N_s^2 - 3\lambda(t-s)(1+\lambda(t-s))N_s]$$

4. 设随机变量 ξ_i 服从参数为 $\lambda_i > 0$ 的指数分布，其中 $i = 1, 2$。如果 ξ_1 和 ξ_2 相互独立，计算：

(1) 概率 $P(\xi_1 < \xi_2)$；

(2) 随机变量 $\min\{\xi_1, \xi_2\}$ 的分布函数。

5. 假设顾客到达银行的过程是一个参数为 $\lambda > 0$ 的泊松过程。在第一个小时内，有两

个顾客到达银行。计算：

(1) 这两个顾客在前 20 分钟都到达银行的概率；

(2) 至少有一个顾客在前 20 分钟到达银行的概率。

6. 证明：同一概率空间下泊松过程的叠加还是泊松过程。

7. 设 $\{N_t, t \geq 0\}$ 是一个参数为 $\lambda > 0$ 的泊松过程。取 $n \in \mathbf{N}$ 个时刻 $t_1 < t_2 < \cdots < t_n$ 和不同的自然数 $m_1, m_2, \cdots, m_n \in \mathbf{N}$，证明：

$$P(N_{t_1} = m_1, N_{t_2} = m_2, \cdots, N_{t_n} = m_n)$$

$$= \begin{cases} \dfrac{\alpha_1^{m_1} \mathrm{e}^{-\alpha_1}}{m_1!} \dfrac{\alpha_2^{(m_2 - m_1)} \mathrm{e}^{-\alpha_2}}{(m_2 - m_1)!} \dfrac{\alpha_n^{(m_n - m_{n-1})} \mathrm{e}^{-\alpha_n}}{(m_n - m_{n-1})!} & (0 \leq m_1 < m_2 < \cdots < m_n) \\ 0 & (其他) \end{cases}$$

其中，$\alpha_k = \lambda(t_k - t_{k-1})(k = 1, 2, \cdots, n)$，$t_0 := 0$。

8. 设 $\{W_t, t \geq 0\}$ 是一个维纳过程，$\{N_t, t \geq 0\}$ 是一个参数为 $\lambda > 0$ 的泊松过程，且该泊松过程与维纳过程和一列独立同分布的随机变量列 $\{\xi_1, \cdots, \xi_n, \cdots\}$ 相互独立。定义如下随机过程：

$$X_t = \exp\left[\left(\mu - \frac{1}{2}\sigma^2\right)t + \sigma W_t\right] \prod_{k=1}^{N_t} \xi_k$$

其中 $t \geq 0$，$\mu \in \mathbf{R}$，$\sigma^2 > 0$，ξ_1 服从参数为 (a, b^2) 的对数正态分布。计算：

(1) 随机过程 $\{X_t, t \geq 0\}$ 的一维分布函数。

(2) 随机过程 $\{X_t, t \geq 0\}$ 的均值函数和相关函数。

(3) 设 $r, K, T > 0$，计算

$$\mathrm{e}^{-rT} E[\max\{0, X_T - K\}]$$

9. 设 $\{N_t^j; t \geq 0\}(j = 1, 2)$ 是两个参数为 $\lambda_j > 0$ 的相互独立的泊松过程。设 T_n^1 是泊松过程 N^1 的第 n 个到达时间 $(n \in \mathbf{N})$，计算随机变量 $N_{T_1^1}^2$ 的分布列。进一步讨论：当 $n \geq 2$ 时，随机变量 $N_{T_n^1}^2$ 的分布列。

10. 设 $\{N_t, t \geq 0\}$ 是一个参数为 $\lambda > 0$ 的泊松过程。证明：对任意的 $0 \leq s < t$ 和 $n \in \mathbf{N}$，有

$$P(N_s = m \mid N_t = n) = \frac{n!}{m!(n-m)!} p(s, t)^m [1 - p(s, t)]^{n-m} \quad (m = 0, 1, \cdots, n)$$

这里函数 $p(s, t) = \dfrac{s}{t}$。

11. 设 $\{N_t, t \geq 0\}$ 是一个参数为 $\lambda > 0$ 的泊松过程。计算：

(1) 泊松过程 $\{N_t, t \geq 0\}$ 的二维分布函数 $F(x_1, x_2)$，其中 $x_1, x_2 \in \mathbf{N}$；

(2) 泊松过程 $\{N_t, t \geq 0\}$ 的三维分布函数 $F(x_1, x_2, x_3)$，其中 $x_1, x_2, x_3 \in \mathbf{N}$。

12. 计算强度函数为 $\lambda(t)$ 的非齐次泊松过程的均值函数与相关函数。

13. 设到达某商店的顾客组成强度为 λ 的泊松流，每个顾客购买商品的概率为 p，且与其他顾客是否购买商品无关，若 $\{Y_t, t \geq 0\}$ 是购买商品的顾客流，证明 $\{Y_t, t \geq 0\}$ 是强度为 λp 的泊松流。

14. 设某路口红、黄、蓝三种颜色的汽车的到达数分别为强度是 λ_1, λ_2 和 λ_3 的相互独

立的泊松过程,试求:

(1)先后两辆汽车到达时间间隔的概率密度函数;

(2)设在时刻 t_0 观察到一辆红色汽车,则下一辆是非红色汽车的概率是多少?

(3)设在时刻 t_0 观察到一辆红色汽车,下三辆全是红色汽车,而后是非红色汽车的概率是多少?

15.设 $\{N_t^1, t \geq 0\}$ 和 $\{N_t^2, t \geq 0\}$ 分别是强度为 λ_1 和 λ_2 的独立泊松流。试证明:

(1)$\{N_t^1 + N_t^2, t \geq 0\}$ 是强度为 $\lambda_1 + \lambda_2$ 的泊松流;

(2)在 $\{N_t^1, t \geq 0\}$ 的任一到达时间间隔内,$\{N_t^2, t \geq 0\}$ 恰有 k 个时间发生的概率为

$$p_k = \frac{\lambda_1}{\lambda_1 + \lambda_2} \cdot \left(\frac{\lambda_2}{\lambda_1 + \lambda_2}\right)^k \quad (k = 0, 1, 2, \cdots)$$

16.设 $\{N_t, t \geq 0\}$ 是 Poisson 过程,τ_n 和 T_n 分别是 $\{N_t, t \geq 0\}$ 的第 n 个时间的到达时间和点间距距离。试证明:

(1)$E(\tau_n) = nE(T_n)(n = 1, 2, \cdots)$;

(2)$D(\tau_n) = nD(T_n)(n = 1, 2, \cdots)$。

17.设某电报局接收的电报数 N_t 组成泊松流,平均每小时接到 3 次电报,求:

(1)一上午(8:00—12:00)没有接到电报的概率;

(2)下午第一个电报的到达时间的分布。

18.设 $\{N_t^1, t \geq 0\}$ 和 $\{N_t^2, t \geq 0\}$ 分别是强度为 λ_1 和 λ_2 的独立泊松过程,令 $X_t = N_t^1 - N_t^2 (t \geq 0)$,求 $\{X_t, t \geq 0\}$ 的均值函数与相关函数。

19.设 $\{N_t, t \geq 0\}$ 是强度为 λ 的泊松过程,T 是服从参数为 γ 的指数分布的随机变量,且与 $\{N_t\}$ 独立,求 $[0, T]$ 内发生的事件数 X 的分布列。

第 5 章
平 稳 过 程

在通信、生物以及经济领域中有这样一类随机过程：它们的统计特性不随时间的推移而改变，这类随机过程就是平稳过程。1934 年，辛钦（见图 5.1）发表的《平稳过程的相关理论》奠定了平稳过程的基本理论，目前，平稳过程已经发展得相当完善。本章介绍平稳过程的定义、相关函数、各态历经性、功率谱密度、谱分解及线性系统中的平稳过程等。

图 5.1　亚历山大•雅科夫列维奇•辛钦

5.1　平稳过程的定义

平稳过程包括严平稳过程与宽平稳过程，本节分别给出它们的定义，再讨论宽平稳过程的简单性质。

首先给出严平稳过程的定义。

定义 5.1.1　设有随机过程 $\{X_t, t \in T\}$，如果对 $\forall n \in \mathbf{N}$ 和不同的时间指标 $t_1, t_2, \cdots, t_n \in T$，满足

$$F_{t_1, \cdots, t_n}(x_1, \cdots, x_n) = F_{t_1+\tau, \cdots, t_n+\tau}(x_1, \cdots, x_n)$$

其中，τ 是使 $t_i + \tau \in T (i = 1, \cdots, n)$ 的任意一个时间指标，则称随机过程 $\{X_t, t \in T\}$ 为严平稳过程。这里 $F_{t_1, \cdots, t_n}(x_1, \cdots, x_n)$ 表示随机过程 $\{X_t, t \in T\}$ 的 n 维分布函数（见定义 2.2.1）。

严平稳过程的定义对随机过程的要求比较苛刻，需要验证随机过程的有限维分布函数

随时间的推移不改变。

例 5.1.1 例 2.4.1 的伯努利过程和例 2.4.2 的严高斯白噪声都是严平稳过程。

例 5.1.2 设 $\{X_t, t\in T\}$ 是一个严平稳过程，且 X_t 的二阶矩存在。验证：对任意的 $t, t_1, t_2\in T$，X_t 的均值函数 $m_X(t)$ 是常数，相关函数 $R_X(t_1, t_2)$ 仅依赖于时间指标差 t_2-t_1。

证明 由定义 5.1.1 易知：对任意的时间指标 $t\in T$，严平稳过程 X_t 的一维分布函数 $F_t(x)$ 与 t 无关；而对任意的 $t_1, t_2\in T$，X_t 的二维分布函数 $F_{t_1, t_2}(x_1, x_2)$ 为

$$F_{t_1, t_2}(x_1, x_2)=F_{0, t_2-t_1}(x_1, x_2)$$

仅与 t_2-t_1 有关。因此，X_t 的均值函数为

$$m_X(t)=\int_{-\infty}^{+\infty}x\,\mathrm{d}F_t(x)=\int_{-\infty}^{+\infty}x\,\mathrm{d}F(x)$$

为与 t 无关的常数。而 X_t 的相关函数为

$$R_X(t_1, t_2)=\int_{-\infty}^{+\infty}\int_{-\infty}^{+\infty}x_1 x_2\,\mathrm{d}F_{t_1, t_2}(x_1, x_2)$$
$$=\int_{-\infty}^{+\infty}\int_{-\infty}^{+\infty}x_1 x_2\,\mathrm{d}F_{0, t_2-t_1}(x_1, x_2)$$

即 X_t 的相关函数仅是时间差 t_2-t_1 的函数。

很多随机过程并不满足其有限维分布随时间指标的推移而不发生改变的性质。因此，为了实际应用的方便，人们进一步放宽了严平稳过程的定义，于是出现了宽平稳过程。

定义 5.1.2 设随机过程 $\{X_t, t\in T\}$ 是一个二阶矩过程，如果对任意的时间指标 $s, t\in T$，有

（1）X_t 的均值函数 $m_X(t)\equiv C$（其中 C 为常数），

（2）X_t 的相关函数 $R_X(s, t)=R_X(t-s)$，也就是相关函数 $R_X(s, t)$ 的值仅依赖于时间指标差 $t-s$，

则称随机过程 $\{X_t, t\in T\}$ 是一个宽平稳过程。

从定义 5.1.2 可以看出：宽平稳过程仅通过数字特征来定义，因而较严平稳过程而言容易验证。宽平稳过程有广泛应用。例如，在通信系统中，信号和噪声通常是带有随机性的，而且这些具有随机性的信号和噪声均可以看作宽平稳过程。下面给出一些宽平稳过程的例子。

例 5.1.3（随机初相信号） 设 $X_t=A\cos(\omega t+\Phi)$，其中 A 和 ω 是常数，而 Φ 是服从 $[0, 2\pi]$ 上均匀分布的随机变量，称随机过程 $\{X_t, t\geqslant 0\}$ 为随机初相信号。

注意：对任意的时间指标 $s, t\geqslant 0$，X_t 的均值函数为

$$m_X(t)=E(X_t)=\int_0^{2\pi}A\cos(\omega t+\varphi)\frac{1}{2\pi}\mathrm{d}\varphi=0$$

X_t 的相关函数为

$$R_X(s, t)=E(X_s X_t)=\int_0^{2\pi}A^2\cos(\omega s+\varphi)\cos(\omega t+\varphi)\mathrm{d}\varphi$$
$$=\frac{A^2}{4\pi}\int_0^{2\pi}\{\cos[\omega(t-s)]+\cos[\omega(s+t)+2\varphi]\}\mathrm{d}\varphi$$
$$=\frac{A^2}{2}\cos\omega(t-s)$$

因此随机初相信号是一个宽平稳过程。

例 5.1.4(随机电报信号) 设 $\{N_t, t \geqslant 0\}$ 是一个参数为 $\lambda > 0$ 的泊松过程。定义随机过程为

$$X_t = \xi(-1)^{N_t} \quad (t \geqslant 0)$$

其中仅取 $\{-1, 1\}$ 值的离散型随机变量 ξ 与泊松过程 N 相互独立，并且 ξ 的概率分布为

$$P(\xi = -1) = P(\xi = 1) = 0.5$$

在电报信号传输中，随机变量 ξ 用来描述信号的两种表示，而对任意的时间指标 $t \geqslant 0$，随机变量 N_t 用来描述时间段 $[0, t]$ 内信号的两种表示的变化次数。因此，随机过程 $\{X_t, t \geqslant 0\}$ 刻画了随机电报信号的传输特性，我们称之为随机电报信号过程。

注意：对任意的时间指标 $s, t \geqslant 0$，有

$$m_X(t) = E[\xi(-1)^{N_t}] = E(\xi)E[(-1)^{N_t}] = 0$$

$$
\begin{aligned}
R_X(s, t) &= E[\xi(-1)^{N_s} \xi(-1)^{N_t}] \\
&= E(\xi^2)E[(-1)^{N_s + N_t}] \\
&= E[(-1)^{|N_t - N_s|}] \\
&= E[(-1)^{N|t-s|}] \\
&= e^{-2\lambda|t-s|}
\end{aligned}
$$

因此，随机电报信号过程也是一个宽平稳过程。

例 5.1.5(宽白噪声) 设 $\{\xi_n, n \in \mathbf{N}\}$ 是一列取实(或复)值的互不相关的随机变量序列，且对任意的 $n \in \mathbf{N}$，有

$$E(\xi_n) = 0, \quad D(\xi_n) = \sigma^2 > 0$$

称离散时间随机过程 $\{\xi_n, n \in \mathbf{N}\}$ 为宽白噪声过程。

注意：对任意的 $m, n \in \mathbf{N}$，有

$$R_X(m, n) = E(\overline{\xi_m} \xi_n) = \begin{cases} \sigma^2 & (m = n) \\ 0 & (m \neq n) \end{cases}$$

因此宽白噪声过程是一个宽平稳过程。

在工程领域中，白噪声过程也常被称为纯随机序列。宽白噪声过程根据其随机变量 $\{\xi_n, n \in \mathbf{N}\}$ 的概率分布，可分为宽高斯白噪声、宽瑞利白噪声等，根据其功率谱特性可分成白噪声和有色噪声。有色噪声按照其功率谱所分布的频带的宽窄，还可分为宽带噪声和窄带噪声。

例 5.1.6(随机简谐振动的有限叠加) 设 $\{A_n, n \in \mathbf{N}\}$ 和 $\{B_n, n \in \mathbf{N}\}$ 为两个取实值的随机变量序列，且满足：对任意的 $m, n \in \mathbf{N}$，有

$$E(A_n) = E(B_n) = 0$$

$$E(A_n B_n) = 0$$

$$E(A_n A_m) = E(B_n B_m) = \sigma_n^2 \delta_{nm}$$

其中，$\sigma_n^2 > 0 (n \in \mathbf{N})$，$\delta_{mn} = 1 (m = n)$ 或 $\sigma_{mn} = 0 (m \neq n)$。

设 $\omega_n > 0 (n \in \mathbf{N})$，定义随机过程

$$X_t = \sum_{k=1}^{n} [A_k \cos(\omega_k t) + B_k \sin(\omega_k t)] \quad t \in (-\infty, \infty)$$

称随机过程 $\{X_t, t \in (-\infty, +\infty)\}$ 为具有互不相关的随机振幅的简谐振动的叠加。

注意：对任意的时间指标 $s, t \in (-\infty, +\infty)$，有

$$m_X(t) = E(X_t) = E\Big[\sum_{k=1}^{n}(A_k\cos\omega_k t + B_k\sin\omega_k t)\Big] = 0$$

$$R_X(s, t) = E(X_s X_t)$$

$$= E\Big\{\sum_{l=1}^{n}\sum_{k=1}^{n}[A_l\cos(\omega_l s) + B_l\sin(\omega_l s)][A_k\cos(\omega_k t) + B_k\sin(\omega_k t)]\Big\}$$

$$= \sum_{l=1}^{n}\sum_{k=1}^{n}E[A_l\cos(\omega_l s) + B_l\sin(\omega_l s)][A_k\cos(\omega_k t) + B_k\sin(\omega_k t)]$$

$$= \sum_{k=1}^{n}\sigma_k^2\cos\omega_k(t-s)$$

因此，X_t 是宽平稳过程。

例 5.1.7（随机简谐振动的无限叠加）　设 $\{Z_n, n \in \mathbf{N}\}$ 为取复值的随机变量序列，且满足：对任意的 $m, n \in \mathbf{N}$，有

$$E(Z_n) = 0, \quad E(\overline{Z_n}Z_m) = \sigma_n^2\sigma_{nm}$$

且有

$$\sum_{n=0}^{+\infty}\sigma_n^2 < \infty$$

又 $\{\omega_n, n \in \mathbf{N}\}$ 为任意的实数序列，其中 $\omega_n > 0$。定义随机过程

$$X_t = \sum_{n=0}^{+\infty}Z_n \mathrm{e}^{\mathrm{i}\omega_n t} \quad t \in (-\infty, +\infty)$$

称随机过程 $\{X_t, t \geqslant 0\}$ 为具有互不相关随机振幅的简谐振动的无限叠加。

注意：对所有的时间指标 $0 \leqslant s < t < +\infty$，有

$$m_X(t) = E(X_t) = E\Big[\sum_{n=0}^{\infty}Z_n \mathrm{e}^{\mathrm{i}\omega_n t}\Big] = 0$$

$$R_X(s, t) = E(\overline{X_s}X_t)$$

$$= E\Big(\overline{\sum_{n=0}^{\infty}Z_n \mathrm{e}^{\mathrm{i}\omega_n s}}\sum_{l=0}^{\infty}Z_n \mathrm{e}^{\mathrm{i}\omega_l t}\Big)$$

$$= \sum_{n=0}^{\infty}\sum_{l=0}^{\infty}E(\overline{Z_n}Z_l)\mathrm{e}^{-\mathrm{i}\omega_n s}\mathrm{e}^{\mathrm{i}\omega_l t}$$

$$= \sum_{n=0}^{\infty}\sigma_n^2 \mathrm{e}^{\mathrm{i}\omega_n(t-s)} < \infty$$

因此，X_t 也是一个宽平稳过程。

从例 5.1.6 和例 5.1.7 可以看到：平稳过程及其相关函数在一定的条件下均可以表示为具有相同频率分量（ω_n）的简谐振动之和（有限或无限），这显示了平稳过程及其相关函数的频域结构。在 5.5 节将应用傅里叶变换进一步介绍平稳过程的频域结构和特性。

从定义 5.1.2 和定义 5.1.1 可以知道：严平稳过程不一定是宽平稳过程，但是，例 5.1.2 表明，如果严平稳过程的二阶矩存在，则它一定是宽平稳过程。反过来，宽平稳过程也不一定是严平稳过程，但是如果一个宽平稳过程是正态过程，则它一定也是一个严平稳

过程。为此，例 5.1.8 明确给出了宽平稳的正态过程和严平稳过程的关系。

例 5.1.8 设随机过程$\{X_t, t \in T\}$是一个宽平稳过程，如果 X_t 还是一个正态（高斯）过程，则 X_t 一定是一个严平稳过程。

证明 事实上，正态过程是一个二阶矩过程。正态过程（有限维分布函数、特征函数）完全由它的均值函数和相关函数所刻画（见例 2.4.6）。又由于正态过程 X_t 是宽平稳过程，因此其特征函数满足：对任意的 $u_1, \cdots, u_n \in \mathbf{R}(n \in \mathbf{N})$ 和不同的时间指标 $t_1, t_2, \cdots, t_n \in T$，其 n 维特征函数

$$
\begin{aligned}
\varphi_{t_1, \cdots, t_n}(u_1, \cdots, u_n) &= \exp\left[i\sum_{k=1}^n u_k m_X(t_k) - \frac{1}{2}\sum_{k,l=1}^n u_k u_l C_X(t_k, t_l)\right] \\
&= \exp\left[i\sum_{k=1}^n u_k m_X(t_k) - \frac{1}{2}\sum_{k,l=1}^n u_k u_l C_X(t_l - t_k)\right] \\
&= \exp\left\{i\sum_{k=1}^n u_k m_X(t_k + \tau) - \frac{1}{2}\sum_{k,l=1}^n u_k u_l C_X[t_l + \tau - (t_k + \tau)]\right\} \\
&= \exp\left[i\sum_{k=1}^n u_k m_X(t_k + \tau) - \frac{1}{2}\sum_{k,l=1}^n u_k u_l C_X(t_k + \tau, t_l + \tau)\right] \\
&= \varphi_{t_1+\tau, \cdots, t_n+\tau}(u_1, \cdots, u_n)
\end{aligned}
$$

其中，τ 是使 $t_i + \tau \in T (i = 1, \cdots, n)$ 的任意一个时间指标。由于随机过程的 n 维特征函数与其 n 维分布函数一一对应，因此宽平稳过程的正态过程 X_t 的有限维分布函数随着时间的推移而不发生改变，故它是一个严平稳过程。

如果正态过程还是宽平稳过程，那么也称之为平稳正态过程。在信号检测中，通常假设噪声就是平稳的正态过程。一般用定义验证一个严平稳过程较为困难，例 5.1.8 提供了一种验证严平稳过程的方法。由于宽平稳过程应用广泛，因此本章只讨论宽平稳过程，同时为了方便，以后我们统称宽平稳过程为平稳过程。

5.2 平稳过程的相关函数

均值函数和相关函数在一定程度上描述了随机过程的统计特性。由于平稳过程的均值函数是常数，因此其统计特性可通过相关函数来刻画。本节首先介绍平稳过程相关函数的基本性质，然后通过相关函数进一步介绍平稳过程的一些性态。

定理 5.2.1 设$\{X_t, t \in T\}$为平稳过程，则$\{X_t, t \in T\}$的相关函数 $R_X(\tau)$ 具有性质：

（1）相关函数在 $\tau = 0$ 时为非负值，即

$$R_X(0) = E(|X_t|^2) \geqslant 0 \quad (t \in T)$$

（2）相关函数在 $\tau = 0$ 时有最大值，即对任意的实数 τ，有

$$|R_X(\tau)| \leqslant R_X(0)$$

（3）相关函数具有共轭对称性，即对任意的实数 τ，有

$$\overline{R_X(\tau)} = R_X(-\tau)$$

（4）相关函数具有非负定性，即对任意的 $n \in \mathbf{N}$ 及 $t_1, t_2, \cdots, t_n \in T$ 和任意复数 $\alpha_1, \alpha_2, \cdots, \alpha_n$，有

$$\sum_{k=1}^{n}\sum_{l=1}^{n}\overline{\alpha_k}\alpha_l R_X(t_k-t_l)\geqslant 0$$

证明 （1）利用相关函数的定义，对任意的 $t\in T$，有

$$R_X(0)=R_X(t,t)=E(\overline{X_t}X_t)$$
$$=E(|X_t|^2)\geqslant 0$$

（2）对任意的 $t\in T$ 以及实数 τ，由相关函数的定义以及柯西-施瓦兹不等式，有

$$|R_X(\tau)|=|E(\overline{X_t}X_{t+\tau})|$$
$$\leqslant (E|\overline{X_t}|^2)^{\frac{1}{2}}(E|X_{t+\tau}|^2)^{\frac{1}{2}}$$
$$=R_X(0)$$

（3）对任意实数 τ，根据共轭运算的性质，有

$$\overline{R_X(\tau)}=\overline{E(\overline{X_t}X_{t+\tau})}=E(\overline{X_{t+\tau}}X_t)=R_x(-\tau)$$

特别地，如果 X_t 是一个实平稳过程，上式为 $R_X(\tau)=R_X(-\tau)$，说明实平稳过程的相关函数为偶函数。同理易知，此时 $\{X_t,t\in T\}$ 的协方差函数 $C_X(\tau)$ 也是偶函数。

（4）对任意自然数 n 及 $t_1,t_2,\cdots,t_n\in T$ 和任意复数 $\alpha_1,\alpha_2,\cdots,\alpha_n$，有

$$\sum_{k=1}^{n}\sum_{l=1}^{n}\overline{\alpha_k}\alpha_l R_X(t_k-t_l)=\sum_{k=1}^{n}\sum_{l=1}^{n}\overline{\alpha_k}\alpha_l E(\overline{X_{t_k}}X_{t_l})$$
$$=E\left[\sum_{k=1}^{n}\sum_{l=1}^{n}(\overline{\alpha_k X_{t_k}})(\alpha_l X_{t_l})\right]$$
$$=E\left[\sum_{k=1}^{n}\overline{\alpha_k X_{t_k}}\sum_{l=1}^{n}\alpha_l X_{t_l}\right]$$
$$=E\left|\sum_{k=1}^{n}\alpha_k X_{t_k}\right|^2\geqslant 0$$

有时候还会遇到周期性的平稳过程 $\{X_t,t\in T\}$，即存在正数 T_0，对任意的 $t\in T$，有 $X_{t+T_0}=X_t$。此时对 $\{X_t,t\in T\}$ 的相关函数 $R_X(\tau)$，有

$$R_X(\tau+T_0)=E(\overline{X_t}X_{t+\tau+T_0})=E(\overline{X_t}X_{t+\tau})=R_X(\tau)$$

可见，周期平稳过程的相关函数也是周期函数且周期也是 T_0。

相关函数 $R_X(\tau)$ 的值刻画了平稳过程 $\{X_t,t\in T\}$ 中，时间间隔为 τ 的两个随机变量 X_t 与 $X_{t+\tau}$ 线性相关程度的大小，因此利用相关函数可以研究平稳过程的相关、正交等统计特性。

需要说明的是，在工程实际中，对于无任何周期的实平稳过程 $\{X_t,t\in T\}$，通常认为随着 $|\tau|$ 的增大，随机变量 X_t 与 $X_{t+\tau}$ 的相关程度在逐渐减小，而当 $\tau\rightarrow\infty$ 时，可以认为 X_t 与 $X_{t+\tau}$ 趋于独立，因此有

$$\lim_{\tau\rightarrow\infty}R_X(\tau)=\lim_{\tau\rightarrow\infty}E(X_t X_{t+\tau})$$
$$=\lim_{\tau\rightarrow\infty}[E(X_t)(X_{t+\tau})]$$
$$=m_X^2\geqslant 0$$

相关函数是时域内研究平稳过程的重要函数。利用平稳过程的相关函数，可以了解平

稳过程的性态。图 5.2.1 是几个平稳过程相关函数的图形。其中，图(a)显示了不含任何周期的实平稳过程的相关函数图形；图(b)有直流分量，无周期性，且过程随时间的推移其相关程度缓慢减弱；图(c)无直流分量，有周期性，过程随时间的推移其相关性呈周期变化；图(d)无直流分量，无周期性，过程的相关性正负交替变化。

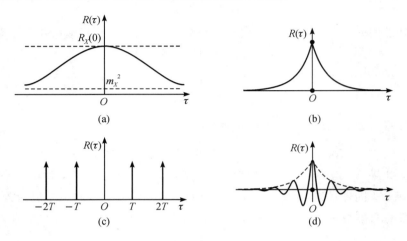

图 5.2.1　相关函数

而在应用中，为了消除平稳过程自身对相关函数的影响，通常要将平稳过程的相关函数标准化，即令

$$r_X(\tau) = \frac{R_X(\tau) - m_X^2}{C_X(0)} \tag{5.2.1}$$

称 $r_X(\tau)$ 为平稳过程 $\{X_t, t \in T\}$ 的相关系数。

与相关函数一样，相关系数 $r_X(\tau)$ 的值同样刻画了平稳过程 $\{X_t, t \in T\}$ 中，时间间隔为 τ 的两个随机变量 X_t 与 $X_{t+\tau}$ 线性相关程度的大小。由相关函数的性质易知，$|r_X(\tau)| \leqslant r_X(0) = 1$，且如果有 $\lim\limits_{\tau \to \infty} R_X(\tau) = m_X^2$，即有

$$\lim_{\tau \to \infty} r_X(\tau) = 0$$

因此，取足够大的正数 τ_0，当 $|\tau| > \tau_0$ 时，$|r_X(\tau)|$ 可以很小（工程应用中一般小于 0.05 即可），这时可以认为随机变量 X_t 与 $X_{t+\tau}$ 不相关，此时称时间间隔 τ_0 为平稳过程 $\{X_t, t \in T\}$ 的相关时间。

通过相关时间 τ_0 的大小，可以了解平稳过程 $\{X_t, t \in T\}$ 随时间的变化性态。一般地，相关时间越小，平稳过程随时间变化的程度越剧烈；相关时间越大，平稳过程随时间变化的程度越缓慢。

在实际应用中，需要确定相关时间，通常有两种方法可以计算平稳过程的相关时间：一种方法是取满足 $|r_X(\tau_0)| \leqslant 0.05$ 的 τ_0 作为相关时间；另一种则是根据相关时间的含义，如图 5.2.2 所示，以矩形的面积等于阴影部分面积来确定相关时间，其中矩形的高取 $r_X(0) = 1$，底长取 τ_0，由此可以得到相关时间的计算公式

$$\tau_0 = \int_0^{+\infty} r_X(\tau) \mathrm{d}\tau \tag{5.2.2}$$

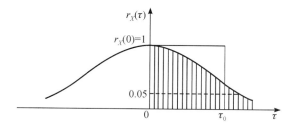

图 5.2.2　相关系数

例 5.2.1　设实平稳随机信号 $\{X_t, t \in T\}$ 受到加性独立随机分量 $\cos(\omega t + \Theta)$ 的干扰后成为随机信号 $Y = \{Y_t, t \in T\}$，其中 ω 为常数，Θ 为 $[0, 2\pi]$ 上均匀分布的随机变量。试分析平稳随机信号受干扰后是否还具有平稳性，并分析信号在干扰前后的相关函数的关系。

解　由题意知，信号 $\{X_t, t \in T\}$ 受干扰后成为以下随机信号

$$Y_t = X_t + \cos(\omega t + \Theta)$$

则对任意的 $t \in T$，有

$$
\begin{aligned}
E(Y_t) &= E[X_t + \cos(\omega t + \Theta)] \\
&= E(X_t) + \frac{1}{2\pi} \int_0^{2\pi} \cos(\omega t + \theta) \mathrm{d}\theta \\
&= E(X_t)
\end{aligned}
$$

又对任意的实数 τ 以及 $t + \tau \in T$，受干扰后的信号 Y 的相关函数为

$$
\begin{aligned}
R_Y(t, t+\tau) &= E(Y_t Y_{t+\tau}) \\
&= E\{[X_t + \cos(\omega t + \Theta)][X_{t+\tau} + \cos(\omega t + \omega \tau + \Theta)]\} \\
&= E(X_t X_{t+\tau}) + \frac{1}{2} E[\cos \omega \tau + \cos(2\omega t + \omega \tau + 2\Theta)] \\
&= R_X(\tau) + \frac{1}{2} \cos \omega \tau
\end{aligned}
$$

可见，平稳随机信号 $\{X_t, t \in T\}$ 受到加性独立随机余弦分量的干扰后还是平稳的，且相关函数相差 $\frac{1}{2} \cos \omega \tau$。

例 5.2.2　设平稳过程 $\{X_t, t \in T\}$ 和 $\{Y_t, t \in T\}$ 分别有协方差函数

$$C_X(\tau) = \frac{1}{4} \mathrm{e}^{-2\lambda|\tau|}, \quad C_Y(\tau) = \frac{\sin \lambda \pi}{\lambda \pi}$$

（1）试计算平稳过程 $\{X_t, t \in T\}$ 和 $\{Y_t, t \in T\}$ 的相关时间 τ_0^X 和 τ_0^Y，并比较 $\{X_t, t \in T\}$ 和 $\{Y_t, t \in T\}$ 随时间的变化情况。

（2）当时间间隔 $\tau = \frac{\pi}{\lambda}$ 时，分析平稳过程 $\{X_t, t \in T\}$ 和 $\{Y_t, t \in T\}$ 各自的相关性。

（3）当时间间隔 $\tau = 0$ 和 $\tau = \frac{\pi}{\lambda}$ 时，比较平稳过程 $\{Y_t, t \in T\}$ 的相关程度。

解　（1）利用式（5.2.1），可计算 $\{X_t, t \in T\}$ 的相关系数为

$$r_X(\tau) = \frac{C_X(\tau)}{C_X(0)} = \mathrm{e}^{-2\lambda|\tau|}$$

应用公式(5.2.2)可计算$\{X_t, t \in T\}$的相关时间为

$$\tau_0^X = \int_0^{+\infty} e^{-2\lambda |\tau|} d\tau = \frac{1}{2\lambda}$$

同理计算$\{Y_t, t \in T\}$的相关系数为

$$r_Y(\tau) = \frac{C_Y(\tau)}{C_Y(0)} = \frac{\sin\lambda\tau}{\lambda\tau}$$

$\{Y_t, t \in T\}$的相关时间为

$$\tau_0^Y = \int_0^{+\infty} \frac{\sin\lambda\tau}{\lambda\tau} d\tau = \frac{\pi}{2\lambda}$$

因此有$\tau_0^X < \tau_0^Y$，说明平稳过程$\{X_t, t \in T\}$随时间变化的变化程度要比平稳过程$\{Y_t, t \in T\}$随时间变化的变化程度剧烈。

（2）当$\tau = \frac{\pi}{\lambda}$时，分别计算得

$$r_X\left(\frac{\pi}{\lambda}\right) = e^{-2\lambda}, \quad r_Y\left(\frac{\pi}{\lambda}\right) = 0$$

说明时间间隔为$\tau = \frac{\pi}{\lambda}$时，平稳过程$\{X_t, t \in T\}$是相关的，而平稳过程$\{Y_t, t \in T\}$已不相关。

（3）容易计算

$$r_Y(0) = 1, \quad r_Y\left(\frac{\pi}{\lambda}\right) = 0$$

因此，当时间间隔$\tau = 0$时，平稳过程$\{Y_t, t \in T\}$完全相关；当时间间隔$\tau = \frac{\pi}{\lambda}$时，$\{Y_t, t \in T\}$已不相关。

在第2章曾给出随机过程的均方连续准则（见定理2.5.2），该准则用在平稳过程上有更简单的形式。

定理5.2.2 平稳过程$\{X_t, t \in T\}$均方连续的充要条件是$\{X_t, t \in T\}$的相关函数$R_X(\tau)$在$\tau = 0$处连续。

证明 充分性：对任意的$t, t_0 \in T$，有

$$E|X_t - X_{t_0}|^2 = E[(\overline{X_t - X_{t_0}})(X_t - X_{t_0})]$$
$$= 2R_X(0) - R_X(t - t_0) - R_X(t_0 - t)$$

由于$R_X(\tau)$在$\tau = 0$处连续，令$t \to t_0$，由上式可得

$$\lim_{t \to t_0} E|X_t - X_{t_0}|^2 = \lim_{t \to t_0}[2R_X(0) - R_X(t - t_0) - R_X(t_0 - t)] = 0$$

由定义2.5.2以及t_0的任意性知，平稳过程$\{X_t, t \in T\}$在T上均方连续。

必要性：对任意的实数τ，有

$$0 \leqslant |R_X(\tau) - R_X(0)| = |E[\overline{X_t}(X_{t+\tau} - X_t)]|$$
$$\leqslant (E|X_t|^2)^{\frac{1}{2}} \cdot (E|X_{t+\tau} - X_t|^2)^{\frac{1}{2}}$$
$$= [R_X(0)]^{\frac{1}{2}} \cdot (E|X_{t+\tau} - X_t|^2)^{\frac{1}{2}}$$

令$\tau \to 0$，则由平稳过程$\{X_t, t \in T\}$在T上的均方连续性知，上式等号右端趋于0，即

表明 $\{X_t, t \in T\}$ 的相关函数 $R_X(\tau)$ 在 $\tau = 0$ 处连续。

平稳过程的相关函数还有一个特别的性质，即 $R_X(\tau)$ 的连续性可以由 $R_X(\tau)$ 在 $\tau = 0$ 处的连续性确定，我们用例 5.2.3 给出证明。

例 5.2.3 设平稳过程 $\{X_t, t \in T\}$ 的相关函数为 $R_X(\tau)$，则 $R_X(\tau)$ 在任意一点 $\tau \in \mathbf{R}$ 处连续的充要条件是 $R_X(\tau)$ 在 $\tau = 0$ 处连续。

证明 必要性显然，仅证充分性。

对任意确定的实数 τ_0，利用柯西-施瓦兹不等式，有

$$
\begin{aligned}
0 \leqslant |R_X(\tau) - R_X(\tau_0)|^2 &= |E[\overline{X_t}(X_{t+\tau} - X_{t+\tau_0})]|^2 \\
&\leqslant E(|X_t|^2) E(|X_{t+\tau} - X_{t+\tau_0}|^2) \\
&= R_X(0) E[\overline{(X_{t+\tau} - X_{t+\tau_0})}(X_{t+\tau} - X_{t+\tau_0})] \\
&= R_X(0)[2R_X(0) - R_X(\tau - \tau_0) - R_X(\tau_0 - \tau)]
\end{aligned}
$$

令 $\tau \to \tau_0$，由 $R_X(\tau)$ 在 $\tau = 0$ 处的连续性，有

$$[2R_X(0) - R_X(\tau - \tau_0) - R_X(\tau_0 - \tau)] \to 0 \,(\tau \to \tau_0)$$

即有

$$\lim_{\tau \to \tau_0} R_X(\tau) = R_X(\tau_0)$$

所以相关函数 $R_X(\tau)$ 在任意的 τ_0 处连续，由此可知充分性成立。

最后介绍表征两个平稳过程相关程度的数字特征、互相关函数及其性质。

定义 5.2.1 设 $\{X_t, t \in T\}$ 和 $\{Y_t, t \in T\}$ 为平稳过程，对任意的 $s, t \in T$，称

$$R_{XY}(s, t) = E(\overline{X_s} Y_t)$$

为平稳过程 $\{X_t, t \in T\}$ 和 $\{Y_t, t \in T\}$ 的**互相关函数**。

如果对任意的实数 $\tau, t + \tau \in T$，还成立

$$R_{XY}(t, t+\tau) = E(\overline{X_t} Y_{t+\tau}) = R_{XY}(\tau)$$

则称平稳过程 $\{X_t, t \in T\}$ 和 $\{Y_t, t \in T\}$ 为**联合平稳**的。

若对任意的实数 τ，都有 $R_{XY}(\tau) = 0$，则称过程 $\{X_t, t \in T\}$ 与 $\{Y_t, t \in T\}$ 正交。

类似于相关系数，联合平稳过程 $\{X_t, t \in T\}$ 和 $\{Y_t, t \in T\}$ 的互相关系数定义为

$$r_{XY}(\tau) = \frac{R_{XY}(\tau) - m_X m_Y}{[C_X(0)]^{\frac{1}{2}}[C_Y(0)]^{\frac{1}{2}}}$$

若对任意的实数 τ，都有 $r_{XY}(\tau) = 0$，则称过程 $\{X_t, t \in T\}$ 与 $\{Y_t, t \in T\}$ 不相关。

例 5.2.4 设平稳过程 $\{X_t, t \in T\}$ 和 $\{Y_t, t \in T\}$ 是联合平稳的，验证 $\{X_t, t \in T\}$ 和 $\{Y_t, t \in T\}$ 的互相关函数 $R_{XY}(\tau)$ 的性质：

(1) $R_{XY}(\tau) = \overline{R_{YX}(-\tau)}$；

(2) $|R_{XY}(\tau)|^2 \leqslant R_X(0) R_Y(0)$，$|R_{YX}(\tau)|^2 \leqslant R_X(0) R_Y(0)$；

(3) 对任意复常数 α, β，令

$$Z_t = \alpha X_t + \beta Y_t \quad (t \in T)$$

则随机过程 $\{Z_t, t \in T\}$ 是平稳过程。

证明 利用互相关函数的定义以及柯西-施瓦兹不等式，易证性质(1)和性质(2)成立。

(3) 对任意的 $t, t + \tau \in T$，有

$$m_Z(t) = E(Z_t) = E(\alpha X_t + \beta Y_t) = \alpha m_X + \beta m_Y$$

进一步，由 $\{X_t, t \in T\}$ 和 $\{Y_t, t \in T\}$ 的联合平稳性，得

$$\begin{aligned}
R_Z(t, t+\tau) &= E\left[\overline{(\alpha X_t + \beta Y_t)}(\alpha X_t + \beta Y)\right] \\
&= E\left[|\alpha|^2 \overline{X_t}X_{t+\tau} + \bar{\alpha}\beta \overline{X_t}Y_{t+\tau} + \alpha\bar{\beta}\overline{Y_t}X_{t+\tau} + |\beta|^2 \overline{Y_t}Y_{t+\tau}\right] \\
&= |\alpha|^2 R_X(\tau) + \bar{\alpha}\beta R_{XY}(\tau) + \alpha\bar{\beta}R_{YX}(\tau) + |\beta|^2 R_Y(\tau)
\end{aligned}$$

因此，$\{Z_t, t \in T\}$ 是平稳过程。

例 5.2.5 设 $\{X_t, t \in T\}$ 和 $\{Y_t, t \in T\}$ 均为平稳过程，且

$$X_t = \cos(\omega t + \Phi), \quad Y_t = \sin(\omega t + \Phi)$$

其中 ω 为常数，Φ 为服从 $[0, 2\pi]$ 上均匀分布的随机变量。试分析 $\{X_t, t \in T\}$ 和 $\{Y_t, t \in T\}$ 的联合平稳性以及相关性。

解 对任意的 $t, t+\tau \in T$，由互相关函数的定义，有

$$\begin{aligned}
R_{XY}(t, t+\tau) &= E(\overline{X_t}Y_{t+\tau}) = E\{\cos(\omega t + \Phi)\sin[\omega(t+\tau)+\Phi]\} \\
&= \frac{1}{2\pi}\int_0^{2\pi}\{\cos(\omega t + \varphi)\sin[\omega(t+\tau)+\varphi]\}\,\mathrm{d}\varphi \\
&= \frac{1}{2\pi}\int_0^{2\pi}\{\sin[\omega(2t+\tau)+2\varphi] + \sin\omega\tau\}\,\mathrm{d}\varphi \\
&= \frac{1}{2}\sin\omega\tau
\end{aligned}$$

因此平稳过程 $\{X_t, t \in T\}$ 和 $\{Y_t, t \in T\}$ 是联合平稳的。

又因为有

$$\begin{cases}
m_X = E[\cos(\omega t + \Phi)] = \dfrac{1}{2\pi}\displaystyle\int_0^{2\pi}\cos(\omega t + \varphi)\,\mathrm{d}\varphi = 0 \\
m_Y = E[\sin(\omega t + \Phi)] = \dfrac{1}{2\pi}\displaystyle\int_0^{2\pi}\sin(\omega t + \varphi)\,\mathrm{d}\varphi = 0
\end{cases}$$

即有

$$C_{XY}(\tau) = R_{XY}(\tau) = \frac{1}{2}\sin\omega\tau$$

因此，过程 $\{X_t, t \in T\}$ 和 $\{Y_t, t \in T\}$ 是相关的。只有在个别时刻点上，过程才是不相关的，也只有在个别点处过程才是正交的。

5.3 平稳过程的各态历经性

如果要利用样本信息估计一个平稳过程的数字特征，如均值函数、相关函数等，则根据大数定理知，需要观察或测量平稳过程的很多个样本函数，但在实际问题中，要得到很多样本函数往往很难实现。随机过程 $X(\omega, t)$ 具有二重性，它既是 ω 的函数，也是时间指标 t 的函数，那么能否仅用一个较长时间内观察到的样本函数的信息去估计平稳过程的数字特征呢？这就是平稳过程的各态历经性问题，本节将讨论这个问题。

5.3.1　各态历经性的概念

我们知道，如果已知随机过程 $\{X_t,\, t\in(-\infty,\, +\infty)\}$ 的一维分布函数 $F_t(x)$ 和二维分布函数 $F_{t_1,\, t_2}(x_1,\, x_2)$，则可计算其均值函数 $m_X(t)$ 和相关函数 $R_X(t_1,\, t_2)$ 为

$$m_X(t)=\int_{-\infty}^{+\infty} x(t)\,\mathrm{d}F_t(x)$$

$$R_X(t_1,\, t_2)=\int_{-\infty}^{+\infty}\int_{-\infty}^{+\infty} x_1 x_2\,\mathrm{d}F_{t_1,\, t_2}(x_1,\, x_2)$$

如果可以测得随机过程 $\{X_t,\, t\in(-\infty,\, +\infty)\}$ 的 n 个样本函数 $x_k(t)$ $(k=1,\, 2,\, \cdots,\, n)$，则由大数定律知，还可以用样本函数去估计 $\{X_t,\, t\in(-\infty,\, +\infty)\}$ 的均值函数和相关函数，即对固定的 $t\in(-\infty,\, +\infty)$ 和实数 τ，有

$$m_X(t)=E(X_t)\approx\frac{1}{n}\sum_{k=1}^{n} x_k(t)$$

$$R_X(t,\, t+\tau)=E(\overline{X_t}X_{t+\tau})\approx\frac{1}{n}\sum_{k=1}^{n}\overline{x_k(t)}x_k(t+\tau)$$

但是在实际应用中，随机过程的有限维分布函数一般不好确定，而要测得很多个样本函数通常也很困难。考虑到平稳过程的均值函数与时间指标 t 没关系，而相关函数仅是时间指标差的函数，因此对平稳过程来说，是否可以只用一个样本函数的信息来估计其均值函数和相关函数呢？为了讨论这个问题，需要介绍平稳过程在时间意义下的均值和相关函数。

定义 5.3.1　设 $\{X_t,\, t\in(-\infty,\, +\infty)\}$ 是平稳过程，如果均方极限

$$\langle X_t\rangle\overset{\text{def}}{=}\operatorname*{l.i.m.}_{T\to\infty}\frac{1}{2T}\int_{-T}^{T} X_t\,\mathrm{d}t$$

存在，则称 $\langle X_t\rangle$ 为平稳过程 X_t 在 $(-\infty,\, +\infty)$ 上的时间平均。

如果对任意固定的实数 τ，均方极限

$$\langle\overline{X_t}X_{t+\tau}\rangle\overset{\text{def}}{=}\operatorname*{l.i.m.}_{T\to\infty}\frac{1}{2T}\int_{-T}^{T}\overline{X_t}X_{t+\tau}\,\mathrm{d}t$$

存在，则称 $\langle\overline{X_t}X_{t+\tau}\rangle$ 为平稳过程 X_t 在 $(-\infty,\, +\infty)$ 上的时间相关函数。

由定义 5.3.1 可以知道，平稳过程的时间平均是随机变量，平稳过程的时间相关函数是参数为 τ 的随机过程，而不是普通函数。

定义 5.3.2　设 $\{X_t,\, t\in(-\infty,\, +\infty)\}$ 是平稳过程，如果以概率 1，有

$$\langle X_t\rangle=m_X$$

则称平稳过程 $\{X_t,\, t\in(-\infty,\, +\infty)\}$ 的均值函数具有各态历经性。

如果对任意的实数 τ，以概率 1，有

$$\langle\overline{X_t}X_{t+\tau}\rangle=R_X(\tau)$$

则称平稳过程 $\{X_t,\, t\in(-\infty,\, +\infty)\}$ 的相关函数具有各态历经性。

如果平稳过程 $\{X_t,\, t\in(-\infty,\, +\infty)\}$ 的均值函数和相关函数都具有各态历经性，则称平稳过程 $\{X_t,\, t\in(-\infty,\, +\infty)\}$ 具有各态历经性。

例 5.3.1　设 $X_t=a\cos(\omega t+\Phi)$，$t\in(-\infty,\, +\infty)$，其中 $a,\, \omega$ 是实常数，随机变量 $\Phi\sim U[0,\, 2\pi]$。讨论随机过程 $\{X_t,\, t\in(-\infty,\, +\infty)\}$ 是否具有各态历经性。

解　随机过程 X_t 是平稳过程。事实上，对任意的 $t,\, \tau\in(-\infty,\, +\infty)$，有

$$m_X(t) = E(X_t) = \int_0^{2\pi} a\cos(\omega t + \varphi) \cdot \frac{1}{2\pi} \mathrm{d}\varphi = 0$$

$$R_X(t, t+\tau) = E(\overline{X_t} X_{t+\tau})$$

$$= \int_0^{2\pi} a^2 \cos(\omega t + \varphi)\cos(\omega t + \omega\tau + \varphi) \cdot \frac{1}{2\pi} \mathrm{d}\varphi$$

$$= \frac{1}{2} a^2 \cos\omega\tau$$

再由定义 5.3.1，计算 X_t 的时间均值为

$$\langle X_t \rangle \overset{\text{def}}{=} \underset{T\to\infty}{\text{l.i.m.}} \frac{1}{2T} \int_{-T}^{T} a\cos(\omega t + \Phi)\mathrm{d}t = \lim_{T\to\infty} \frac{a\cos\Phi\sin\omega T}{\omega T} = 0$$

注意：上面最后一个等号是因为

$$\lim_{T\to\infty} E \left| \frac{a\cos\Phi\sin\omega T}{\omega T} - 0 \right|^2 = 0$$

同理，由定义 5.3.1，计算 X_t 的时间相关函数为

$$\langle \overline{X_t} X_{t+\tau} \rangle \overset{\text{def}}{=} \underset{T\to\infty}{\text{l.i.m.}} \frac{1}{2T} \int_{-T}^{T} a^2 \cos(\omega t + \Phi)\cos(\omega t + \omega\tau + \Phi)\mathrm{d}t$$

$$= \underset{T\to\infty}{\text{l.i.m.}} \left[\frac{a^2}{4\omega T} \sin(2\omega T)\cos(\omega\tau + 2\Phi) + \frac{1}{2} a^2 \cos\omega\tau \right]$$

$$= \frac{1}{2} a^2 \cos\omega\tau$$

由定义 5.3.2 知，平稳过程 X_t 具有各态历经性。

例 5.3.2　设随机变量 $Y \sim N(\mu, \sigma^2)$，令 $X_t = Y$，$t \in (-\infty, +\infty)$，试分析随机过程 $\{X_t, t \in (-\infty, +\infty)\}$ 的均值函数和相关函数是否具有各态历经性。

解　对任意的 $t, \tau \in (-\infty, +\infty)$，容易计算得

$$m_X(t) = \mu, \quad R_X(t, t+\tau) = \sigma^2 + \mu^2$$

因此 X_t 是平稳过程。进一步计算 X_t 的时间平均为

$$\langle X_t \rangle = \lim_{T\to\infty} \frac{1}{2T} \int_{-T}^{T} X_t = Y$$

X_t 的时间相关系数为

$$\langle \overline{X_t} X_{t+\tau} \rangle = \lim_{T\to\infty} \frac{1}{2T} \int_{-T}^{T} Y^2 \mathrm{d}t = Y^2$$

又因为 $Y \sim N(\mu, \sigma^2)$，所以有 $P(Y = \mu) \neq 1$，即有

$$P\{\langle X_t \rangle = m_X(t)\} \neq 1$$

因此 X_t 的均值函数不具有各态历经性。

显然也有

$$P\{\langle \overline{X_t} X_{t+\tau} \rangle = \sigma^2 + \mu^2\} \neq 1$$

因此 X_t 的相关函数不具有各态历经性。

事实上，在例 5.3.2 中，如果 Y 是任意一个方差存在的非退化的随机变量，结论也是成立的，请读者验证之。

现在可以直观解释各态历经性为：平稳过程的任一样本在足够长的时间内经历了该过

程的各种可能状态。因此对具有各态历经性的平稳过程来说，它的时间平均和时间相关函数可以从概率意义上等于其均值函数和相关函数，因此我们可以用一次较长时间观察的样本信息来估计平稳过程的均值函数和相关函数，这为实际应用中测量样本和计算数字特征提供了极大的方便。

各态历经性也称**遍历性**。德裔奥地利物理学家玻尔兹曼在 1868—1871 年期间研究热力学第二定律的力学意义时首次使用了"遍历性"一词，当时玻尔兹曼为了证明沿运动轨道的长时间平均就等于统计平均结果，提出了遍历性的假说。然而后来的数学研究指出，对一个保守力学体系，上述遍历假设是不正确的。因此，以后关于统计力学数学基础的研究，集中于"统计平均等于时间平均"的条件，把满足这一条件的系统称为是遍历的。1911 年，艾伦菲斯特给出了"遍历性"一词的现代含义，自 20 世纪 30 年代开始，以伯克霍夫、冯·诺依曼、辛钦和其他许多数学家的工作为标志，关于遍历性的研究形成了一个重要的数学分支。

5.3.2　各态历经性的条件

下面讨论平稳过程各态历经性的判断，首先给出均值函数各态历经性的充要条件。

定理 5.3.1　设 $\{X_t, t \in (-\infty, +\infty)\}$ 是平稳过程，$C_X(\tau)$ 是 X_t 的协方差函数，则 X_t 的均值函数具有各态历经性的充要条件是

$$\lim_{T \to \infty} \frac{1}{2T} \int_{-2T}^{2T} \left(1 - \frac{|\tau|}{2T}\right) C_X(\tau) \, \mathrm{d}\tau = 0 \tag{5.3.1}$$

证明　如果 X_t 的均值函数具有各态历经性，即以概率 1 有 $\langle X_t \rangle = m_X$，则表示以概率 1 也有 $D(\langle X_t \rangle) = 0$。而

$$D(\langle X_t \rangle) = D\left(\lim_{T \to \infty} \frac{1}{2T} \int_{-T}^{T} X_t \, \mathrm{d}t\right) = \lim_{T \to \infty} D\left(\frac{1}{2T} \int_{-T}^{T} X_t \, \mathrm{d}t\right) \tag{5.3.2}$$

注意到

$$E\left(\frac{1}{2T} \int_{-T}^{T} X_t \, \mathrm{d}t\right) = \frac{1}{2T} \left[\int_{-T}^{T} E(X_t) \, \mathrm{d}t\right] = m_X$$

因此由方差的定义，有

$$D\left(\frac{1}{2T} \int_{-T}^{T} X_t \, \mathrm{d}t\right) = E\left|\frac{1}{2T} \int_{-T}^{T} X_t \, \mathrm{d}t - m_X\right|^2$$

$$= \frac{1}{4T^2} E\left(\int_{-T}^{T} \overline{X_s - m_X} \, \mathrm{d}s \int_{-T}^{T} X_t - m_X \, \mathrm{d}t\right)$$

$$= \frac{1}{4T^2} \int_{-T}^{T} \int_{-T}^{T} E\left[(\overline{X_s - m_X}) \cdot (X_t - m_X)\right] \, \mathrm{d}s \, \mathrm{d}t$$

$$= \frac{1}{4T^2} \int_{-T}^{T} \int_{-T}^{T} C_X(t - s) \, \mathrm{d}s \, \mathrm{d}t$$

令变换 $\begin{cases} u = t - s \\ v = t + s \end{cases}$，其反变换为 $\begin{cases} s = \dfrac{1}{2}(v - u) \\ t = \dfrac{1}{2}(v + u) \end{cases}$，变换的雅克比行列式为

$$J = \begin{vmatrix} -\dfrac{1}{2} & \dfrac{1}{2} \\ \dfrac{1}{2} & \dfrac{1}{2} \end{vmatrix} = -\dfrac{1}{2}$$

则有 $|J| = \dfrac{1}{2}$，变换后积分区域为

$$L: \begin{cases} -2T \leqslant v - u \leqslant 2T \\ -2T \leqslant v + u \leqslant 2T \end{cases}$$

于是有

$$
\begin{aligned}
D\left(\frac{1}{2T}\int_{-T}^{T} X_t \, dt\right) &= \frac{1}{4T^2} \iint_L C_X(u) \cdot |J| \, du \, dv \\
&= \frac{1}{8T^2}\left[\int_{-2T}^{0} du \int_{-2T-u}^{2T+u} C_X(u) \, dv + \int_{0}^{2T} du \int_{-2T+u}^{2T-u} C_X(u) \, dv\right] \\
&= \frac{1}{2T}\left[\int_{-2T}^{0}\left(1 + \frac{u}{2T}\right)C_X(u)\,du + \int_{0}^{2T}\left(1 - \frac{u}{2T}\right)C_X(u)\,du\right] \\
&= \frac{1}{2T}\int_{-2T}^{2T}\left(1 - \frac{|u|}{2T}\right)C_X(u)\,du
\end{aligned}
$$

结合式(5.3.2)，得出结论成立。

注：应用式(5.3.1)时，要注意平稳过程的时间参数的取值范围，即式(5.3.1)与时间参数的范围有关系。

请读者验证：如果平稳过程有 $\{X_t, t \geqslant 0\}$，则 X_t 的均值具有各态历经性的充要条件是

$$\lim_{T \to \infty} \frac{1}{T}\int_{-T}^{T}\left(1 - \frac{|\tau|}{T}\right)C_X(\tau)\,d\tau = 0$$

如果 X_t 是实平稳过程，则它的协方差函数是偶函数，因此应用式(5.3.1)和上式时，可以利用偶函数在对称区间上积分的性质简化积分运算。

例 5.3.3 试分析随机电报信号过程 $\{X_t, t \geqslant 0\}$（见例 5.1.4）的均值函数是否具有各态历经性。

解 由例 5.1.4 知，$\{X_t, t \geqslant 0\}$ 为平稳过程，且对任意的实数 τ 和 $t \geqslant 0$，有

$$m_X(t) = 0, \quad R_X(\tau) = e^{-2\lambda|\tau|}$$

因此 X_t 的协方差函数为

$$C_X(\tau) = R_X(\tau) = e^{-2\lambda|\tau|}$$

注意到 $t \geqslant 0$，且 $C_X(\tau)$ 为偶函数，则有

$$
\begin{aligned}
\lim_{T \to \infty} \frac{1}{T}\int_{-T}^{T}\left(1 - \frac{|\tau|}{T}\right)C_X(\tau)\,d\tau &= \lim_{T \to \infty} \frac{2}{T}\int_{0}^{T}\left(1 - \frac{|\tau|}{T}\right)e^{-2\lambda\tau}\,d\tau \\
&= \lim_{T \to \infty}\left[\frac{1}{\lambda T} - \frac{1}{2\lambda^2 T^2}(1 - e^{-2\lambda T})\right] = 0
\end{aligned}
$$

因此，随机电报信号过程 X_t 的均值函数具有各态历经性。

定理 5.3.2 若平稳过程 $\{X_t, t \in (-\infty, +\infty)\}$ 的协方差函数 $C_X(\tau)$ 满足

$$\lim_{\tau \to \infty} C_X(\tau) = 0$$

则平稳过程 X_t 的均值具有各态历经性。

证明　由已知条件，对任意的 $\varepsilon > 0$，存在正数 T_1，当 $|\tau| \geqslant T_1$ 时，有 $|C_X(\tau)| < \varepsilon$。不妨限制 $2T > T_1$ 时，有

$$\left| \frac{1}{2T} \int_{-2T}^{2T} \left(1 - \frac{|\tau|}{2T}\right) C_X(\tau) \mathrm{d}\tau \right| \leqslant \frac{1}{2T} \int_{-2T}^{2T} |C_X(\tau)| \mathrm{d}\tau$$

$$= \frac{1}{2T} \int_{-T_1}^{T_1} |C_X(\tau)| \mathrm{d}\tau + \int_{T_1 < |\tau| < 2T} |C_X(\tau)| \mathrm{d}\tau$$

$$= \frac{T_1}{T} C_X(0) + \frac{1}{T}(2T - T_1)\varepsilon \leqslant \frac{T_1}{T} C_X(0) + 2\varepsilon$$

于是，当 $T > \max\left\{\dfrac{T_1}{2}, \dfrac{T_1}{\varepsilon} C_X(0)\right\}$ 时，有

$$\frac{T_1}{T} C_X(0) + 2\varepsilon < 3\varepsilon$$

因此有

$$\lim_{T \to \infty} \frac{1}{2T} \int_{-2T}^{2T} \left(1 - \frac{|\tau|}{2T}\right) C_X(\tau) \mathrm{d}\tau = 0$$

由定理 5.3.1 知，平稳过程 X_t 的均值具有各态历经性。

例 5.3.4　设 $X_t = a\cos(At + \Phi)$，其中 a 为常数，A、Φ 是相互独立的随机变量，且 $A \sim U[-2, 2]$，$\Phi \sim U[-\pi, \pi]$。试分析随机过程 $\{X_t, t \in (-\infty, +\infty)\}$ 的均值函数是否具有各态历经性。

解　对任意的 $t, \tau \in (-\infty, +\infty)$，可计算得

$$m_X(t) = E(X_t) = E[a\cos(At + \Phi)]$$

$$= a\{E[\cos(At)]E(\cos\Phi) - E[\sin(At)]E(\sin\Phi)\}$$

$$= 0$$

$$R_X(t, t+\tau) = E(X_t X_{t+\tau})$$

$$= E[a^2\cos(At + \Phi)\cos(At + A\tau + \Phi)]$$

$$= \frac{a^2}{2}E[\cos(2At + A\tau + 2\Phi) + \cos(A\tau)]$$

$$= \frac{a^2}{4\tau}\sin 2\tau$$

因此 X_t 是平稳过程，且有 $C_X(\tau) = R_X(\tau) = \dfrac{a^2}{4\tau}\sin 2\tau$，进而得

$$\lim_{\tau \to \infty} C_X(\tau) = \lim_{\tau \to \infty} \frac{a^2}{4\tau}\sin 2\tau = 0$$

由定理 5.3.2 知，X_t 的均值函数具有各态历经性。

接下来介绍平稳过程相关函数各态历经性的充要条件。

设 $\{X_t, t \in (-\infty, +\infty)\}$ 是平稳过程，对固定的实数 τ，令

$$Y_t = \overline{X_t} X_{t+\tau}$$

则 $\{Y_t, t \in (-\infty, +\infty)\}$ 是一新的随机过程，且有

$$m_Y(t) = E(Y_t) = E(\overline{X_t} X_{t+\tau}) = R_X(\tau)$$

上式表明平稳过程 X_t 的相关函数等于随机过程 Y_t 的均值函数，因此当 Y_t 是平稳过

程时，对 X_t 的相关函数的各态历经性的判断就转化为对平稳过程 Y_t 的均值函数的各态历经性的判断。因此有定理 5.3.3。

定理 5.3.3 设 $\{X_t, t \in (-\infty, +\infty)\}$ 是平稳过程，且对固定的实数 τ，令

$$Y_t = \overline{X_t} X_{t+\tau}$$

若 $\{Y_t, t \in (-\infty, +\infty)\}$ 是平稳过程，则 X_t 的相关函数具有各态历经性的充要条件是

$$\lim_{T \to \infty} \frac{1}{2T} \int_{-2T}^{2T} \left(1 - \frac{|u|}{2T}\right) [R_Y(u) - |R_X(\tau)|^2] \mathrm{d}u = 0$$

证明 因为对固定的实数 τ、任意的实数 u 和 $t \in (-\infty, +\infty)$，有

$$m_Y(t) = R_X(\tau)$$

由于 Y_t 是平稳过程，因此 Y_t 的协方差函数为

$$C_Y(u) = R_Y(u) - |m_Y(t)|^2 = R_Y(u) - |R_X(\tau)|^2$$

由定理 5.3.1 知，Y_t 的均值函数具有各态历经性的充要条件为

$$\lim_{T \to \infty} \frac{1}{2T} \int_{-2T}^{2T} \left(1 - \frac{|u|}{2T}\right) [R_Y(u) - |R_X(\tau)|^2] \mathrm{d}u = 0$$

上式为平稳过程 X_t 的相关函数具有各态历经性的充要条件。

例 5.3.5 设 $\{X_t, t \in (-\infty, +\infty)\}$ 是实平稳的正态过程，若 X_t 的相关函数 $R_X(\tau)$ 满足

$$\lim_{\tau \to \infty} R_X(\tau) = 0$$

则 X_t 的相关函数具有各态历经性。

证明 对固定的实数 τ，令 $Y_t = X_t X_{t+\tau}$，则有

$$m_Y(t) = R_X(\tau)$$

又对任意的实数 u 和 $t \in (-\infty, +\infty)$，利用正态随机变量的性质，得

$$
\begin{aligned}
R_Y(t, t+u) &= E(Y_t Y_{t+u}) = E(X_t X_{t+\tau} X_{t+u} X_{t+u+\tau}) \\
&= E(X_t X_{t+\tau}) E(X_{t+u} X_{t+u+\tau}) + E(X_t X_{t+u}) E(X_{t+\tau} X_{t+u+\tau}) + \\
&\quad E(X_t X_{t+u+\tau}) E(X_{t+\tau} X_{t+u}) \\
&= R_X^2(\tau) + R_X^2(u) + R_X(u+\tau) \cdot R_X(u-\tau)
\end{aligned}
$$

因此，$\{Y_t, t \in (-\infty, +\infty)\}$ 是平稳过程，且 Y_t 的协方差函数为

$$C_Y(u) = R_X^2(u) + R_X(u+\tau) \cdot R_X(u-\tau)$$

令 $u \to \infty$，并由题设条件，得

$$\lim_{u \to \infty} C_Y(u) = \lim_{u \to \infty} [R_X^2(u) + R_X(u+\tau) \cdot R_X(u-\tau)] = 0$$

由定理 5.3.2 知，Y_t 的均值函数具有各态历经性，因此 X_t 的相关函数具有各态历经性。

一般来说，要在理论上验证一个平稳过程是否具有各态历经性是很困难的，因此在工程实际应用中，通常假定平稳过程是各态历经的，然后利用实际测试结果进一步验证它。而事实上，工程实际中遇到的很多平稳过程是具有各态历经性的，这为测量和分析平稳过程提供了很大的方便。

最后我们给出用一个样本函数估计平稳过程均值函数和相关函数的近似计算公式。

例 5.3.6 设 $\{X_t, t \geq 0\}$ 是具有各态历经性的平稳过程，$x(t)$ 是 X_t 的一个样本函数，试用样本函数 $x(t)$ 近似估计 X_t 的均值函数 m_X 和相关函数 $R_X(\tau)$。

解 首先估计 X_t 的均值函数。由于平稳过程 X_t 的均值函数具有各态历经性，即以概

率 1 有

$$m_X = \underset{T \to \infty}{\text{l.i.m.}} \frac{1}{T} \int_0^T X_t \, \mathrm{d}t$$

采用将 $[0, T]$ 等分的方式计算上式中的积分，即有

$$\int_0^T X_t \, \mathrm{d}t = \underset{N \to \infty}{\text{l.i.m.}} \sum_{k=1}^N X_{t_k} \Delta t_k = \underset{N \to \infty}{\text{l.i.m.}} \frac{T}{N} \sum_{k=1}^N X_{\frac{kT}{N}}$$

其中 $0 = t_0 < t_1 < \cdots < t_N = T$，$\Delta t_k = t_k - t_{k-1}$，$t_k = k \Delta t_k$，于是有

$$m_X = \underset{T \to \infty}{\text{l.i.m.}} \frac{1}{T} \underset{N \to \infty}{\text{l.i.m.}} \frac{T}{N} \sum_{k=1}^N X_{\frac{kT}{N}} = \underset{T \to \infty}{\text{l.i.m.}} \underset{N \to \infty}{\text{l.i.m.}} \frac{1}{N} \sum_{k=1}^N X_{\frac{kT}{N}}$$

由于均方收敛必有依概率收敛，因此对任意的 $\varepsilon > 0$，必有

$$\lim_{T \to \infty} \lim_{N \to \infty} P\left(\left| \frac{1}{N} \sum_{k=1}^N X_{\frac{kT}{N}} - m_X \right| < \varepsilon \right) = 1$$

由此，当 T、N 很大且 $\frac{T}{N}$ 很小时，有

$$P\left(\left| \frac{1}{N} \sum_{k=1}^N x_{\frac{kT}{N}} - m_X \right| < \varepsilon \right) \approx 1$$

则由小概率事件原理知，对一次抽样得到的样本函数 $x(t)$，可以认为有

$$\left| \frac{1}{N} \sum_{k=1}^N X_{\frac{kT}{N}} - m_X \right| < \varepsilon$$

因此均值函数有估计式

$$m_X \approx \frac{1}{N} \sum_{k=1}^N x\left(\frac{kT}{N} \right) \tag{5.3.3}$$

对相关函数 $R_X(\tau)$ 的估计，考虑 $\tau = r\left(\frac{T}{N} \right)$，其中 $r = 0, 1, \cdots, m$ 为固定值，类似地有

$$\lim_{T \to \infty} \lim_{N \to \infty} P\left[\left| \frac{1}{N-r} \sum_{k=1}^{N-r} X_{\frac{kT}{N}} X_{\frac{(k+r)T}{N}} - R_X\left(\frac{rT}{N} \right) \right| < \varepsilon \right] = 1$$

因此相关函数有估计式

$$R_X\left(\frac{rT}{N} \right) \approx \frac{1}{N-r} \sum_{k=1}^{N-r} \left(x_{\frac{kT}{N}} \times x_{\frac{(k+r)T}{N}} \right) \tag{5.3.4}$$

上式一般要求 N、$N-r$ 很大，且 $\frac{T}{N}$ 很小。

5.4　平稳过程的功率谱密度

在无线电、通信技术等领域，为了优化并有效利用通信系统的带宽资源，通常需要分析和研究随机信号的频域结构，如信号功率的频域分布等。本节介绍在频域内研究平稳过程的一个重要函数：功率谱密度及其性质和计算。

5.4.1　功率谱密度的概念

在无线电技术领域，信号通常有能量型和功率型两种。能量型指信号的总能量是有限

的，如果用函数 $x(t)$，$x \in (-\infty, +\infty)$ 表示随机平稳信号的样本函数，则信号样本 $x(t)$ 在 $(-\infty, +\infty)$ 上的总能量为

$$\int_{-\infty}^{+\infty} x^2(t)\,dt < \infty$$

如果 $x(t)$ 在 $(-\infty, +\infty)$ 上绝对可积，即 $\int_{-\infty}^{+\infty} |x(t)|\,dt < \infty$，则函数 $x(t)$ 的傅里叶变换存在，并称 $x(t)$ 的傅里叶变换为 $x(t)$ 的频谱，记为 $F(\omega)$，即有

$$F(\omega) = \int_{-\infty}^{+\infty} x(t) e^{-i\omega t}\,dt$$

则信号样本 $x(t)$ 的能量有时频关系

$$\int_{-\infty}^{+\infty} x^2(t)\,dt = \frac{1}{2\pi} \int_{-\infty}^{+\infty} |F(\omega)|^2\,d\omega \tag{5.4.1}$$

式(5.4.1)称为巴塞伐尔等式。该等式表明，信号在 $(-\infty, +\infty)$ 上的总能量等于各频谱分量的能量之和，因此等式左边可以看作信号总能量的谱表达式。

功率型信号指信号的总能量是无限的，因此对于功率型信号，人们常研究其平均功率，且信号样本 $x(t)$ 在 $(-\infty, +\infty)$ 上的平均功率为

$$\lim_{T \to \infty} \frac{1}{2T} \int_{-T}^{T} x^2(t)\,dt$$

很多随机信号都是功率型信号。由于样本函数不满足绝对可积的条件，为此将定义在 $(-\infty, +\infty)$ 上的样本函数 $x(t)$ 截尾为 $x_T(t)$，即

$$x_T(t) = \begin{cases} x(t) & (x \in [-T, T]) \\ 0 & (|x| > T) \end{cases}$$

则截尾函数 $x_T(t)$ 在 $(-\infty, +\infty)$ 上绝对可积，即函数 $x_T(t)$ 有频谱 $F_T(\omega)$，且

$$F_T(\omega) = \int_{-\infty}^{+\infty} x_T(t) e^{-i\omega t}\,dt = \int_{-T}^{+T} x_T(t) e^{-i\omega t}\,dt$$

则利用式(5.4.1)得

$$\int_{-\infty}^{+\infty} x_T^2(t)\,dt = \frac{1}{2\pi} \int_{-\infty}^{+\infty} |F_T(\omega)|^2\,d\omega$$

上式即

$$\int_{-T}^{+T} x_T^2(t)\,dt = \frac{1}{2\pi} \int_{-\infty}^{+\infty} |F_T(\omega)|^2\,d\omega = \frac{1}{2\pi} \int_{-\infty}^{+\infty} \left| \int_{-T}^{+T} x(t) e^{-i\omega t} \right|^2\,d\omega$$

由此，信号样本 $x(t)$ 在 $(-\infty, +\infty)$ 上的平均功率可以表示为

$$\lim_{T \to \infty} \frac{1}{2T} \int_{-\infty}^{+\infty} x_t^2(t)\,dt = \frac{1}{2\pi} \int_{-\infty}^{+\infty} \left[\lim_{T \to \infty} \frac{1}{2T} \left| \int_{-T}^{+T} e^{-i\omega t} x(t)\,dt \right|^2 \right]\,d\omega \tag{5.4.2}$$

式(5.4.2)中等号右边是信号样本函数 $x(t)$ 的平均功率的谱表达式，因此称

$$\lim_{T \to \infty} \frac{1}{2T} \left| \int_{-T}^{+T} e^{-i\omega t} x(t)\,dt \right|^2$$

为信号样本 $x(t)$ 的功率谱密度。

由于信号样本 $x(t)$ 只是对随机信号的一次观察所得，因此对随机信号的平均功率以及功率谱密度应当取其统计平均。由此给出随机信号为平稳过程时，平均功率和功率谱密度的定义。

定义 5.4.1　设 $\{X_t,\ t\in T\}$ 是平稳过程，记

$$S_X(\omega)=\lim_{T\to\infty}\frac{1}{2T}E\left|\int_{-T}^{T}X_t\mathrm{e}^{-\mathrm{i}\omega t}\,\mathrm{d}t\right|^2$$

称 $S_X(\omega)$ 为平稳过程 X_t 的功率谱密度，简称谱密度。又称

$$\lim_{T\to\infty}\frac{1}{2T}E\left[\int_{-T}^{T}|X_t|^2\,\mathrm{d}t\right]$$

为平稳过程 X_t 的平均功率。

平稳过程的功率谱密度与相关函数有密切的关系，这里首先给出定理 5.4.1。

定理 5.4.1　设平稳过程 $\{X_t,\ t\in T\}$ 的相关函数 $R_X(\tau)$ 绝对可积，则有

$$S_X(\omega)=\lim_{T\to\infty}\frac{1}{2T}E\left|\int_{-T}^{T}X_t\mathrm{e}^{-\mathrm{i}\omega t}\,\mathrm{d}t\right|^2=\int_{-\infty}^{+\infty}R_X(u)\mathrm{e}^{-\mathrm{i}\omega u}\,\mathrm{d}u$$

证明　首先有

$$\frac{1}{2T}E\left|\int_{-T}^{T}X_t\mathrm{e}^{-\mathrm{i}\omega t}\,\mathrm{d}t\right|^2=\frac{1}{2T}E\left(\int_{-T}^{T}\overline{X_s\mathrm{e}^{-\mathrm{i}\omega s}}\,\mathrm{d}s\int_{-T}^{T}X_s\mathrm{e}^{-\mathrm{i}\omega t}\,\mathrm{d}t\right)$$

$$=\frac{1}{2T}E\left[\iint_{-T}^{T}\overline{X_s}X_t\mathrm{e}^{-\mathrm{i}\omega(t-s)}\,\mathrm{d}s\,\mathrm{d}t\right]$$

$$=\frac{1}{2T}\int_{-T}^{T}\int_{-T}^{T}R_X(t-s)\mathrm{e}^{-\mathrm{i}\omega(t-s)}\,\mathrm{d}s\,\mathrm{d}t$$

作变量代换 $\begin{cases}u=t-s\\v=t+s\end{cases}$，其反变换为 $\begin{cases}s=\dfrac{1}{2}(v-u)\\[2mm]t=\dfrac{1}{2}(v+u)\end{cases}$，则变换的雅克比行列式的绝对值为

$$|J|=\frac{1}{2}$$

积分区域的转变如图 5.4.1 所示，因此有

$$\frac{1}{2T}E\left|\int_{-T}^{T}X_t\mathrm{e}^{-\mathrm{i}\omega t}\,\mathrm{d}t\right|^2=\frac{1}{2T}\iint_{D}R_X(u)\mathrm{e}^{-\mathrm{i}\omega u}\cdot|J|\,\mathrm{d}u\,\mathrm{d}v$$

$$=\frac{1}{4T}\left[\int_{-2T}^{0}\mathrm{d}u\int_{-2T-u}^{2T+u}R_X(u)\mathrm{e}^{-\mathrm{i}\omega u}\,\mathrm{d}v+\int_{0}^{2T}\mathrm{d}u\int_{-2T+u}^{2T-u}R_X(u)\mathrm{e}^{-\mathrm{i}\omega u}\,\mathrm{d}v\right]$$

$$=\int_{-2T}^{0}\left(1+\frac{u}{2T}\right)R_X(u)\mathrm{e}^{-\mathrm{i}\omega u}\,\mathrm{d}u+\int_{0}^{2T}\left(1-\frac{u}{2T}\right)R_X(u)\mathrm{e}^{-\mathrm{i}\omega u}\,\mathrm{d}u$$

$$=\int_{-2T}^{2T}\left(1-\frac{|u|}{2T}\right)R_X(u)\mathrm{e}^{-\mathrm{i}\omega u}\,\mathrm{d}u$$

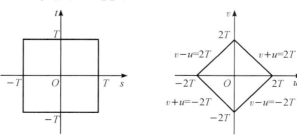

图 5.4.1　积分区域的转变

令

$$R_X^T(\tau) = \begin{cases} \left(1 - \dfrac{|\tau|}{2T}\right) R_X(\tau) & (|\tau| \leqslant 2T) \\ 0 & (|\tau| > 2T) \end{cases}$$

则 $\lim\limits_{T \to \infty} R_X^T(\tau) = R_X(\tau)$，且有

$$\int_{-2T}^{2T} \left(1 - \frac{|\tau|}{2T}\right) e^{-i\omega\tau} R_X(\tau) d\tau = \int_{-\infty}^{+\infty} e^{-i\omega\tau} R_X^T(\tau) d\tau$$

又由于 $R_X(\tau)$ 绝对可积，则有

$$\lim_{T \to \infty} \frac{1}{2T} E \left| \int_{-T}^{T} X_t e^{-i\omega t} dt \right|^2 = \lim_{T \to \infty} \int_{-2T}^{2T} \left(1 - \frac{|u|}{2T}\right) R_X(u) e^{-i\omega u} du$$

$$= \lim_{T \to \infty} \int_{-\infty}^{+\infty} e^{-i\omega u} R_X^T(u) du$$

$$= \int_{-\infty}^{+\infty} R_X(u) e^{-i\omega u} du$$

结论得证。

从定理 5.4.1 可以知道，若平稳过程 $\{X_t, t \in T\}$ 的相关函数 $R_X(\tau)$ 绝对可积，则相关函数 $R_X(\tau)$ 的傅里叶变换与逆变换存在，且相关函数与谱密度是一对傅里叶变换对，即有

$$S_X(\omega) = \int e^{-i\omega\tau} R_X(\tau) d\tau \quad (-\infty < \omega < +\infty) \tag{5.4.3}$$

$$R_X(\tau) = \frac{1}{2\pi} \int e^{i\omega\tau} S_X(\omega) d\omega \quad (-\infty < \tau < +\infty) \tag{5.4.4}$$

公式(5.4.3)和公式(5.4.4)是由维纳和辛钦同时给出的，称为维纳-辛钦公式。

可见傅里叶变换可以实现时域、频域之间的转换，进而使我们能够在频域内研究平稳过程的特性。而谱密度是频域内研究平稳过程的重要函数，下面给出它的性质。

设 $S_X(\omega)$ 是平稳过程 $\{X_t, t \in T\}$ 的谱密度，则它具有以下性质：

(1) 谱密度 $S_X(\omega)$ 为实值非负函数。

(2) 如果 X 为实平稳过程，则谱密度 $S_X(\omega)$ 为偶函数。

$$(3) \begin{cases} S_X(0) = \displaystyle\int_{-\infty}^{+\infty} R_X(\tau) d\tau \\ R_X(0) = \dfrac{1}{2\pi} \displaystyle\int_{-\infty}^{+\infty} S_X(\omega) d\omega \end{cases}$$

事实上，由定义 5.4.1 易知，谱密度 $S_X(\omega)$ 为实值非负函数，即得性质(1)。由于实平稳过程的相关函数是偶函数，再利用傅里叶变换可知谱密度为偶函数，即得性质(2)。由维纳-辛钦公式易得性质(3)。

根据定义 5.4.1 可计算平稳过程 X_t 的平均功率为

$$\lim_{T \to \infty} \frac{1}{2T} E \left(\int_{-T}^{T} |X_t|^2 dt \right) = \lim_{T \to \infty} \frac{1}{2T} \int_{-T}^{T} E(|X_t|^2) dt = R_X(0)$$

上式表明：平稳过程的相关函数 $R_X(\tau)$ 在 $\tau = 0$ 时的函数值 $R_X(0)$（均方根）就是平稳过程的平均功率。进而由谱密度性质(3)的第二式知，平稳过程的平均功率可以用谱密度曲线下的总面积计算。谱密度的性质(3)的第一式则表明谱密度的零频率分量等于相关函数曲线下的总面积。

5.4.2 功率谱密度的计算

在一些实际应用(如随机信号分析)中，时域分析和频域分析是同样重要的，因此常常需要计算平稳过程的谱密度和相关函数等，可利用维纳-辛钦公式直接计算。

例 5.4.1 试计算随机电报信号过程 $\{X_t, t\geqslant 0\}$(见例 5.1.4)的谱密度 $S_X(\omega)$。

解 由例 5.1.4 知，$\{X_t, t\geqslant 0\}$ 为平稳过程且有相关函数

$$R_X(\tau)=\mathrm{e}^{-2\lambda|\tau|} \quad (\tau\in(-\infty,+\infty))$$

由维纳-辛钦公式，计算 X_t 的谱密度为

$$S_X(\omega)=\int_{-\infty}^{+\infty}\mathrm{e}^{-\mathrm{i}\omega\tau}R_X(\tau)\mathrm{d}\tau=\int_{-\infty}^{+\infty}\mathrm{e}^{-\mathrm{i}\omega\tau}\mathrm{e}^{-2\lambda\tau}\mathrm{d}\tau=2\int_{-\infty}^{+\infty}\mathrm{e}^{-2\lambda\tau}\cos\omega\tau\mathrm{d}\tau$$

$$=\frac{4\lambda}{4\lambda^2+\omega^2} \quad (\omega\in(-\infty,+\infty))$$

例 5.4.2 设 $\{X_t, t\in(-\infty,+\infty)\}$ 是零均值的实的正交增量过程，且满足 $E(X_t-X_s)^2=|t-s|$。令 $Y=X_t-X_{t-1}[t\in(-\infty,+\infty)]$。验证：随机过程 $\{Y_t, t\in(-\infty,+\infty)\}$ 是平稳过程，并计算 Y_t 的谱密度 $S_Y(\omega)$。

证明 对任意的 $t\in(-\infty,+\infty)$，有

$$m_Y(t)=E(Y_t)=E(X_t-X_{t-1})=0$$

对任意的 $t, t+\tau\in(-\infty,+\infty)$，利用 X_t 的正交增量性，有

$$R_Y(t, t+\tau)=E(Y_t Y_{t+\tau})=E\left[(X_t-X_{t-1})(X_{t+\tau}-X_{t+\tau-1})\right]$$

$$=\frac{1}{2}\left[E(X_t-X_{t+\tau-1})^2-E(X_t-X_{t+\tau})^2+\right.$$

$$\left. E(X_{t-1}-X_{t+\tau})^2-E(X_{t-1}-X_{t+\tau-1})^2\right]$$

$$=\frac{1}{2}(|\tau-1|-2|\tau|+|\tau+1|)$$

$$=\begin{cases}1-|\tau| & (|\tau|\leqslant 1)\\ 0 & (|\tau|>1)\end{cases}$$

因此，Y_t 是平稳过程。再利用维纳-辛钦公式，得 Y_t 的谱密度为

$$S_Y(\omega)=\int_{-\infty}^{+\infty}\mathrm{e}^{-\mathrm{i}\omega\tau}R_Y(\tau)\mathrm{d}\tau=\int_{-1}^{1}\mathrm{e}^{-\mathrm{i}\omega\tau}(1-|\tau|)\mathrm{d}\tau$$

$$=\frac{4\sin^2\left(\dfrac{\omega}{2}\right)}{\omega^2}=\frac{2(1-\cos\omega)}{\omega^2} \quad (-\infty<\omega<+\infty)$$

例 5.4.3 设平稳过程 $\{X_t, t\in(-\infty,+\infty)\}$ 有谱密度为

$$S_X(\omega)=\frac{\omega^2}{\omega^4+3\omega^2+2}$$

试计算平稳过程 X_t 的平均功率 $R_X(0)$。

解 利用维纳-辛钦公式，并取 $\tau=0$，有

$$R_X(0)=\frac{1}{2\pi}\int_{-\infty}^{+\infty}\mathrm{e}^{\mathrm{i}\omega 0}\frac{\omega^2}{\omega^4+3\omega^2+2}\mathrm{d}\omega=\frac{1}{2\pi}\int_{-\infty}^{+\infty}\left(\frac{1}{\omega^2+2}-\frac{1}{\omega^2+1}\right)\mathrm{d}\omega=\frac{1}{2}(\sqrt{2}-1)$$

利用维纳-辛钦公式计算相关函数或谱密度时，有时还可以借助留数定理计算相关的

积分。

例 5.4.4 设平稳过程 $\{X_t, t\in(-\infty, +\infty)\}$ 有谱密度

$$S_X(\omega)=\frac{\omega^2+2}{\omega^4+5\omega^2+1} \quad (\omega\in(-\infty, +\infty))$$

试计算 X_t 的相关函数 $R_X(\tau)$。

解 由维纳-辛钦公式，并应用留数定理得

$$R_X(\tau)=\frac{1}{2\pi}\int_{-\infty}^{+\infty}\frac{\omega^2+2}{\omega^4+5\omega^2+1}e^{i\omega\tau}d\omega=\frac{1}{2\pi}\int_{-\infty}^{+\infty}\frac{\omega^2+2}{(\omega^2+4)(\omega^2+1)}e^{i\omega\tau}d\omega$$

$$=\frac{1}{2\pi}2\pi i\left\{\text{Res}\left[\frac{\omega^2+2}{(\omega^2+4)(\omega^2+1)}e^{i\omega|\tau|}, i\right]+\text{Res}\left[\frac{\omega^2+2}{(\omega^2+4)(\omega^2+1)}e^{i\omega|\tau|}, 2i\right]\right\}$$

$$=i\left(\frac{1}{3i}e^{-|\tau|}+\frac{1}{12i}e^{-2|\tau|}\right)$$

$$=\frac{1}{3}e^{-|\tau|}+\frac{1}{12}e^{-2|\tau|}$$

其中，留数计算如下：

$$\text{Res}\left[\frac{\omega^2+2}{(\omega^2+4)(\omega^2+1)}e^{i\omega|\tau|}, i\right]=\lim_{\omega\to i}(\omega-i)\frac{\omega^2+2}{(\omega^2+4)(\omega^2+1)}e^{i\omega|\tau|}$$

$$=\frac{1}{3i}e^{-|\tau|}$$

$$\text{Res}\left(\frac{\omega^2+2}{[\omega^2+4)(\omega^2+1)}e^{i\omega|\tau|}, 2i\right)=\lim_{\omega\to 2i}(\omega-2i)\frac{\omega^2+2}{(\omega^2+4)(\omega^2+1)}e^{i\omega|\tau|}$$

$$=\frac{1}{12i}e^{-2|\tau|}$$

尽管留数定理可以简化积分运算，但只有一些特殊的函数才能较为容易地计算出它的留数。

在工程实际中，经常会遇到很多含有直流分量或周期分量的随机信号（平稳过程），而这类平稳过程相关函数的傅里叶变换或逆变换不一定存在。为此，人们通常引入一个 δ 函数，它是广义函数的一种，在工程上又称为单位脉冲函数，它的傅里叶变换和逆变换如下：

$$\begin{cases}\int_{-\infty}^{+\infty}\delta(\tau)e^{-i\omega\tau}d\tau=1 \\ \frac{1}{2\pi}\int_{-\infty}^{+\infty}1\cdot e^{i\omega\tau}d\tau=\delta(\tau)\end{cases}$$

$$\begin{cases}\int_{-\infty}^{+\infty}1\cdot e^{-i\omega\tau}d\tau=2\pi\delta(\omega) \\ \frac{1}{2\pi}\int_{-\infty}^{+\infty}2\pi\delta(\omega)e^{i\omega\tau}d\omega=1\end{cases}$$

利用 δ 函数的傅里叶变换和逆变换，即使平稳随机过程含有直流分量或周期分量，也可以实现相关函数和谱密度的计算。

为了应用方便，通常将工程实际中常见的相关函数与其对应的谱密度列出，如表 5.4.1 所示为最常见的相关函数与对应的谱密度以及它们的图形。利用表 5.4.1 所列的对应关系以及傅里叶变换和逆变换的性质，可以实现谱密度与相关函数的计算。

表 5.4.1 相关函数和谱密度的对应关系与图形

$R_X(\tau)$	$S_X(\omega)$

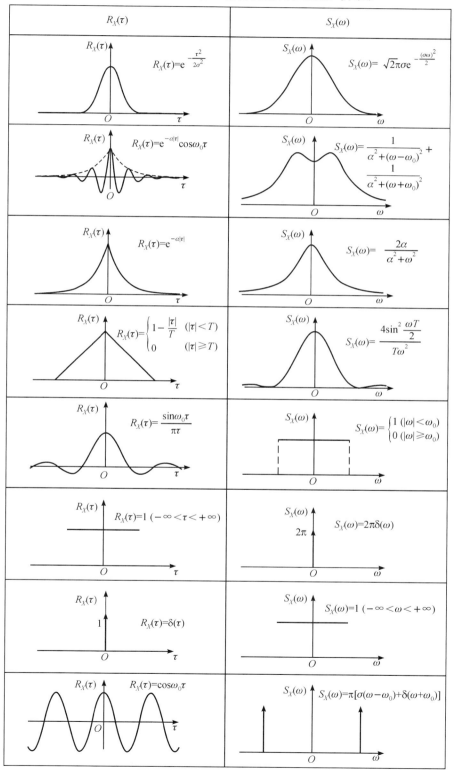

例 5.4.5 设平稳过程$\{X_t, t \in (-\infty, +\infty)\}$有谱密度

$$S_X(\omega) = \begin{cases} 8\delta(\omega) + 20\left(1 - \dfrac{|\omega|}{10}\right) & (|\omega| \leqslant 10) \\ 0 & (\text{其他}) \end{cases}$$

试计算 X_t 的相关函数 $R_X(\tau)$。

解 利用维纳-辛钦公式，并注意到 $\displaystyle\int_{-\infty}^{+\infty} \delta(\omega) e^{i\omega\tau} d\omega = 1$，则有

$$R_X(\tau) = \frac{1}{2\pi}\int_{-\infty}^{+\infty} 8\delta(\omega) e^{i\omega\tau} d\omega + \frac{1}{\pi}\int_0^{10} 20\left(1 - \frac{|\omega|}{10}\right) e^{i\omega\tau} d\omega$$

$$= \frac{4}{\pi} + \frac{20}{\pi}\int_0^{10}\left(\cos\omega\tau - \frac{\omega}{10}\cos\omega\tau\right) d\omega$$

$$= \frac{4}{\pi}\left(1 + \frac{\sin^2 5\tau}{10\tau^2}\right)$$

例 5.4.6 设平稳过程$\{X_t, t \in (-\infty, +\infty)\}$有相关函数

$$R_X(\tau) = 5 + 4e^{-3|\tau|}\cos^2(2\tau)$$

试计算 X_t 的谱密度 $S_X(\omega)$。

解 首先将相关函数表示为

$$R_X(\tau) = 5 + 2e^{-3|\tau|} + 2e^{-3|\tau|}\cos 4\tau$$

用 Fe 表示傅里叶变换，则由傅里叶变换的性质，并利用表 5.4.1 所示的关系，有

$$S_X(\omega) = \mathrm{Fe}[R_X(\tau)]$$

$$= \mathrm{Fe}(5 + 2e^{-3|\tau|} + 2e^{-3|\tau|}\cos 4\tau)$$

$$= 5\mathrm{Fe}(1) + 2\mathrm{Fe}(e^{-3|\tau|}) + 2\mathrm{Fe}(e^{-3|\tau|}\cos 4\tau)$$

$$= 10\pi\delta(\omega) + \frac{12}{9+\omega^2} + 2\left[\frac{3}{9+(\omega-4)^2} + \frac{3}{9+(\omega+4)^2}\right]$$

前面讨论的平稳过程的谱密度等是针对连续时间参数的，对于离散时间参数的平稳过程序列有类似的概念和结论。

若平稳序列$\{X_n, n \in \mathbf{N}\}$的相关函数 $R_X(m)$ 绝对收敛，即

$$\sum_{m=-\infty}^{+\infty} |R_X(m)| < +\infty$$

则级数(5.4.5)收敛，并记为 $S_X(\omega)$，即

$$S_X(\omega) = \sum_{m=-\infty}^{+\infty} e^{-i\omega m} R_X(m) \quad (-\pi \leqslant \omega \leqslant \pi) \tag{5.4.5}$$

称函数 $S_X(\omega)$ 为平稳序列 X_t 的谱密度。
且有反变换

$$R_X(m) = \frac{1}{2\pi}\int_{-\pi}^{\pi} e^{i\omega m} S_X(\omega) d\omega \quad (m = 0, \pm 1, \pm 2, \cdots) \tag{5.4.6}$$

利用公式(5.4.5)和公式(5.4.6)可以对平稳序列的谱密度和相关函数进行计算和分析。

例 5.4.7 试计算例 5.1.5 所给纯随机序列$\{\xi_n, n \in \mathbf{N}\}$的谱密度。

解 由例 5.1.5 知，X_t 为宽平稳序列，且对任意的 m，$n \in \mathbf{N}$，相关函数为

$$R_X(n, n+m) = R_X(m) = \begin{cases} \delta^2 & (m=0) \\ 0 & (m \neq 0) \end{cases}$$

因此，相关函数 $R_X(m)$ 绝对收敛。利用公式(5.4.5)，有 X_t 的谱密度为

$$S_X(\omega) = \sum_{m=-\infty}^{+\infty} \mathrm{e}^{-i\omega m} R_X(m) = \delta^2 \quad (-\pi \leqslant \omega \leqslant \pi)$$

例 5.4.8 设 $\{X_n, n \in \mathbf{N}\}$ 为纯随机序列，$\{c_n, n \in \mathbf{N}\}$ 为复数列，且满足

$$\sum_{n=-\infty}^{+\infty} |c_n| < \infty, \quad \sum_{n=-\infty}^{+\infty} |c_n|^2 < \infty$$

又令

$$Y_n = \sum_{k=-\infty}^{+\infty} c_n X_{n-k} \overset{\text{def}}{=} \underset{M, N \to \infty}{\text{l.i.m.}} \sum_{k=-M}^{N} c_n X_{n-k}$$

称随机序列 $\{Y_n, n \in \mathbf{N}\}$ 为滑动平均序列。试验证 Y_n 为平稳序列，并求其谱密度。

解 应用例 5.1.5 的结果知，对任意的 m，$n \in \mathbf{N}$，有

$$E(Y_n) = E\Big(\underset{M, N \to \infty}{\text{l.i.m.}} \sum_{k=-M}^{N} c_n X_{n-k}\Big) = \lim_{M, N \to \infty} \sum_{k=-M}^{N} E(c_n X_{n-k}) = 0$$

$$R_Y(n, n+m) = E(\overline{Y_n} Y_{n+m})$$

$$= E\Big(\overline{\sum_{k=-\infty}^{+\infty} c_n X_{n-k}} \sum_{l=-\infty}^{+\infty} c_l X_{n+m-l}\Big)$$

$$= \sum_{k=-\infty}^{+\infty} \sum_{l=-\infty}^{+\infty} \overline{c_k} c_l E\big(\overline{X_{n-k}} X_{n+m-l}\big)$$

$$= \sigma^2 \sum_{k=-\infty}^{+\infty} \overline{c_k} c_{k+m} \overset{\text{def}}{=} R_Y(m)$$

因此 Y_n 为平稳序列。

又由于

$$\sum_{m=-\infty}^{+\infty} |R_Y(m)| = \sigma^2 \sum_{m=-\infty}^{+\infty} \Big| \sum_{k=-\infty}^{+\infty} \overline{c_k} c_{k+m} \Big| \leqslant \sigma^2 \Big(\sum_{k=-\infty}^{+\infty} |c_{k+m}| \Big)^2 < +\infty$$

利用公式(5.4.5)，计算 Y_n 的谱密度为

$$S_Y(\omega) = \sum_{m=-\infty}^{+\infty} \mathrm{e}^{-i\omega m} R_Y(m)$$

$$= \sigma^2 \sum_{m=-\infty}^{+\infty} \mathrm{e}^{-i\omega m} \sum_{k=-\infty}^{+\infty} \overline{c_k} c_{k+m}$$

$$= \sigma^2 \sum_{m=-\infty}^{+\infty} \mathrm{e}^{-i\omega(m+k)} \overline{\mathrm{e}^{-i\omega k}} \sum_{k=-\infty}^{+\infty} \overline{c_k} c_{k+m}$$

$$= \sigma^2 \Big| \sum_{k=-\infty}^{+\infty} c_k \mathrm{e}^{-i\omega k} \Big|^2 \quad (-\pi \leqslant \omega \leqslant \pi)$$

5.4.3 互谱密度及其性质

下面介绍两个联合平稳过程的互谱密度的概念及其性质。

定义 5.4.2 设$\{X_t,\, t \in T\}$和$\{Y_t,\, t \in T\}$为联合平稳的平稳过程，记为

$$S_{XY}(\omega) = \lim_{T \to \infty} \frac{1}{2T} E\left[\overline{\int_{-T}^{T} X_t \mathrm{e}^{-\mathrm{i}\omega t}\,\mathrm{d}t} \cdot \int_{-T}^{T} Y_t \mathrm{e}^{-\mathrm{i}\omega t}\,\mathrm{d}t \right]$$

称$S_{XY}(\omega)$为平稳过程X_t和Y_t的互功率谱密度，简称互谱密度。

联合平稳的平稳过程$\{X_t,\, t \in T\}$和$\{Y_t,\, t \in T\}$的互谱密度$S_{XY}(\omega)$具有性质：

（1）如果X_t和Y_t的互相关函数$R_{XY}(\tau)$绝对可积，即$\int_{-\infty}^{+\infty} |R_{XY}(\tau)|\,\mathrm{d}\tau$，则有

$$S_{XY}(\omega) = \int_{-\infty}^{+\infty} \mathrm{e}^{-\mathrm{i}\omega\tau} R_{XY}(\tau)\,\mathrm{d}\tau \quad (-\infty < \omega < +\infty)$$

$$R_{XY}(\tau) = \frac{1}{2\pi} \int_{-\infty}^{+\infty} \mathrm{e}^{\mathrm{i}\omega\tau} S_{XY}(\omega)\,\mathrm{d}\omega \quad (-\infty < \tau < +\infty)$$

即互相关函数$R_{XY}(\tau)$和互谱密度$S_{XY}(\omega)$是一对傅里叶变换对。

（2）互谱密度满足：$S_{XY}(\omega) = \overline{S_{YX}(\omega)}$。

（3）如果X_t和Y_t为实平稳过程，则互谱密度$S_{XY}(\omega)$的实部为偶函数，虚部为奇函数。

（4）互谱密度$S_{XY}(\omega)$与X_t和Y_t各自的谱密度有不等式关系

$$|S_{XY}(\omega)|^2 \leqslant S_X(\omega) S_Y(\omega)$$

上述性质的验证不难，留给读者完成。

需要指出的是，尽管平稳过程的谱密度反映了平稳过程的平均功率在频率上的分布，但是互谱密度没有明确的物理意义，但这并不影响我们利用互谱密度在频域内分析两个平稳过程的相关性。

例 5.4.9 设$\{X_t,\, t \in T\}$和$\{Y_t,\, t \in T\}$为联合平稳的平稳过程，令

$$Z_t = X_t + Y_t \quad (t \in T)$$

试计算随机过程$\{Z_t,\, t \in T\}$的相关函数$R_Z(\tau)$和谱密度$S_Z(\omega)$。

解 易知随机过程$\{Z_t,\, t \in T\}$为平稳过程，且自相关函数为

$$
\begin{aligned}
R_Z(t,\, t+\tau) &= E\left[\overline{(X_t + Y_t)} (X_{t+\tau} + Y_{t+\tau}) \right] \\
&= R_X(\tau) + R_{XY}(\tau) + R_{YX}(\tau) + R_Y(\tau) \\
&\stackrel{\text{def}}{=\!=} R_Z(\tau)
\end{aligned}
$$

用 Fe 表示傅里叶变换，则根据傅里叶变换的性质，有

$$
\begin{aligned}
S_Z(\omega) &= \mathrm{Fe}[R_Z(\tau)] \\
&= \mathrm{Fe}[R_X(\tau) + R_{XY}(\tau) + R_{YX}(\tau) + R_Y(\tau)] \\
&= \mathrm{Fe}[R_X(\tau)] + \mathrm{Fe}[R_{XY}(\tau)] + \mathrm{Fe}[R_{YX}(\tau)] + \mathrm{Fe}[R_Y(\tau)] \\
&= S_X(\omega) + S_{XY}(\omega) + S_{YX}(\omega) + S_Y(\omega) \\
&= S_X(\omega) + S_Y(\omega) + 2\mathrm{Re}[S_{YX}(\omega)]
\end{aligned}
$$

5.5 平稳过程的谱分解

回忆本章开始时给出的例 5.1.4 和例 5.1.5，通过这两个例子可以看到平稳过程及其

相关函数在一定的条件下均可以表示为具有相同频率分量（ω_n）的简谐振动之和，这显示了平稳过程及其相关函数的频域结构。这样的结论是否具有一般性？本节将讨论该问题。

5.5.1 相关函数的谱分解

首先不加证明地介绍引理 5.5.1。

引理 5.5.1 函数 $f(t)$ 是特征函数的充要条件为 $f(t)$ 连续非负定，且 $f(0)=1$。

定理 5.5.1 设 $\{X_t, t\in T\}$ 是均方连续的平稳过程，则其相关函数 $R_X(\tau)$ 可表示为

$$R_X(\tau)=\frac{1}{2\pi}\int_{-\infty}^{+\infty}\mathrm{e}^{\mathrm{i}\omega\tau}\,\mathrm{d}F_X(\omega) \quad (\tau\in(-\infty,+\infty)) \tag{5.5.1}$$

其中 $F_X(\omega)$ 是 $(-\infty,+\infty)$ 上非负、有界、单调不减、右连续的函数，且 $F_X(-\infty)=0$。

证明 若 $R_X(0)=0$，则 $R_X(\tau)\equiv 0$。此时取 $F_X(\omega)=0$ 即可得结论。

若 $R_X(0)>0$，令

$$f(\tau)=\frac{R_X(\tau)}{R_X(0)}$$

由于平稳过程 X_t 是均方连续的，因此，函数 $f(\tau)$ 连续、非负定，且 $f(0)=1$。

由引理 5.5.1 知，$f(\tau)$ 是某随机变量的特征函数，不妨设该随机变量的分布函数为 $G(x)$，即有

$$f(\tau)=\frac{R_X(\tau)}{R_X(0)}=\int_{-\infty}^{+\infty}\mathrm{e}^{\mathrm{i}\omega\tau}\,\mathrm{d}G(\omega)$$

此时，取 $F_X(\omega)=2\pi R_X(0)G(\omega)$ 即得式（5.5.1），且容易验证函数 $F_X(\omega)$ 满足定理 5.5.1 中的要求。

称式（5.5.1）为平稳过程相关函数的谱分解式，函数 $F_X(\omega)$ 称为平稳过程的谱函数。

容易验证，如果平稳过程的相关函数绝对可积，则谱函数 $F_X(\omega)$ 可微且有 $F_X{}'(\omega)=S_X(\omega)$。事实上，由维纳-辛钦公式可得

$$R_X(\tau)=\frac{1}{2\pi}\int_{-\infty}^{+\infty}\mathrm{e}^{\mathrm{i}\omega\tau}S_X(\omega)\,\mathrm{d}\omega \quad (\tau\in(-\infty,+\infty))$$

将上式与式（5.5.1）比较，可知有 $F_X{}'(\omega)=S_X(\omega)$。由此也有

$$F_X(\omega)=\int_{-\infty}^{\omega}S_X(\omega)\,\mathrm{d}\omega \quad (\omega\in(-\infty,+\infty))$$

例 5.5.1 设平稳过程 $\{X_t, t\in(-\infty,+\infty)\}$ 的相关函数为 $R_X(\tau)=\mathrm{e}^{-2\mu|\tau|}$（$\mu>0$），试计算 X_t 的谱密度 $S_X(\omega)$ 和谱函数 $F_X(\omega)$。

解 由维纳-辛钦公式知

$$S_X(\omega)=\int_{-\infty}^{+\infty}\mathrm{e}^{-\mathrm{i}\omega\tau}R_X(\tau)\,\mathrm{d}\tau=\int_{-\infty}^{+\infty}\mathrm{e}^{-\mathrm{i}\omega\tau}\mathrm{e}^{-2\mu|\tau|}\,\mathrm{d}\tau=\frac{4\mu}{4\mu^2+\omega^2}$$

因此，有

$$F_X(\omega)=\int_{-\infty}^{\omega}S_X(\omega)\,\mathrm{d}\omega=\int_{-\infty}^{\omega}\frac{4\mu}{4\mu^2+\omega^2}\,\mathrm{d}\omega=2\arctan\frac{\omega}{2\mu^2}+\pi$$

式（5.5.1）给出了均方连续的平稳过程的相关函数在频域内的表示。对于一般的平稳过程，也可以在频域内将其表示出来，由于证明的复杂性，这里仅介绍平稳过程谱表示的结论。

5.5.2 平稳过程的谱分解

不失一般性，本小节假设平稳过程的均值函数为零。

定理 5.5.2(平稳过程的谱分解) 设 $\{X_t, t\in(-\infty,+\infty)\}$ 是零均值、均方连续的复平稳过程，其谱函数为 $F_X(\omega)$，则 X_t 可以表示为

$$X_t = \int_{-\infty}^{+\infty} e^{it\omega}\, dZ(\omega) \quad (t\in(-\infty,+\infty))$$

其中：

$$Z(\omega) = \underset{T\to\infty}{l.i.m.} \int_{-T}^{T} \frac{e^{-it\omega}-1}{-i\omega} X_t\, dt \quad (\omega\in(-\infty,+\infty))$$

称为 X_t 的随机谱函数，它具有以下性质：

(1) $E[Z(\omega)]=0$；

(2) $\{Z(\omega),\ \omega\in(-\infty,+\infty)\}$ 是正交增量过程；

(3) 对任意的 $\omega_1<\omega_2$，有

$$E\left[\,|Z(\omega_2)-Z(\omega_1)|^2\right] = \frac{1}{2\pi}[F_X(\omega_2)-F_X(\omega_1)]$$

这里仅说明定理 5.5.2 的实际意义。由于

$$X_t = \int_{-\infty}^{+\infty} e^{it\omega}\, dZ(\omega) = \underset{T\to\infty}{l.i.m.} \int_{-T}^{T} e^{it\omega}\, dZ(\omega)$$

将区间 $[-T,T]$ 等分为 $2N$ 个子区间，则有

$$X_t = \underset{T\to\infty}{l.i.m.}\ \underset{N\to\infty}{l.i.m.} \sum_{k=-N+1}^{N} \left\{ e^{it\frac{kT}{N}}\left[Z\left(\frac{kT}{N}\right) - Z\left(\frac{(k-1)T}{N}\right)\right]\right\}$$

由此说明，平稳过程 X_t 可以看成振幅为 $Z\left(\frac{kT}{N}\right)-Z\left(\frac{(k-1)T}{N}\right)$、角频率为 $\frac{kT}{N}$ 的谐波分量的有限叠加和的均方极限。简单地说，X_t 是谐波分量 $e^{it\omega}\,dZ(\omega)$ 的无限叠加和。

定理 5.5.3(实平稳过程的谱分解) 设 $\{X_t, t\in(-\infty,+\infty)\}$ 是零均值、均方连续的实平稳过程，其谱函数为 $F_X(\omega)$，则

$$X_t = \int_0^{+\infty} \cos\omega t\, dZ_1(\omega) + \int_0^{+\infty} \sin\omega t\, dZ_2(\omega) \quad (t\in(-\infty,+\infty))$$

其中：

$$Z_1(\omega) = \underset{T\to\infty}{l.i.m.} \frac{1}{\pi}\int_{-T}^{T} \frac{\sin\omega t}{t} X_t\, dt \quad (\omega\in(-\infty,+\infty))$$

$$Z_2(\omega) = \underset{T\to\infty}{l.i.m.} \frac{1}{\pi}\int_{-T}^{T} \frac{1-\cos\omega t}{t} X_t\, dt \quad (\omega\in(-\infty,+\infty))$$

为 X_t 的随机谱函数，它们具有以下性质：

(1) $E[Z_1(\omega)]=E[Z_2(\omega)]=0$；

(2) 当 $i\neq j$ 或当 $i=j$ 时，对 $\omega_1<\omega_2\leqslant\omega_3<\omega_4$，有

$$E\{[Z_i(\omega_2)-Z_i(\omega_1)][Z_i(\omega_4)-Z_i(\omega_3)]\}=0 \quad (i,j=1,2)$$

(3) 对任意的 $\omega_1<\omega_2$，有

$$E[Z_1(\omega_2)-Z_2(\omega_1)]^2 = E[Z_2(\omega_2)-Z_2(\omega_1)]^2 = \frac{1}{2\pi}[F(\omega_2)-F(\omega_1)]$$

对于平稳序列，也有类似谱分解的结果。

定理 5.5.4(平稳序列的谱分解) 设 $\{X_n, n=0, \pm1, \pm2, \cdots\}$ 是零均值的复平稳序列，谱函数为 $F_X(\omega)$，则 X_t 可以表示为

$$X_n = \int_{-\pi}^{\pi} e^{in\omega} dZ(\omega)$$

其中：

$$Z(\omega) = \frac{1}{2\pi} \left[\omega X_0 - \sum_{n \neq 0} \frac{e^{-in\omega}}{in} X_n \right] \quad (\omega \in (-\pi, \pi))$$

为 X_t 的随机谱函数，它具有以下性质：

(1) $E[Z(\omega)] = 0$；

(2) $\{Z(\omega), \omega \in (-\infty, +\infty)\}$ 是正交增量过程；

(3) 对任意的 $\omega_1 < \omega_2$，有

$$E[|Z(\omega_2) - Z(\omega_1)|^2] = \frac{1}{2\pi} [F_X(\omega_2) - F_X(\omega_1)]$$

定理 5.5.5(实平稳序列的谱分解) 设 $\{X_n, n=0, \pm1, \pm2, \cdots\}$ 是零均值的实平稳序列，其谱函数为 $F_X(\omega)$，则 X_t 可以表示为

$$X_n = \int_0^{\pi} \cos\omega n \, dZ_1(\omega) + \int_0^{\pi} \sin\omega n \, dZ_2(\omega) \quad (n=0, \pm1, \pm2, \cdots)$$

其中：

$$Z_1(\omega) = \frac{1}{\pi} \left[\omega X_0 + \sum_{n \neq 0} \frac{\sin n\omega}{n} X_n \right] \quad (\omega \in (-\pi, \pi))$$

$$Z_2(\omega) = \frac{1}{\pi} \sum_{n \neq 0} \frac{\cos n\omega}{n} X_n \quad (\omega \in (-\pi, \pi))$$

称为 X_t 的随机谱函数，它们具有以下性质：

(1) $E[Z_1(\omega)] = E[Z_2(\omega)] = 0$；

(2) 当 $i \neq j$ 或当 $i = j$ 时，对 $\omega_1 < \omega_2 \leqslant \omega_3 < \omega_4$，有

$$E\{[Z_i(\omega_2) - Z_i(\omega_1)][Z_i(\omega_4) - Z_i(\omega_3)]\} = 0 \quad (i, j = 1, 2)$$

(3) 对任意的 $\omega_1 < \omega_2$，有

$$E[Z_1(\omega_2) - Z_2(\omega_1)]^2 = E[Z_2(\omega_2) - Z_2(\omega_1)]^2 = \frac{1}{\pi} [F(\omega_2) - F(\omega_1)]$$

5.6 线性系统中的平稳过程

在无线电技术领域，常常要研究输入某系统的随机信号与输出该系统信号的关系。本节主要讨论平稳过程通过线性时不变系统时的一些问题，包括输出过程的判断、统计特性以及与输入过程的关系等。

通常无线电系统分为线性系统和非线性系统，且一个系统的输入信号(也称激励) $x(t)$ 和输出信号(也称响应) $y(t)$ 之间的关系可以表示为

$$y(t) = L[x(t)]$$

其中 L 为算子符号，它可以对输入信号进行某种运算，如加法、乘法、微分、积分等。

如果 $x_1(t)$、$x_2(t)$ 表示两个输入信号，$y_1(t)$、$y_2(t)$ 表示与之对应的两个输出信号，若对任意的常数 α_1、α_2，有

$$L[\alpha_1 x_1(t) + \alpha_2 x_2(t)] = \alpha_1 L[x_1(t)] + \alpha_2 L[x_2(t)] = \alpha_1 y_1(t) + \alpha_2 y_2(t)$$

则称 L 是一线性系统。

若对任意的常数 τ，有

$$y(t + \tau) = L[x(t + \tau)]$$

则称 L 是一时不变系统。时不变特性是指系统的输出特性不会随着时间的推移而改变。

如果 L 是线性时不变系统，$\{x_n(t), n = 1, 2, \cdots\}$ 是一列输入信号，且 $y_n(t) = L[x_n(t)]$ $(n = 1, 2, \cdots)$，若当 $\lim\limits_{n \to \infty} x_n(t) = x(t)$ 时，有

$$\lim_{n \to \infty} L[x_n(t)] = L[x(t)]$$

则称 L 是保持连续性的线性时不变系统。

由此可以看到，算子 L 的性质表达了系统的性质。本节讨论的系统均为保持连续性的线性时不变系统。

为了给出线性系统中输入信号和输出信号的基本关系，首先需要给出作为特征信号的 $e^{i\omega t}$ 在输入系统后与输出信号的关系。

定理 5.6.1 设 L 是线性时不变系统，若其输入为 $x(t) = e^{i\omega t}$，则其输出为

$$y(t) = H(\omega) e^{i\omega t}$$

其中 $H(\omega) = L[e^{i\omega t}]|_{t=0}$ 称之为系统 L 的频率响应函数。

证明 设 $y(t) = L[e^{i\omega t}]$，则由 L 的时不变性，对于任意的常数 τ，有

$$L[e^{i\omega(t+\tau)}] = y(t + \tau)$$

再由 L 的线性系统性质，有

$$y(t + \tau) = L[e^{i\omega(t+\tau)}] = L[e^{i\omega t} \cdot e^{i\omega \tau}] = e^{i\omega \tau} L[e^{i\omega t}]$$

取 $t = 0$，得

$$y(\tau) = e^{i\omega \tau} L[e^{i\omega t}]|_{t=0} = H(\omega) e^{i\omega \tau}$$

结果得证。

由于 $H(\omega)$ 只是 ω 的函数，定理 5.6.1 表示如果将信号 $x(t) = e^{i\omega t}$ 输入一个线性时不变系统，则输出信号也是同频率的，只是在振幅和相位上有一些变化，函数 $H(\omega)$ 则反映了这些变化。如果函数 $H(\omega)$ 满足 $\int_{-\infty}^{+\infty} |H(\omega)| \, d\omega < +\infty$，则有

$$h(t) = \frac{1}{2\pi} \int_{-\infty}^{+\infty} H(\omega) e^{i\omega t} \, d\omega$$

存在，称 $h(t)$ 为系统 L 的脉冲响应函数。可见 $H(\omega)$ 和 $h(t)$ 是一对傅里叶变换对。

下面简单介绍线性系统中输入信号和输出信号的基本关系。

如果线性系统的输入信号 $x(t)$ 满足

$$\int_{-\infty}^{+\infty} |x(t)|^2 \, dt < +\infty$$

则 $x(t)$ 可以表示为

$$x(t) = \frac{1}{2\pi} \int_{-\infty}^{+\infty} F_x(\omega) e^{i\omega t} \, d\omega$$

其中 $F_x(\omega) = \int_{-\infty}^{+\infty} x(t)\mathrm{e}^{-\mathrm{i}\omega t}\mathrm{d}t$ 为信号 $x(t)$ 的频谱函数。于是可以认为 $x(t)$ 为下列和式 $x_n(t)$ 的极限：

$$x_n(t) = \frac{1}{2\pi}\sum_k F_x(\omega_k)\mathrm{e}^{\mathrm{i}\omega_k t}\Delta\omega_k$$

又由 L 的保持连续性，并注意到 $L[\mathrm{e}^{\mathrm{i}\omega_k t}] = H(\omega)\mathrm{e}^{\mathrm{i}\omega t}$，则得

$$\begin{aligned}
y(t) &= L[x(t)] = L\left[\lim_{n\to\infty}x_n(t)\right] \\
&= \lim_{n\to\infty}\left(\frac{1}{2\pi}\sum_k F_x(\omega_k)L[\mathrm{e}^{\mathrm{i}\omega_k t}]\Delta\omega_k\right) \\
&= \frac{1}{2\pi}\int_{-\infty}^{+\infty}F_x(\omega_k)H(\omega)\mathrm{e}^{\mathrm{i}\omega t}\mathrm{d}\omega
\end{aligned} \tag{5.6.1}$$

另外，如果输出信号 $y(t)$ 也满足 $\int_{-\infty}^{+\infty}|y(t)|^2\mathrm{d}t < +\infty$，则 $y(t)$ 也可以表示为

$$y(t) = \frac{1}{2\pi}\int_{-\infty}^{+\infty}F_y(\omega)\mathrm{e}^{\mathrm{i}\omega t}\mathrm{d}\omega \tag{5.6.2}$$

其中 $F_y(\omega)$ 为信号 $y(t)$ 的频谱函数。由式(5.6.1)和式(5.6.2)可以得到以下关系

$$F_y(\omega) = H(\omega)F_x(\omega) \tag{5.6.3}$$

式(5.6.3)表示了线性系统中输入信号和输出信号在频域上的关系。

如果对式(5.6.3)两边取傅里叶变换的逆变换，并利用卷积定理，可得

$$y(t) = \int_{-\infty}^{+\infty}h(t-\tau)x(\tau)\mathrm{d}\tau = h(t)*x(t) \tag{5.6.4}$$

式(5.6.4)表示了线性系统中输入信号和输出信号在时域上的关系。

式(5.6.3)和式(5.6.4)给出了信号通过线性系统时输入和输出的基本关系，其中输入信号可看作是随机过程的一个样本函数 $x(t)$。下面进一步介绍随机过程通过线性系统的问题。

在实际应用中，当将一个平稳过程输入系统时，人们往往要根据输入过程的统计特性得到输出过程的统计特性，因此需要研究的问题包括：输入过程和输出过程的数字特征的关系、功率谱密度的关系或者通过输入过程的概率分布来获得输出过程的概率分布等。

定理 5.6.2　设 $\{X_t, t\in(-\infty, +\infty)\}$ 是平稳过程，$R_x(\tau)$ 和 $S_x(\omega)$ 分别为 X_t 的相关函数和谱密度，且 $R_x(\tau)$ 绝对可积，L 是线性时不变系统，$h(t)$ 和 $H(\omega)$ 分别为其脉冲响应和频率响应，且满足

(1) $\int_{-\infty}^{+\infty}|h(t)|\mathrm{d}t < +\infty$；

(2) $\int_{-\infty}^{+\infty}\overline{h(t)}h(t)R_X(t-s)\mathrm{d}s\mathrm{d}t < +\infty$；

则有

(1) L 的输出 $\{Y_t, t\in(-\infty, +\infty)\}$ 是平稳过程，其中：

$$Y_t = \int_{-\infty}^{+\infty}h(t-s)X_s\mathrm{d}s = h(t)*X_s$$

且 Y_t 的均值函数 m_Y 和相关函数 $R_Y(\tau)$ 分别为

$$m_Y = m_X \int_{-\infty}^{+\infty} h(t) \, dt$$

$$R_Y(\tau) = \int_{-\infty}^{+\infty} \int_{-\infty}^{+\infty} \overline{h(s)} h(t) R_Y(s + \tau - t) \, ds \, dt$$

(2) Y_t 存在谱密度 $S_Y(\omega)$，且有

$$S_Y(\omega) = |H(\omega)|^2 S_X(\omega)$$

证明 （1）首先由条件(2)和式(5.6.4)，得

$$Y_t = \int_{-\infty}^{+\infty} h(t-s) X_s \, ds = h(t) * X_s$$

由此可计算 Y_t 的均值函数和相关函数为

$$m_Y = E(Y_t) = E\left[\int_{-\infty}^{+\infty} h(t-s) X_s \, ds \right]$$

$$= \int_{-\infty}^{+\infty} h(t-s) E(X_s) \, ds$$

$$= m_Y \int_{-\infty}^{+\infty} h(t) \, dt$$

$$R_Y(t, t+\tau) = E(\overline{Y_t} Y_{t+\tau})$$

$$= E\left[\overline{\int_{-\infty}^{+\infty} h(u) X_{t-u} \, du} \int_{-\infty}^{+\infty} h(v) X_{t+\tau-v} \, dv \right]$$

$$= E\left[\int_{-\infty}^{+\infty} \int_{-\infty}^{+\infty} \overline{h(u)} h(v) \overline{X_{t-u}} X_{t+\tau-v} \, du \, dv \right]$$

$$= \int_{-\infty}^{+\infty} \int_{-\infty}^{+\infty} \overline{h(u)} h(v) R_X(u + \tau - v) \, du \, dv$$

$$= \int_{-\infty}^{+\infty} \int_{-\infty}^{+\infty} \overline{h(s)} h(t) R_X(s + \tau - t) \, ds \, dt$$

因此 L 的输出 Y_t 是平稳的。

（2）由于

$$\int_{-\infty}^{+\infty} |R_Y(\tau)| \, d\tau \leqslant \int_{-\infty}^{+\infty} |\overline{h(s)}| |h(t)| \left[\int_{-\infty}^{+\infty} |R_X(s + \tau - t)| \, d\tau \right] ds \, dt < +\infty$$

所以 Y_t 的谱密度 $S_Y(\omega)$ 存在，且有

$$S_Y(\omega) = \int_{-\infty}^{+\infty} e^{-i\omega\tau} R_Y(\tau) \, d\tau$$

$$= \int_{-\infty}^{+\infty} e^{-i\omega\tau} \left[\int_{-\infty}^{+\infty} \int_{-\infty}^{+\infty} \overline{h(s)} h(t) R_X(s + \tau - t) \, ds \, dt \right] d\tau$$

$$= \int_{-\infty}^{+\infty} \int_{-\infty}^{+\infty} \overline{h(s)} h(t) \int_{-\infty}^{+\infty} e^{-i\omega\tau} R_X(s + \tau - t) \, d\tau \, ds \, dt \tag{5.6.5}$$

令 $u = s + \tau + t$，则有

$$\int_{-\infty}^{+\infty} e^{-i\omega\tau} R_X(s + \tau - t) \, d\tau = \int_{-\infty}^{+\infty} e^{-i\omega(u-s+t)} R_X(u) \, du$$

$$= e^{-i\omega(t-s)} \int_{-\infty}^{+\infty} e^{-i\omega u} R_X(u) \, du$$

$$= e^{-i\omega(t-s)} S_X(\omega) \tag{5.6.6}$$

将式(5.6.6)代入式(5.6.5)，得到

$$S_Y(\omega) = S_X(\omega) \int_{-\infty}^{+\infty} e^{-i\omega s} \overline{h(s)}\, ds \int_{-\infty}^{+\infty} e^{-i\omega t} h(t)\, dt$$

$$= S_X(\omega) \overline{\int_{-\infty}^{+\infty} e^{-i\omega s} h(s)\, ds} \int_{-\infty}^{+\infty} e^{-i\omega t} h(t)\, dt$$

$$= |H(\omega)|^2 S_X(\omega)$$

结果得证。

例 5.6.1　设 $x(t)$ 和 $y(t)$ 分别是 RC 电路系统中的输入电压和输出电压，它们满足关系：

$$y'(t) + \alpha y(t) = \alpha x(t)$$

其中，$\alpha = \dfrac{1}{RC}$ 为常数，试确定 RC 电路系统中的频率响应函数 $H(\omega)$。

解　由已知条件可得，$x(t)$ 和 $y(t)$ 满足一阶线性微分方程，因此 RC 系统为线性时不变系统。令 $x(t) = e^{i\omega t}$，则有 $y(t) = H(\omega) e^{i\omega t}$。将以上 $x(t)$ 和 $y(t)$ 的表达式代入题目所给的微分方程，可解的系统的频率响应函数为

$$H(\omega) = \frac{\alpha}{\alpha + i\omega}$$

例 5.6.2　设 RC 电路系统的输入电压是实平稳过程 $\{X_t, t \geq 0\}$，且 $m_X = 0$，$R_X(\tau) = \sigma^2 e^{-\beta|\tau|}$（$\beta > 0$），输出电压为 $\{Y_t, t \geq 0\}$，试求输出过程 Y_t 及其相关函数 $R_Y(\tau)$ 和谱密度 $S_Y(\omega)$。

解　由例 5.6.1 知，RC 电路的频率响应函数为 $H(\omega) = \dfrac{\alpha}{\alpha + i\omega}$，因此可计算脉冲响应函数为

$$h(t) = \frac{1}{2\pi} \int_{-\infty}^{+\infty} \frac{\alpha}{\alpha + i\omega} e^{i\omega t}\, d\omega = \begin{cases} \alpha e^{-\alpha t} & (t \geq 0) \\ 0 & (t < 0) \end{cases}$$

利用定理 5.6.2 的结论，得

$$Y_t = \int_{-\infty}^{+\infty} h(t-s) X_s\, ds = \int_{-\infty}^{t} \alpha e^{-\alpha(t-s)} X_s\, ds$$

$$= \alpha e^{-\alpha t} \int_{-\infty}^{t} e^{\alpha s} X_s\, ds \quad (t \geq 0)$$

又因为输入过程有相关函数 $R_X(\tau) = \sigma^2 e^{-\beta|\tau|}$，则其谱密度为

$$S_X(\omega) = \int_{-\infty}^{+\infty} e^{-i\omega\tau} \sigma^2 e^{-\beta|\tau|}\, d\tau = \frac{2\sigma^2 \beta}{\beta^2 + \omega^2}$$

因此输出过程 Y_t 的谱密度为

$$S_Y(\omega) = |H(\omega)^2| S_X(\omega) = \frac{2\sigma^2 \alpha^2 \beta}{(\alpha^2 + \omega^2)(\beta^2 + \omega^2)}$$

于是输出过程 Y_t 的相关函数为

$$R_Y(\tau) = \frac{1}{2\pi} \int_{-\infty}^{+\infty} e^{i\omega\tau} \frac{2\sigma^2 \alpha^2 \beta}{(\alpha^2 + \omega^2)(\beta^2 + \omega^2)}\, d\omega$$

$$= \frac{\alpha\sigma^2}{\alpha^2 - \beta^2} \left[\frac{\alpha}{2\pi} \int_{-\infty}^{+\infty} e^{i\omega\tau} \frac{2\beta}{(\beta^2 + \omega^2)}\, d\omega - \frac{\beta}{2\pi} \int_{-\infty}^{+\infty} e^{i\omega\tau} \frac{2\alpha}{(\alpha^2 + \omega^2)}\, d\omega \right]$$

$$= \frac{\alpha\sigma^2}{\alpha^2 - \beta^2} \left[\alpha e^{-\beta|\tau|} - \beta e^{-\alpha|\tau|} \right]$$

最后给出线性时不变系统中输入过程和输出过程的互相关函数与互谱密度的计算公式。

定理 5.6.3 设线性时不变系统的输入和输出分别为平稳过程 $\{X_t, t \in (-\infty, +\infty)\}$ 和 $\{Y_t, t \in (-\infty, +\infty)\}$，且 X_t 存在谱密度 $S_X(\omega)$，则 X_t 和 Y_t 是联合平稳的，且它们的互谱密度为

$$S_{XY}(\omega) = H(\omega)S_X(\omega), \quad S_{YX}(\omega) = \overline{H(\omega)}S_X(\omega)$$

其中，$H(\omega)$ 是系统的频率响应函数。

证明 利用定理 5.6.2 的结论，得

$$R_{XY}(t, t+\tau) = E(\overline{X_t}X_{t+\tau}) = E\left[\overline{X_t}\int_{-\infty}^{+\infty} h(s)X_{t+\tau-s}\,\mathrm{d}s\right]$$

$$= \int_{-\infty}^{+\infty} h(s)E(\overline{X_t}X_{t+\tau-s})\,\mathrm{d}s$$

$$= \int_{-\infty}^{+\infty} h(s)R_X(\tau-s)\,\mathrm{d}s$$

$$\stackrel{\text{def}}{=} R_{XY}(\tau)$$

可见 X_t 和 Y_t 是联合平稳的。又从上面的证明过程，有

$$R_{XY}(\tau) = h(\tau) * R_X(\tau)$$

对上式两边做傅里叶变换，并由傅里叶变换的性质，得

$$S_{XY}(\omega) = H(\omega)S_X(\omega)$$

同理可证

$$S_{YX}(\omega) = \overline{H(\omega)}S_X(\omega)$$

例 5.6.3 试求例 5.6.2 中 RC 电路系统中的输入过程 $\{X_t, t \geqslant 0\}$ 和输出过程 $\{Y_t, t \geqslant 0\}$ 的互相关函数 $R_{XY}(\tau)$ 和互谱密度 $S_{XY}(\omega)$。

解 由定理 5.6.3，有

$$R_{XY}(\tau) = \int_{-\infty}^{+\infty} h(s)R_X(\tau-s)\,\mathrm{d}s$$

则当 $\tau > 0$ 时，有

$$R_{XY}(\tau) = \int_0^{+\infty} \alpha \mathrm{e}^{-\alpha s}\sigma^2 \mathrm{e}^{-\beta|\tau-s|}\,\mathrm{d}s$$

$$= \alpha\sigma^2 \int_0^{+\infty} \mathrm{e}^{-\alpha s-\beta|\tau-s|}\,\mathrm{d}s$$

$$= \alpha\sigma^2 \left[\int_0^{\tau} \mathrm{e}^{-\alpha s-\beta(\tau-s)}\,\mathrm{d}s + \int_{\tau}^{+\infty} \mathrm{e}^{-\alpha s-\beta(s-\tau)}\,\mathrm{d}s\right]$$

$$= \alpha\sigma^2 \frac{(\alpha+\beta)\mathrm{e}^{-\beta\tau} - 2\beta\mathrm{e}^{-\alpha\tau}}{\alpha^2-\beta^2}$$

当 $\tau \leqslant 0$ 时，有

$$R_{XY}(\tau) = \alpha\sigma^2 \int_0^{+\infty} \mathrm{e}^{-\alpha s-\beta|\tau-s|}\,\mathrm{d}s = \alpha\sigma^2 \int_0^{+\infty} \mathrm{e}^{-\alpha s-\beta(s-\tau)}\,\mathrm{d}s = \alpha\sigma^2 \frac{\mathrm{e}^{\beta\tau}}{\alpha+\beta}$$

因此有

$$R_{XY}(\tau) = \begin{cases} \alpha\sigma^2 \dfrac{(\alpha+\beta)\mathrm{e}^{-\beta\tau} - 2\beta\mathrm{e}^{-\alpha\tau}}{\alpha^2 - \beta^2} & (\tau > 0) \\[4mm] \alpha\sigma^2 \dfrac{\mathrm{e}^{\beta\tau}}{\alpha+\beta} & (\tau \leqslant 0) \end{cases}$$

再利用定理 5.6.3 的结论，有

$$S_{XY}(\omega) = H(\omega)S_X(\omega) = \frac{\alpha}{\alpha+i\omega} \cdot \frac{2\sigma^2\beta}{\beta^2+\omega^2} = \frac{2\sigma^2\alpha\beta}{(\beta^2+\omega^2)(i\omega+\alpha)}$$

5.7　平稳过程的应用案例

在石油钻井研究中，为了提高石油钻井机械的转速，需要优化钻头设计或对不同的地层和不同的钻头进行优化匹配，也就是需要知道井底模式。所谓的井底模式，就是任一停钻时刻井底岩石破碎后所形成的凸凹不平的井底几何图像，数字化处理后就是井底各处相对某一基准面的高度。应用现代光学技术，可以提供牙轮钻头井底模式的图像信息，应用平稳过程的有关理论，可以分析计算井底模式所反映的牙轮钻头的能量传递，从而达到优化钻井和钻头设计的目的。

设 $u(t)$ 是以相应牙轮齿高为基准线表示的某周线上的井底模式深度曲线（见图 5.7.1），根据采样定理确定采样间隔后的采样序列 $u_1, u_2, \cdots, u_N$。

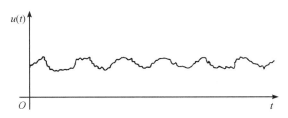

图 5.7.1　井底模式深度曲线

各采样点所对应的已破岩石体积微元（如底面积取 1 mm² ）记为 $x_1, x_2, \cdots, x_N$，它是一具有各态历经性的平稳过程 X_t 的采样序列。利用式（5.3.3）和式（5.3.4）可以求得井底模式周线上微元体积序列的均值 μ 及自相关函数 $R_X(\tau)$ 的估计，即

$$\widehat{\mu} = \frac{1}{N}\sum_{i=1}^{N} x_i \tag{5.7.1}$$

$$\widehat{R}_X(\tau) = \frac{1}{N-\tau}\sum_{k=1}^{N-\tau} x_{k+\tau}x_k \quad (N \geqslant 50; \tau = 0, 1, \cdots, M; M < \frac{N}{4}) \tag{5.7.2}$$

随后用维纳-辛钦公式求得各周线上相应自相关函数的功率谱密度 $S_X(\omega)$，这就是各周线上的平均功率关于频率的分布。$\widehat{R}(0)$ 为该周线上平均功率的估计值，对每条选定的周线均进行式（5.7.1）和式（5.7.2）的处理，各周线上的平均功率相加就是全井底的总平均功率。显然提高机械钻速必须提高整个井底的平均功率。

当钻井条件（钻压、转速、地层岩性等）不变时，钻头破岩过程构成一线性定常系统，牙轮钻头的几何图形（由若干曲线组成，也可对其计算谱密度）作为输入的平稳过程，井底模式则是这一线性系统的输出。

设与井底某一周线相对应的牙轮周线的图形为图 5.7.2。

图 5.7.2 牙轮周线的图形

类似对井底某一周线上的处理，得体积微元采样值 ω_1，ω_2，…，ω_n。估计平稳过程 W 的自相关函数为

$$\widehat{R}_W(\tau) = \frac{1}{n-\tau} \sum_{k=1}^{n-\tau} \omega_{k+\tau} \omega_k$$

由维纳-辛钦公式求得与 $\widehat{R}_W(\tau)$ 相对应的输入谱密度 $S_W(\omega)$。利用

$$S_X(\omega) = |H(\omega)|^2 S_W(\omega)$$

求出功率增益因子 $|H(\omega)|^2$。

求得频率响应函数或功率增益因子后，钻头设计图形与井底模式即可建立联系，如求互相关函数、互谱密度，也可以再通过其他统计分析方法了解输入与输出的关系，从而为钻头的优化设计或根据地层选择不同设计参数的牙轮钻头提供依据。

在砂岩和石灰岩的井底模式上对已有几个型号的牙轮钻头作如上分析计算，求得的总平均功率大小与实际钻速高低是相互对应的。这表明将平稳过程理论应用于井底模式分析是成功的，以提高总平均功率为目标函数，通过研究井底模式，为改进钻头设计和调整钻井参数提供信息，最终可提高钻井速度。

习　题　5

1. 设 $\{B_t^{0,\sigma^2}, t \geq 0\}$ 是一个一般维纳过程。定义随机过程：

$$X_t^u = B_{t+u}^{0,\sigma^2} - B_t^{0,\sigma^2}$$

其中 $t \geq 0$，$u > 0$ 是一个固定的常数。验证：过程 $\{X_t^u, t \geq 0\}$ 是一个严平稳过程。

2. 设随机变量 A 服从瑞利分布，概率密度函数为

$$f_A(x) = \begin{cases} \dfrac{x}{\sigma^2} \mathrm{e}^{-\frac{x^2}{2\sigma^2}} & (x > 0) \\ 0 & (x \leqslant 0) \end{cases} \quad (\sigma > 0)$$

随机变量 Θ 服从 $[0, 2\pi]$ 上的均匀分布，且 A，Θ 相互独立，定义随机过程为

$$X_t = A\cos(\omega t + \Theta)$$

验证：随机过程 $\{X_t, t \in (-\infty, +\infty)\}$ 是一个平稳过程。

3. 随机过程 $\{X_t, t \in (-\infty, +\infty)\}$ 有均值函数 $m_X(t) = 1 + 3t$ 和相关函数 $R_X(t, t+\tau) = \mathrm{e}^{-\lambda|\tau|}$，其中常数 $\lambda > 0$，令

$$Y_t = X_{t+1} - X_t$$

验证：随机过程 $\{Y_t, t \in (-\infty, +\infty)\}$ 是平稳过程。

4. 设 $\{X_t, t \in (-\infty, +\infty)\}$ 为具有零均值的实正态平稳过程，令

$$Y_t = X_t^2$$

验证：随机过程 $\{Y_t, t \in (-\infty, +\infty)\}$ 是平稳过程。

5. 设随机变量 A_1, A_2 相互独立，且有 $E(A_i) = a_i$, $D(A_i) = \sigma_i^2$, $(i=1, 2)$，令

$$X_t = A_1 + A_2 t$$

试判断随机过程 $\{X_t, t \in (-\infty, +\infty)\}$ 是否平稳过程。

6. 设随机序列 $\{X_n, n \geqslant 1\}$，且有 $X_n = \rho X_{n-1} + \xi_n$，其中 $X_0 = \xi_0$，且 $\xi_0, \xi_1, \xi_2, \cdots$ 是均值为零的互相关的随机变量，常数 $|\rho| < 1$。

验证：$\{X_n, n \geqslant 1\}$ 为平稳时间序列。

7. 设平稳正态过程 $\{X_t, t \in (-\infty, +\infty)\}$ 的均值函数 $m_X = 0$，相关函数为 $R(\tau)$，令

$$Y_t = \text{sgn}[X_t]$$

验证：随机过程 $\{Y_t, t \in (-\infty, +\infty)\}$ 为一平稳过程，且其相关函数为

$$\rho_Y(\tau) = \frac{R_Y(\tau)}{R_Y(0)} = \frac{2}{\pi} \arcsin \frac{R(\tau)}{R(0)}$$

8. 已知平稳过程 $\{X_t, t \in (-\infty, +\infty)\}$ 的相关函数为

(1) $R_X(\tau) = \sigma^2 e^{-\alpha|\tau|}$；

(2) $R_X(\tau) = \sigma^2 (1 - \alpha|\tau|)$, $|\tau| \leqslant \dfrac{1}{\alpha}$。

试计算 X_t 的相关时间 τ_0。

9. 已知平稳过程 $\{X_t, t \in T\}$ 的相关函数为

$$R_X(\tau) = \begin{cases} \sigma^2 e^{-\alpha\tau} & (\tau \geqslant 0) \\ \sigma^2 e^{\alpha\tau} & (\tau < 0) \end{cases} \quad (\alpha > 0)$$

试判断 X_t 的均方连续性。

10. 设 $Z_t = X_t \cos\omega t - Y_t \sin\omega t$，其中 ω 为常数，X_t, $Y_t (t \in T)$ 为平稳过程，完成下列计算：

(1) 计算随机过程 $\{Z_t, t \in T\}$ 的相关函数 $R_Z(t_1, t_2)$。

(2) 如果 $R_X(\tau) = R_Y(\tau)$, $R_{XY}(\tau) = 0$，计算 $R_Z(t_1, t_2)$。

11. 雷达的发射信号可表示为随机过程 $\{X_t, t \in T\}$，当雷达信号遇到目标后即返回，此时接收机收到的信号一般由两部分组成，可用随机过程 $\{X_t, Y_t = aX_{t-t_0} + N_t, t \in T\}$ 表示，其中，$a \ll 1$（表示信号衰减的一个参数），t_0 为发射信号的返回时间，$\{N_t, t \in T\}$ 为噪声信号。完成以下问题：

(1) 假设 X_t 和 Y_t 为联合平稳的平稳过程，试计算它们的互相关函数 $R_{XY}(\tau)$。

(2) 如果噪声 N_t 零均值，且与 X_t 独立，此时 X_t 和 Y_t 的相关函数 $R_{XY}(\tau)$ 有什么变化？

12. 设 $X_t = A\cos t + B\sin t$，其中 A, B 是相互独立的零均值的随机变量，且 $D(A) = D(B) = \sigma^2$，试讨论随机过程 $\{X_t, t \in (-\infty, +\infty)\}$ 的均值函数和相关函数是否具有各态历经性。

13. 设 $X_t = s(t + \Theta)$，其中 $s(t)$ 是周期为 T 的函数，Θ 是服从 $[0, T]$ 上均匀分布的随机变量，则称 $\{X_t, t \in (-\infty, +\infty)\}$ 为周期的随机初相过程，试讨论 X_t 是否各态历经过程。

14. 设平稳过程 $\{X_t, t \in (-\infty, +\infty)\}$ 的均值函数和相关函数分别为 $m_X = 0$，$R_X(\tau) = \alpha e^{-\beta|\tau|}(1 + \beta|\tau|)$，其中 α, β 为常数，$\beta > 0$。试讨论 X_t 的均值是否各态历经性。

15. 设 $\{X_t, t \geqslant 0\}$ 是平稳过程，验证：X_t 的均值具有各态历经性的充要条件是

$$\lim_{T \to \infty} \frac{1}{T} \int_{-T}^{T} \left(1 - \frac{|\tau|}{T}\right) C_X(\tau) \mathrm{d}\tau = 0$$

16. 设平稳过程 $\{X_t, t \in (-\infty, +\infty)\}$ 的协方差函数 $C_X(\tau)$ 绝对可积，即有

$$\int_{-\infty}^{+\infty} |C_X(\tau)| \mathrm{d}\tau < +\infty$$

验证：X_t 的均值具有各态历经性。

17. 已知平稳过程 $\{X_t, t \in (-\infty, +\infty)\}$ 的相关函数如下：

(1) $R_X(\tau) = e^{-\alpha|\tau|} \cos\alpha\tau \quad (\alpha > 0)$；

(2) $R_X(\tau) = e^{-\alpha|\tau|}(1 + \alpha|\tau|) \quad (\alpha > 0)$；

(3) $R_X(\tau) = \sigma^2 e^{-\alpha|\tau|}\left(\cos\beta\tau + \frac{\alpha}{\beta}\sin\beta|\tau|\right) \quad (\alpha > 0)$；

(4) $R_X(\tau) = \begin{cases} 1 - \dfrac{|\tau|}{2} & (|\tau| \leqslant 2) \\ 0 & (|\tau| > 2) \end{cases}$。

试计算 X_t 的谱密度。

18. 已知平稳过程 $\{X_t, t \in (-\infty, +\infty)\}$ 的谱密度如下：

(1) $S_X(\omega) = \begin{cases} 1 & (|\omega| \leqslant \omega_0) \\ 0 & (\text{其他}) \end{cases}$；

(2) $S_X(\omega) = \begin{cases} b^2 & (a \leqslant |\omega| \leqslant 2a) \\ 0 & (\text{其他}) \end{cases} \quad (a > 0)$；

(3) $S_X(\omega) = \sum_{k=1}^{n} \frac{a_k}{\omega_k + b_k^2} \quad (a_k > 0, k = 0, 1, 2, \cdots, n)$；

(4) $S_X(\omega) = \begin{cases} 8\delta(\omega) + 20\left(1 - \dfrac{|\omega|}{10}\right) & (|\omega| < 10) \\ 0 & (\text{其他}) \end{cases}$。

试计算 X_t 的相关函数和平均功率。

19. 试利用傅里叶变换的性质和公式计算例 5.4.1 中 X_t 的谱密度 $S_X(\omega)$。

20. 设平稳过程 $\{X_t, t \in T\}$ 的相关函数为 $R_X(\tau)$，谱密度为 $S_X(\omega)$，定义

$$Y_t = \sum_{k=1}^{n} a_k X_{t+s_k}$$

其中 a_k 和 s_k 分别为复常数和实常数（$k = 1, 2, \cdots, n$）。验证：随机过程 $\{Y_t, t \in T\}$ 是平稳过程，并计算 Y_t 的相关函数 $R_Y(\tau)$ 和谱密度 $S_Y(\omega)$。

21. 设 $\{X_n, n = 0, \pm 1, \pm 2, \cdots\}$ 是白噪声序列，令

$$Y_n = \frac{1}{m}[X_n + X_{n-1} + \cdots + X_{n-m+1}]$$

验证：随机序列 $\{Y_n, n = 0, \pm 1, \pm 2, \cdots\}$ 是平稳过程，并计算 Y_n 的相关函数和谱密度。

22. 设随机过程 $\{X_t, t \in T\}$ 和 $\{Y_t, t \in T\}$ 是联合平稳的，其互谱密度为

$$S_{XY}(\omega) = \begin{cases} a + \dfrac{\mathrm{i}b\omega}{c} & (\mid\omega\mid < c) \\ 0 & (\text{其他}) \end{cases}$$

其中 $c>0$，a，b 为常数，计算 X_t 和 Y_t 的互相关函数 $R_{XY}(\tau)$。

23．设随机过程 $\{X_t, t\in T\}$ 和 $\{Y_t, t\in T\}$ 是联合平稳过程，验证：
$$\mathrm{Re}\{S_{XY}(\omega)\} = \mathrm{Re}\{S_{YX}(\omega)\}, \quad \mathrm{Im}\{S_{XY}(\omega)\} = -\mathrm{Im}\{S_{YX}(\omega)\}$$

24．设随机过程 $\{X_t, t\in T\}$ 和 $\{Y_t, t\in T\}$ 是均值为零的实平稳过程，且有 $R_X(\tau) = R_Y(\tau)$，$R_{XY}(\tau) = -R_{YX}(-\tau)$。令 $Z_t = X_t\cos\omega_0 t + Y\sin\omega_0 t$，其中 ω_0 是常数。验证：随机过程 $\{Z_t, t\in T\}$ 是平稳过程，并计算 Z_t 的谱密度 $S_Z(\omega)$。

25．设线性时不变系统的脉冲响应为 $h(t) = U(t)\mathrm{e}^{-\lambda t}$，其中 $\beta > 0$ 为常数，$U(t)$ 为单位阶跃函数，系统的输入过程为平稳过程 $\{X_t, t\in T\}$，且有相关函数 $R_Z(\tau) = \mathrm{e}^{-a\mid\tau\mid}$。

（1）试计算系统的输入与输出的互相关函数。

（2）试计算系统的输出的谱密度和相关函数。

26．设线性系统中的输入过程为平稳过程 $\{X_t, t\in T\}$，输出过程为
$$Y_t = X_t + X_{t-T}$$
验证：输出过程 $\{Y_t, t\in T\}$ 的功率谱密度为
$$S_Y(\omega) = 2S_X(\omega)(1 + \cos\omega T)$$

第6章
离散时间马尔可夫链

我们曾在概率论中学习过独立同分布的随机变量序列，相互独立性为数学处理带来很大方便，但是独立的条件却与很多实际的随机现象不相符合。

1906 年，苏联数学家安德烈·马尔可夫（A. A. Markov）（图 6.1）开始研究并创立了一种新的随机过程，它是一类离散时间参数，其状态空间集为有限或可列的随机变量序列。在该随机变量序列中，只有现在的观察结果影响着序列下次将要观察的结果，而过去的观察结果对下次将要出现什么结果是没有影响的，这类新的随机过程就是马尔可夫链。1931 年，柯尔莫哥洛夫发表的《概率论的解析方法》奠定了马尔可夫过程的理论基础。1936—1937 年，可数状态马尔可夫链状态分布被提出。1951 年前后，伊藤清建立的随机微分方程的理论，为马尔可夫过程的研究开辟了新的道路。1954 年前后，费勒将半群方法引入马尔可夫过程的研究。流形上的马尔可夫过程、马尔可夫向量场等都是正待深入研究的领域。1958 年，王梓坤（图 6.2）将马尔可夫过程引入我国，并在这一领域做出很大的贡献。由于马尔可夫链在数学上处理比较方便，同时也比较符合实际中随机现象的特性，因此它成为很多随机现象的模型，在自然科学、社会科学以及工程技术等各个领域中有广泛应用。

图 6.1　安德烈·马尔可夫　　　　图 6.2　王梓坤

值得一提的是，近年来马尔可夫链在动态蒙特卡洛计算中同样发挥着非常重要的作用。通过模拟特定的马尔可夫链来得到一些复杂概率分布的样本，从而设计在数据分析、统计计算中的相关算法，这种称之为马尔可夫链蒙特卡洛（MCMC）法。该方法已经在统计计算、生物计算、算法分析、图像建模等很多领域有重要的应用。

6.1　马尔可夫链的定义

首先给出离散时间马尔可夫链的定义。

定义 6.1.1　设 $\{X_n, n \geqslant 0\}$ 是定义在概率空间 $(\Omega, \mathscr{F}, P)$ 上的随机过程，状态空间为可数集合 S，如果对任意的非负整数 $n \geqslant 0$ 以及 $i_0, i_1, \cdots, i_n, i_{n+1} \in S$，有

$$P(X_{n+1} = i_{n+1} \mid X_0 = i_0, X_1 = i_1, \cdots, X_n = i_n) = P(X_{n+1} = i_{n+1} \mid X_n = i_n) \qquad (6.1.1)$$

则称随机过程 $\{X_n, n \geqslant 0\}$ 为离散时间马尔可夫链，简称马氏链。

式(6.1.1)是马氏链最本质特性的数学描述，称为马氏性。如果将式(6.1.1)中的时间参数 n 看作现在时刻，那么 $0, 1, \cdots, n-1$ 就表示过去的时刻，$n+1$ 就表示将来的时刻，则马氏性可以直观解释为：如果已知随机过程 X_n 现在所处的状态，则过程将来处于那个状态的概率与过程过去曾经经历过的状态是无关的，因此马氏性也称为无记忆性。

式(6.1.1)中的条件概率 $P(X_{n+1} = i_{n+1} \mid X_n = i_n)$ 表示马氏链 X_n 在 n 时刻从状态 i_n 经过一步转移到状态 i_{n+1} 的概率，记为 $p_{i_n i_{n+1}}(n)$，称为马氏链在 n 时刻的一步转移概率。转移概率是研究马氏链的重要参量，一般地，有定义 6.1.2。

定义 6.1.2　设马尔可夫链 $\{X_n, n \geqslant 0\}$ 的状态空间为 S，对任意的整数 $n \geqslant 0$，$k \geqslant 1$ 以及任意的状态 $i, j \in S$，用记号 $p_{ij}^{(k)}(n)$ 表示条件概率，即

$$p_{ij}^{(k)}(n) \overset{\text{def}}{=\!=} P(X_{n+k} = j \mid X_n = i) \qquad (6.1.2)$$

$p_{ij}^{(k)}(n)$ 表示马氏链 X_n 在 n 时刻从状态 i 经过 k 步转移，于 $n+k$ 时刻到达状态 j 的概率，称之为马氏链 X_n 在 n 时刻的 k 步转移概率。

显然，$k = 1$ 时，条件概率 $p_{ij}^{(1)}(n)$ 为马氏链 X_n 在 n 时刻从状态 i 到状态 j 的一步转移概率，通常简写为 $p_{ij}(n)$。

以 $p_{ij}^{(k)}(n)$ 作为第 i 行第 j 列元素所构成的矩阵，称为马氏链 X_n 在 n 时刻的 k 步转移概率矩阵，记为 $\boldsymbol{P}^{(k)}(n)$，即

$$\boldsymbol{P}^{(k)}(n) = (p_{ij}^{(k)}(n))$$

通常，当 $k = 1$ 时，将 n 时刻的一步转移概率矩阵简记为 $\boldsymbol{P}(n)$。

特别地，当 $k = 0$ 时，约定：

$$p_{ij}^{(0)} = \delta_{ij} = \begin{cases} 1 & (i = j) \\ 0 & (i \neq j) \end{cases} \quad (i, j \in S)$$

则相应的转移概率矩阵为 $\boldsymbol{P}^{(0)}(n) = \boldsymbol{I}$，$\boldsymbol{I}$ 为单位矩阵。

另外，由概率定义不难验证，对任意的 $i, j \in S$，$n \geqslant 0$，$k \geqslant 0$，有

$$p_{ij}^{(k)}(n) \geqslant 0, \quad \sum_{j \in S} p_{ij}^{(k)}(n) = 1$$

因此 k 步转移概率矩阵是随机矩阵。

在实际应用中，常常会见到带有时齐性的马氏链，即如果马氏链 X_n 的一步转移概率 $p_{ij}(n)$ 恒与起始时刻 n 无关，以及对任意的 $i, j \in S$ 和 $n \geqslant 0$，均有

$$p_{ij}(n) = p_{ij}(n+1) = p_{ij}(n+2) = \cdots$$

则称马氏链 X_n 具有时齐性，称 X_n 为齐次马尔可夫链，简称齐次马氏链。因此，常将齐次

马氏链的一步转移概率的起始时刻取为零，并记

$$p_{ij} = P(X_1 = j \mid X_0 = i) \quad (i, j \in S)$$

显然，齐次马氏链的一步转移概率矩阵也与起始时刻无关，因此记其一步转移概率矩阵为 $\boldsymbol{P}$。

马尔可夫链中的马氏性反映了随机变量序列将来的变化只与当前状态有关，而与过去无关，这种特性比较符合实际中很多随机现象的情况，因此马氏链有很广泛的应用。下面给出一些例子。

例 6.1.1（随机游动） 一个质点在直线上做随机游动：如果在某时刻质点位于某整数位置 i，则下一时刻质点以概率 $p(0 \leqslant p \leqslant 1)$ 向右移动到位置 $i+1$，以概率 $q = 1 - p$ 向左移动到位置 $i-1$。用随机变量 X_n 表示质点在时刻 n 的位置，注意到：质点在 $n+1$ 时刻所处的位置只与质点在时刻 n 的位置 X_n 有关，同时质点从位置 i 移动到位置 j 的概率与时间也没有关系，因此 $\{X_n, n=1, 2, \cdots\}$ 构成一个齐次马氏链。该马氏链的状态空间为 $\{0, \pm 1, \pm 2, \cdots\}$，一步转移概率为

$$p_{ii+1} = p, \ i = \pm 1, \pm 2, \cdots$$
$$p_{ii-1} = q, \ i = \pm 1, \pm 2, \cdots$$
$$p_{ij} = 0, \ |i-j| > 1$$

有时候，常用有向图直观表示马尔可夫链状态之间的转移，这种图称为马氏链的状态转移图。图 6.1.1 所示为例 6.1.1 中马氏链的状态转移图，其中，圆圈及其中的数字

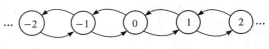

图 6.1.1 随机游动的状态转移图

表示状态，箭头指向表示从一个状态到另一个状态的转移，箭头线上的数字表示状态之间的转移概率。

如果对例 6.1.1 所描述的直线上随机游动的质点加一些限制，可以得到不同形式的随机游动，它们均可以用齐次马氏链描述。

（1）带有吸收壁的随机游动。在例 6.1.1 中，限制随机游动的质点到达某位置后不再移动，不妨设该位置为 0，类似于例 6.1.1 可知，X_n 还是齐次马尔可夫链，状态空间为 $\{0, 1, 2, \cdots\}$，一步转移概率为

$$p_{ii+1} = p, \ p_{ii-1} = q, \ i \geqslant 1, \ p_{00} = 1$$

位置 0 称为随机游动的吸收壁。如果将随机游动限制为带有两个吸收壁，X_n 也是齐次马氏链，请读者写出状态空间和一步转移概率。

（2）带有反射壁的随机游动。在例 6.1.1 中，限制质点到达某位置后，不妨设位置为 0，质点在下一时刻以概率 p 向右移动到位置 1，以概率 q 停留在位置 0，易知，X_n 还是齐次马尔可夫链，状态空间为 $\{0, 1, 2, \cdots\}$，一步转移概率为

$$p_{ii+1} = p, \ p_{ii-1} = q, \ i \geqslant 1$$
$$p_{00} = q, \ p_{01} = p$$

此时位置 0 称为反射壁。同理可以将随机游动限制为两个反射壁，仍然可以用齐次马氏链描述。

（3）对称随机游动。在例 6.1.1 中，如果 $p = \dfrac{1}{2}$，称质点做对称随机游动。对称随机游

动可以描述布朗运动的离散形式。对称随机游动还可以推广到 m 维整数值格点的情形中，即当质点处在 m 维整数值格点的某一位置时，下一时刻质点以相同的概率 $\dfrac{1}{2m}$ 转移到与它相邻的 $2m$ 个邻近位置中的一个，此时质点的随机游动可以构成 m 维马氏链，也是 m 维布朗运动的离散形式。

质点在直线上的随机游动可以用来描述和逼近很多实际的随机现象，如博弈行为、粒子运动等，因此是一类应用广泛的模型。

例 6.1.2（群体增长）　某种生物群体的每个个体在其生存期内彼此独立地产生后代，假设每个个体都以概率 p_k 产生 k 个后代，且有

$$p_k \geqslant 0 \ (k=0,1,\cdots),\ \sum_{k=0}^{\infty} p_k = 1$$

用 X_n 表示第 n 代生物群体的总数，它是生物群体的第 $n-1$ 代的每个个体的后代个数的总和，因此第 $n+1$ 代的个体总数仅依赖于第 n 代个体总数，所以 $\{X_n,\ n=0,1,\cdots\}$ 是一个马氏链，状态空间为 $S=\{0,1,2,\cdots\}$。

如果记第 n 代的生物群体个数 $X_n=i$，同时这 i 个个体各自产生的后代数分别记为随机变量 $\xi_1,\xi_2,\cdots,\xi_i$，且 $\xi_l(l=0,1,\cdots,i)$ 有概率分布

$$P(\xi_l = k) = p_k \quad (k=0,1,2,\cdots)$$

则马氏链 X_n 的一步转移概率为

$$p_{ij} = P(X_{n+1}=j \mid X_n=i) = P(\xi_1+\xi_2+\cdots+\xi_i=j) \quad (i,j \in S)$$

上述群体增长过程也称为离散分支过程，它可以是很多随机现象的数学模型。例如，遗传学中基因变异的存活问题：若将某种变异基因个数看作群体的第一代，则各代变异基因的总数就可以描述为一个分支过程；又如，电子学领域中的电子扩充问题：若将电子撞击金属片产生的新电子数看作初始群体，这些新电子依次撞击金属片产生的电子总数就可以用分支过程描述；再如，核物理学中的中子连锁撞击原子核的现象等也可以用分支过程描述。如果需要考虑群体中个体的多种特征，则分支过程还可以推广为多维分支过程。

例 6.1.3（天气变化）　假设任意一天的天气只与前一天的天气有关，即如果今天是阴天，则明天为阴天的概率为 α；如果今天是晴天，则明天为阴天的概率为 β。如果阴天和晴天分别记为 $0,1$，则天气变化过程可用状态空间为 $S=\{0,1\}$ 的齐次马尔可夫链描述，一步转移概率矩阵为

$$\boldsymbol{P} = \begin{pmatrix} \alpha & 1-\alpha \\ \beta & 1-\beta \end{pmatrix}$$

其实，例 6.1.3 中两种状态的马尔可夫链还可以描述很多随机现象，如在二元通信信道中，信号的每一次传输以一定的概率发生传输错误，则信号的多阶段传输就可以描述为一个两状态的马氏链。

有时，天气的变化过程还可以用不同的马尔可夫链来描述，假设任意一天的天气与前两天的天气有关，即如果昨天和今天都为晴天，明天为晴天的概率为 α；昨天和今天分别为晴天和阴天，明天为晴天的概率为 β；昨天和今天分别为阴天和晴天，明天为晴天的概率为 γ；如果昨天和今天都是阴天，明天为晴天的概率为 δ。如果将阴天和晴天分别记为 $0,1$，则昨天和今天的所有天气情况可以用数对表示为集合 $S=\{(0,0),(1,0),(0,1),(1,1)\}$，由此，

将数对看作状态，天气的变化过程可用状态空间为 S 的马尔可夫链描述，一步转移概率矩阵为

$$P = \begin{pmatrix} \alpha & 1-\alpha & 0 & 0 \\ 0 & 0 & \beta & 1-\beta \\ \gamma & 1-\gamma & 0 & 0 \\ 0 & 0 & \delta & 1-\delta \end{pmatrix}$$

例 6.1.4（网页浏览）　用集合 $S = \{\omega_1, \omega_2, \omega_3, \cdots, \omega_N\}$ 表示因特网中的所有网页，假设 ω_i 上的超级链接数为 $l_i(1 \leqslant l_i \leqslant N)$，对应的网页集合为 $S_i(S_i \subseteq S)$。用户进入因特网页 ω_i 之后，按照以下规则进入一个新的网页 ω_j：以概率 p 从所有网页集合 S 中任选一个网页，或者以概率 q 从网页 ω_i 的超级链接中任选一个网页，其中 $p+q=1$。令 X_n 表示用户在 n 次选取后所在的网页，则 $\{X_n, n=0, 1, \cdots\}$ 是状态空间为 S 的马尔可夫链，而从网页 ω_i 到 ω_j 的一步转移概率为

$$p_{ij} = \begin{cases} \dfrac{q}{l_i} + \dfrac{p}{N} & (s_j \in S_i) \\[3mm] \dfrac{p}{N} & (s_j \notin S_i) \end{cases}$$

例 6.1.5（艾伦菲斯特模型）　设一个坛子装有 m 个球，它们或是红色的或是黑色的。从坛子中随机地摸出一个球并换入一个相反颜色的球，经过 n 次摸换后，坛子中的黑球数为随机变量，记为 X_n，则 $\{X_n, n=0, 1, \cdots\}$ 是状态空间 $S = \{0, 1, 2, \cdots, m\}$ 上的齐次马尔可夫链，一步转移概率矩阵为

$$P = \begin{pmatrix} 0 & 1 & 0 & 0 & \cdots & 0 & 0 & 0 \\ \dfrac{1}{m} & 0 & \dfrac{m-1}{m} & 0 & \cdots & 0 & 0 & 0 \\ 0 & \dfrac{2}{m} & 0 & \dfrac{m-2}{m} & \cdots & 0 & 0 & 0 \\ \vdots & \vdots & \vdots & \vdots & & \vdots & \vdots & \vdots \\ 0 & 0 & 0 & 0 & \cdots & \dfrac{m-1}{m} & 0 & \dfrac{1}{m} \\ 0 & 0 & 0 & 0 & \cdots & 0 & 1 & 0 \end{pmatrix}$$

例 6.1.6（卜里耶模型）　设一个坛子里有 b 个黑球和 r 个红球，每次随机地从坛子中摸出一个球后再放回去，并加入 c 个与摸出球同颜色的球。重复以上步骤将摸球进行下去，设 X_n 表示第 n 次摸放后坛子中的黑球数，则 $\{X_n, n=0, 1, \cdots\}$ 是状态空间 $S = \{b, b+c, b+2c, \cdots\}$ 上的马尔可夫链，一步转移概率为

$$p_{ij}(n) = P(X_{n+1} = j \mid X_n = i) = \begin{cases} \dfrac{i}{b+r+nc} & (j = i+c) \\[3mm] 1 - \dfrac{i}{b+r+nc} & (j = i) \\[3mm] 0 & (\text{其他}) \end{cases}$$

注意到，例 6.1.6 中的马氏链在 n 时刻的一步转移概率是与 n 有关的，因此该马氏链是非齐次的。例 6.1.6 中的马氏链模型还可以描述传染病在群体中的传播现象。

在前面的马氏链例子中，我们仅仅用实际情况说明了马氏链是成立的，下面给出一个用验证马氏性的例子。

例 6.1.7　设 $\{\xi_n, n \geqslant 0\}$ 是相互独立同分布的随机变量序列，且 $P(\xi_n = 1) = p$，$P(\xi_n = -1) = 1 - p$，$p > 0$，$n \geqslant 0$。令随机序列

$$X_n = \sum_{k=0}^{n} \xi_k \quad (n \geqslant 0)$$

验证：随机序列 $\{X_n, n \geqslant 0\}$ 是一个齐次马尔可夫链。

证明　首先 X_n 有状态空间 $S = \{0, \pm 1, \pm 2, \cdots\}$。对任意的 $n \geqslant 0$，$i_0, i_1, \cdots, i_{n+1} \in S$，利用 $\{\xi_n, n \geqslant 0\}$ 的相互独立性，有

$$P(X_{n+1} = i_{n+1} \mid X_0 = i_0, X_1 = i_1, \cdots, X_n = i_n)$$

$$= \frac{P(X_0 = i_0, X_1 = i_1, \cdots, X_n = i_n, X_{n+1} = i_{n+1})}{P(X_0 = i_0, X_1 = i_1, \cdots, X_n = i_n)}$$

$$= \frac{P(\xi_0 = i_0, \xi_1 = i_1 - i_0, \cdots, \xi_{n+1} = i_{n+1} - i_n)}{P(\xi_0 = i_0, \xi_1 = i_1 - i_0, \cdots, \xi_n = i_n - i_{n-1})}$$

$$= P(\xi_{n+1} = i_{n+1} - i_n)$$

$$= P(X_{n+1} = i_{n+1} \mid X_n = i_n)$$

因此 X_n 为马尔可夫链。又由于独立同分布序列 $\{\xi_n, n \geqslant 0\}$ 为齐次马氏链，因此 X_n 也是齐次马氏链。

例 6.1.8　私家车车主必须购买汽车保险。假设有三家汽车保险公司 A、B 和 C 可供选择，这些保险公司都以年为单位出售保单，也就是每年只能更换一次保险公司。此外有特别规定：新客户购买的年度保单必须至少两年才能更换保险公司。

当车主有可能更换保险公司时，如果目前的保险公司分别是 A、B 或 C 公司，他们不选择更换的概率分别为 0.8、0.7 和 0.9。如果车主选择更换他们的保险公司，那么他们等可能地选择替代的保险公司。

能否用马尔可夫链来描述保险的更换情况？如果能的话，写出其状态空间和一步转移概率矩阵。

解　可以用马尔可夫链来描述保险的更换情况。设 X_n 表示第 n 年初私家车车主购买的保险，其状态空间为：新客购买 A 保险、老客购买 A 保险；新客购买 B 保险、老客购买 B 保险；新客购买 C 保险、老客购买 C 保险，分别用 1，2，3，4，5，6 表示。其一步转移概率矩阵为

$$\begin{bmatrix} 0 & 1 & 0 & 0 & 0 & 0 \\ 0 & 0.8 & 0.1 & 0 & 0.1 & 0 \\ 0 & 0 & 0 & 1 & 0 & 0 \\ 0.15 & 0 & 0 & 0.7 & 0.15 & 0 \\ 0 & 0 & 0 & 0 & 0 & 1 \\ 0.05 & 0 & 0.05 & 0 & 0 & 0.9 \end{bmatrix}$$

可以看到，适当的定义状态后，马尔可夫链可以描述物理现象、自然现象、社会现象以及科学实践中的很多问题。但是，用定义严格验证马氏性通常比较困难，因此当人们凭借经验认为一些随机现象具有或近似具有马氏性时，就可以建立马氏链模型，进而应用马氏

链的基本理论和方法研究人们感兴趣的问题。

6.2 马尔可夫链的概率分布

本节首先介绍刻画马尔可夫链(马氏链)k 步转移概率与一步转移概率关系的切谱曼-柯尔莫哥洛夫方程,然后介绍马尔可夫链的初始分布、绝对分布、有限维分布以及相关的结论。

定理 6.2.1 设$\{X_n, n \geqslant 0\}$是状态空间 S 上的马尔可夫链,则有

$$p_{ij}^{(k+m)}(n) = \sum_{l \in S} p_{il}^{(k)}(n) p_{lj}^{(m)}(n+k) \quad (n, m, k \geqslant 0, i, j \in S) \quad (6.2.1)$$

矩阵形式为

$$\boldsymbol{P}^{(k+m)}(n) = \boldsymbol{P}^{(k)}(n)\boldsymbol{P}^{(m)}(n+k) \quad (6.2.2)$$

式(6.2.1)和式(6.2.2)称为切谱曼-柯尔莫哥洛夫方程,简称为 C-K 方程。

证明 对任意的 $n, m, k \geqslant 0, i, j \in S$,有

$$
\begin{aligned}
p_{ij}^{(k+m)}(n) &= P\{X_{n+k+m} = j \mid X_n = i\} \\
&= P\{(\bigcup_{l \in S} X_{n+k} = l), X_{n+k+m} = j \mid X_n = i\} \\
&= P\{\bigcup_{l \in S} (X_{n+k} = l, X_{n+k+m} = j) \mid X_n = i\} \\
&= \sum_{l \in S} P(X_{n+k} = l \mid X_n = i) \cdot P(X_{n+k+m} = j \mid X_n = i, X_{n+k} = l) \\
&= \sum_{l \in S} p_{il}^{(k)}(n) \cdot p_{lj}^{(m)}(n+k)
\end{aligned}
$$

因此结论成立。

C-K 方程有直观意义:马氏链在 n 时从状态 i 出发,经过 $k+m$ 步于 $n+k+m$ 时转移到状态 j,可以先在 n 时从状态 i 出发,经过 k 步于 $n+k$ 时转移到某中间状态 l,再在 $n+k$ 时从状态 l 出发经过 m 步转移到状态 j(即 $n+k+m$ 状态),而中间状态 l 取遍状态空间 S。

如果在式(6.2.2)中取 $m=1$,可得

$$
\begin{aligned}
\boldsymbol{P}^{(k+1)}(n) &= \boldsymbol{P}^{(k)}(n)\boldsymbol{P}(n+k) \\
&= \boldsymbol{P}(n) \cdot \boldsymbol{P}(n+1) \cdot \cdots \cdot \boldsymbol{P}(n+k) \quad (n, k \geqslant 0) \quad (6.2.3)
\end{aligned}
$$

相应的分量形式为

$$p_{ij}^{(k+1)}(n) = \sum_{j_1 \in S} \sum_{j_2 \in S} \cdots \sum_{j_k \in S} p_{ij_1}(n) \cdot p_{j_1 j_2}(n+1) \cdots \cdot p_{j_k j}(n+k) \quad (n, k \geqslant 0, i, j \in S)$$

上式说明马氏链的 k 步转移概率可由其一步转移概率确定。

特别地,当 X_n 是齐次马氏链时,对任意的 $n \geqslant 0$,有

$$\boldsymbol{P}(0) = \boldsymbol{P}(n) = \boldsymbol{P}(n+1) = \cdots$$

则由 C-K 方程(式(6.2.2))易得

$$\boldsymbol{P}^{(k)} = \boldsymbol{P}^k \quad (k \geqslant 1)$$

这说明齐次马氏链的 k 步转移概率矩阵是其一步转移概率矩阵的 k 次幂,同时也表明齐次马氏链的 k 步转移概率也与起始时刻无关。

例 6.2.1　设 $\{X_n , n \geqslant 0\}$ 是描述天气变化的齐次马尔可夫链，状态空间为 $S = \{0 , 1\}$，其中 0，1 分别表示有雨和无雨。X_n 的一步转移概率矩阵为

$$\boldsymbol{P} = \begin{pmatrix} 0.7 & 0.3 \\ 0.4 & 0.6 \end{pmatrix}$$

试对任意的 $i , j \in S$，计算三步转移概率 $p_{ij}^{(3)}$。

解　由于马氏链 X_n 是齐次的，则由 C-K 方程计算得 X_n 的两步转移概率矩阵为

$$\boldsymbol{P}^2 = \boldsymbol{PP} = \begin{pmatrix} 0.61 & 0.39 \\ 0.52 & 0.48 \end{pmatrix}$$

进一步计算 X_n 的三步转移概率矩阵为

$$\boldsymbol{P}^3 = \boldsymbol{P}^2 \boldsymbol{P} = \begin{pmatrix} 0.583 & 0.417 \\ 0.556 & 0.444 \end{pmatrix}$$

因此有

$$p_{00}^{(3)} = 0.583 , \quad p_{01}^{(3)} = 0.417 , \quad p_{10}^{(3)} = 0.556 , \quad p_{11}^{(3)} = 0.444$$

比较例 6.2.1 中的三步转移概率 $p_{00}^{(3)} = 0.583$ 和 $p_{01}^{(3)} = 0.417$，可以看到，经过三步的状态转移，马氏链转移到状态 0（即有雨）的概率是不同的，这是因为马氏链在开始时刻所处的状态不同而导致的。

下面介绍马氏链中的概率分布，利用 C-K 方程，可以得到有关这些概率分布的一些结论。

定义 6.2.1　设马尔可夫链 $\{X_n , n \geqslant 0\}$ 的状态空间为 S，记为

$$q_j^{(0)} \overset{\text{def}}{=\!=} P(X_0 = j) \quad (j \in S)$$

则称概率分布 $\{q_j^{(0)} , j \in S\}$ 为马尔可夫链 X_n 的初始分布。记向量

$$\boldsymbol{q}^{(0)} = \{q_1^{(0)} , q_2^{(0)} , \cdots , q_j^{(0)} , \cdots\}$$

称 $\boldsymbol{q}^{(0)}$ 为马尔可夫链 X_n 的初始分布向量。

初始分布表示了一个马氏链在开始时刻所处状态的概率，而转移概率则表达了马氏链在状态转移过程中的规律。因此，初始分布和转移概率决定了马氏链的有限维分布，从而也决定了马氏链的统计规律。定理 6.2.2 给出相关结论。

定理 6.2.2　马尔可夫链 $\{X_n , n \geqslant 0\}$ 的有限维分布由它的初始分布和一步转移概率完全确定。

证明　设马尔可夫链 X_n 的状态空间为 S，则对非负整数 $t_1 < t_2 < \cdots < t_n$ 及 $i_1 , i_2 , \cdots , i_n , i \in S$，马氏链 X_n 的有限维分布为

$$\begin{aligned}
&P\{X_{t_1} = i_1 , X_{t_2} = i_2 , \cdots , X_{t_n} = i_n\} \\
&= P\{\bigcup_{i \in S} (X_0 = i) , X_{t_1} = i_1 , X_{t_2} = i_2 , \cdots , X_{t_n} = i_n\} \\
&= \sum_{i \in S} P\{X_0 = i , X_{t_1} = i_1 , X_{t_2} = i_2 , \cdots , X_{t_n} = i_n\} \\
&= \sum_{i \in S} q_i^{(0)} \cdot p_{ii_1}^{(t_1)}(0) \cdot p_{i_1 i_2}^{(t_2-t_1)}(t_1) , \cdots , p_{i_{n-1} i_n}^{(t_n-t_{n-1})}(t_{n-1})
\end{aligned}$$

再由 C-K 方程知，马氏链的有限维分布由初始分布和一步转移概率确定。

定义 6.2.2　设马尔可夫链 $\{X_n , n \geqslant 0\}$ 的状态空间为 S，对 $n \geqslant 0$，记

$$q_j^{(n)} \overset{\text{def}}{=\!=} P(X_n = j) \quad (j \in S)$$

则称概率分布$\{q_j^{(n)}, j \in S\}$为马尔可夫链X_n的绝对分布。记向量

$$\boldsymbol{q}^{(n)} = \{q_1^{(n)}, q_2^{(n)}, \cdots, q_j^{(n)}, \cdots\}$$

称$\boldsymbol{q}^{(n)}$为马尔可夫链X_n的绝对分布向量。

显然，当$n = 0$时，绝对分布就是初始分布。绝对分布反映了一个马氏链在任意时刻n处于各状态的概率，也是实际应用中人们感兴趣的问题，它也由初始分布和转移概率确定。

定理 6.2.3   马尔可夫链$\{X_n, n \geqslant 0\}$的绝对分布由它的初始分布和一步转移概率完全确定。

证明   设马尔可夫链X_n的状态空间为S，则对任意的$j \in S$，$n \geqslant 0$，马氏链X_n的绝对分布为

$$q_j^{(n)} = P\{X_n = j\} = P\left\{\bigcup_{i \in S}(X_0 = i), X_n = j\right\}$$

$$= P\left\{\bigcup_{i \in S}(X_0 = i, X_n = j)\right\} = P(X_0 = i, X_n = j)$$

$$= \sum_{i \in S} q_i^{(0)} p_{ij}^{(n)}(0)$$

用向量形式可以表示为

$$\boldsymbol{q}^{(n)} = \boldsymbol{q}^{(0)} \boldsymbol{P}^{(n)}(0)$$

由 C-K 方程知，马氏链的绝对分布由初始分布和一步转移概率确定。

例 6.2.2   设齐次马尔可夫链$\{X_n, n \geqslant 0\}$的状态空间为$S = \{0, 1, 2\}$，且有一步转移概率矩阵

$$\boldsymbol{P} = \begin{pmatrix} \dfrac{2}{3} & \dfrac{1}{3} & 0 \\[2mm] \dfrac{1}{3} & \dfrac{1}{3} & \dfrac{1}{3} \\[2mm] 0 & \dfrac{1}{2} & \dfrac{1}{2} \end{pmatrix}$$

若X_n有初始分布

$$q_0^{(0)} = q_1^{(n=0)} = q_2^{(0)} = \frac{1}{3}$$

试计算概率$P(X_0 = 0, X_2 = 2)$和$P(X_2 = 2)$。

解   齐次马氏链X_n的两步转移概率矩阵为

$$\boldsymbol{P}^2 = \boldsymbol{PP} = \begin{pmatrix} \dfrac{5}{9} & \dfrac{1}{3} & \dfrac{1}{9} \\[2mm] \dfrac{1}{3} & \dfrac{7}{18} & \dfrac{5}{18} \\[2mm] \dfrac{1}{6} & \dfrac{5}{12} & \dfrac{5}{12} \end{pmatrix}$$

因此有

$$P(X_0 = 0, X_2 = 2) = P(X_0 = 0)P(X_2 = 2 \mid X_0 = 0)$$

$$= q_0^{(0)} \cdot p_{02}^{(2)} = \frac{1}{3} \times \frac{1}{9} = \frac{1}{27}$$

$$P(X_2 = 2) = \sum_{i=0}^{2} P(X_0 = i) P(X_2 = 2 \mid X_0 = i)$$
$$= q_0^{(0)} \cdot p_{02}^{(2)} + q_1^{(0)} \cdot p_{12}^{(2)} + q_2^{(0)} \cdot p_{22}^{(2)}$$
$$= \frac{1}{3} \times \left(\frac{1}{9} + \frac{5}{18} + \frac{5}{12} \right)$$
$$= \frac{29}{108}$$

例 6.2.3 如果将社会家庭中个体的收入分为低收入、中等收入和高收入三个等级，则早在 20 世纪 50 年代，社会学研究者发现个体收入的等级很大程度上取决于其父代收入的等级。如果令 X_n 表示一个家庭第 n 代个体的收入等级，并用 1、2、3 分别表示低收入、中等收入和高收入，则一个家庭中相继的后代收入等级的变化可以用齐次马氏链来描述，状态空间为 $S = \{1, 2, 3\}$，并且有以下转移概率矩阵

$$\boldsymbol{P} = \begin{bmatrix} 0.65 & 0.28 & 0.07 \\ 0.15 & 0.67 & 0.18 \\ 0.12 & 0.36 & 0.52 \end{bmatrix}$$

如果个体当前收入等级为 3，试分析经过三代后个体收入等级变为 2 的可能性，进一步分析经过 n 代后个体的收入等级的概率分布，并具体计算 $n = 10$ 时个体收入等级的概率分布。如果个体当前收入等级为 2，经过三代后个体收入等级变为 2 的可能性有多大；如果个体当前收入等级为 1，经过三代后个体收入等级变为 2 的可能性有多大。

解 按照题意，个体当前收入等级为 3，经过三代后个体收入等级为 2 的可能性，即要计算条件概率 $P(X_3 = 2 \mid X_0 = 3) = p_{32}^{(3)}$。

而马氏链的两步转移概率矩阵为

$$\boldsymbol{P}^2 = \boldsymbol{PP} \approx \begin{bmatrix} 0.47 & 0.39 & 0.13 \\ 0.22 & 0.56 & 0.22 \\ 0.19 & 0.46 & 0.34 \end{bmatrix}$$

进一步计算得马氏链的 3 步转移概率矩阵为

$$\boldsymbol{P}^3 = \boldsymbol{P}^2 \boldsymbol{P} \approx \begin{bmatrix} 0.38 & 0.44 & 0.17 \\ 0.25 & 0.52 & 0.23 \\ 0.23 & 0.49 & 0.27 \end{bmatrix}$$

因此所求的概率为 $P(X_3 = 2 \mid X_0 = 3) = p_{32}^{(3)} \approx 0.49$。

同理可求得

$$P(X_3 = 2 \mid X_0 = 2) = p_{22}^{(3)} \approx 0.52$$
$$P(X_3 = 2 \mid X_0 = 1) = p_{12}^{(3)} \approx 0.44$$

如果要知道经过 n 代后个体收入等级的变化概率分布，应计算绝对分布：$q_j^{(n)} = P(X_n = j)(j = 1, 2, 3)$。我们给出其向量形式的计算公式：

$$\{q_1^{(n)}, q_2^{(n)}, q_3^{(n)}\} = \{q_1^{(0)}, q_2^{(0)}, q_3^{(0)}\} \boldsymbol{P}^n = \{0, 0, 1\} \boldsymbol{P}^n$$

特别地，当 $n = 10$ 时，个体收入等级的概率分布为

$$\{q_1^{(10)}, q_2^{(10)}, q_3^{(10)}\} = \{0, 0, 1\} \boldsymbol{P}^{10} \approx \{0.286, 0.489, 0.225\}$$

事实上，对于例 6.2.3，当 n 比较大后，对所有这些比较大的 n 都将有

$$\{q_1^{(n)}, q_2^{(n)}, q_3^{(n)}\} = \{0, 0, 1\} \boldsymbol{P}^n \approx \{0.286, 0.489, 0.225\}$$

这个结果说明了个人的经济地位在代与代之间具有一定的流动性，无论一个人处于社会的哪一个经济层，他的后代都有可能跨越到其他的各个经济阶层。这种经济的代际流动问题，一直是经济学家和社会学家研究的热点问题。作为年轻人，不能只依赖父辈留下来的财富，应该靠自己奋斗，穷不可怕，可怕的是不奋斗，幸福是奋斗出来的。财富在代与代之间的流动，长期来看具有稳定性，请读者思考这个结论是必然的还是偶然的？我们将在后面马氏链的极限性态中进一步讨论。

从本节的讨论，我们看到马氏链的初始分布和一步转移概率完全确定了马氏链随时间变化的规律。用马氏链为一些实际问题建模时，初始分布往往是可以确定的，因此，获得马氏链的一步转移概率，对研究它的变化规律是很重要的。

6.3　马尔可夫链的状态分类

在本章后面的讨论中，总假设 $\{X_n, n \geqslant 0\}$ 为齐次马氏链，S 是马氏链 X_n 的状态空间。本节将介绍齐次马尔可夫链状态的概率特性，并通过状态的概率特性对性状进行定义和分类。

6.3.1　状态类型的定义

定义 6.3.1　对任意的 $i, j \in S$，$n \geqslant 1$，记
$$f_{ij}^{(n)} = P\{X_n = j, X_k \neq j, k = 1, 2, \cdots, n-1 \mid X_0 = i\} \tag{6.3.1}$$
称 $f_{ij}^{(n)}$ 为马氏链 X_n 在 0 时从状态 i 出发，经过 n 步转移首次到达状态 j 的概率，简称首达概率。特别地，记
$$f_{ij}^{(+\infty)} = P\{X_n \neq j, k = 1, 2, \cdots \mid X_0 = i\}$$
称 $f_{ij}^{(+\infty)}$ 为马氏链 X_n 在 0 时从状态 i 出发，有限步转移后不可能到达状态 j 的概率。又记
$$f_{ij} = \sum_{n=1}^{\infty} f_{ij}^{(n)} \tag{6.3.2}$$
称 f_{ij} 为马氏链 X_n 从状态 i 出发，经过有限步转移后终究要到达状态 j 的概率。

在式(6.3.2)中，若 $i = j$，则 f_{ii} 就表示马氏链 X_n 从状态 i 出发，经过有限步终究要返回状态 i 的概率，由此，我们以概率 f_{ii} 的大小来定义状态 i 的类型。

定义 6.3.2　对状态 $i \in S$，如果 $f_{ii} = 1$，则称 i 为常返态；如果 $f_{ii} < 1$，则称 i 为非常返态。

对常返态和非常返态的直观解释：如果状态 i 是常返态，则表示马氏链从状态 i 出发经过有限步必定要回到状态 i，这又意味着马氏链从状态 i 出发将无数次地返回状态 i；如果状态 i 是非常返态，则表示马氏链从状态 i 出发后，以一个正的概率$(1 - f_{ii} > 0)$不再返回到状态 i，即马氏链从状态 i 出发后再返回状态 i 的次数是有限的，因此也称非常返态为滑过态。

如果状态 i 是常返态，则由式(6.3.2)知：

$$\sum_{n=1}^{\infty} f_{ii}^{(n)} = f_{ii} = 1$$

上式表示状态 i 的首达概率构成一概率分布 $\{f_{ii}^{(n)}, n=1, 2, \cdots\}$，记相应的均值为

$$\mu_{ii} = \sum_{n=1}^{+\infty} n f_{ii}^{(n)} \tag{6.3.3}$$

则均值 μ_{ii} 反映了马氏链从状态 i 出发首次返回到状态 i 的平均时间或平均转移步数。由此，利用均值 μ_{ii} 的大小，对常返态做进一步分类。

定义 6.3.3　设状态 $i \in S$ 是常返态，若 $\mu_{ii} < +\infty$，则称 i 为正常返态；若 $\mu_{ii} = +\infty$，则称 i 为零常返态。

对正常返态和零常返态的直观解释：状态 i 为正常返态，即指马氏链从状态 i 出发返回到状态 i 的平均转移步数是有限的；状态 i 是零常返态，则表示马氏链从状态 i 出发返回到状态 i 的平均时间为无穷大，因此零常返态也称消极常返态。

例 6.3.1　设齐次马尔可夫链 $\{X_n, n \geq 0\}$ 的状态空间为 $S = \{1, 2, 3, 4\}$，一步转移概率矩阵为

$$P = \begin{pmatrix} \dfrac{1}{2} & \dfrac{1}{2} & 0 & 0 \\[2mm] 1 & 0 & 0 & 0 \\[2mm] 0 & \dfrac{1}{3} & \dfrac{2}{3} & 0 \\[2mm] \dfrac{1}{2} & 0 & \dfrac{1}{2} & 0 \end{pmatrix}$$

试用定义分析哪些状态是常返态，哪些状态是非常返态。

解　马氏链的状态转移图如图 6.3.1 所示。

由 X_n 的转移概率，可得

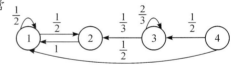

图 6.3.1　例 6.3.1 状态转移图

$$f_{11}^{(1)} = \frac{1}{2}, \quad f_{11}^{(2)} = \frac{1}{2}, \quad f_{11}^{(n)} = 0 \quad (n \geq 3)$$

根据式(6.3.2)，有

$$f_{11} = \sum_{n=1}^{\infty} f_{11}^{(n)} = f_{11}^{(1)} + f_{11}^{(2)} = 1$$

则由定义 6.3.2 知，状态 1 是常返态。

再由式(6.3.3)，有

$$\mu_{11} = \sum_{n=1}^{\infty} n f_{11}^{(n)} = 1 \times \frac{1}{2} + 2 \times \frac{1}{2} = \frac{3}{2} < \infty$$

由定义 6.3.3 知，状态 1 是正常返态。

同理，根据 X_n 的一步转移概率，有

$$f_{22}^{(1)} = 0, \quad f_{22}^{(2)} = \frac{1}{2}, \quad f_{22}^{(n)} = \frac{1}{2^{n-1}} \quad (n \geq 3)$$

进一步计算，得

$$f_{22} = \sum_{n=1}^{\infty} f_{22}^{(n)} = \frac{1}{2} + \frac{1}{2^2} + \cdots + \frac{1}{2^{n-1}} + \cdots = 1$$

$$\mu_{22} = \sum_{n=1}^{\infty} n f_{22}^{(n)} = 1 + \frac{3}{2^2} + \frac{4}{2^3} + \cdots + \frac{n}{2^{n-1}} + \cdots = 3 < +\infty$$

由定义 6.3.2 和定义 6.3.3 知，状态 2 是常返态，且是正常返态。

又因为

$$f_{33}^{(1)} = \frac{2}{3}, \ f_{33}^{(n)} = 0 \quad (n \geqslant 2)$$

所以

$$f_{33} = \frac{2}{3} < 1$$

对一切 $n \geqslant 1$，有 $f_{44}^{(n)} = 0$，所以有

$$f_{44} = 0 < 1$$

则由定义 6.3.2 知，状态 3 和状态 4 是非常返态。

例 6.3.2 设齐次马尔可夫链 $\{X_n, n \geqslant 0\}$ 的状态空间为 $S = \{1, 2, 3, 4, 5\}$，一步转移概率矩阵为

$$\boldsymbol{P} = \begin{pmatrix} 0 & \dfrac{1}{3} & 0 & \dfrac{2}{3} & 0 \\ 0 & 0 & 1 & 0 & 0 \\ 1 & 0 & 0 & 0 & 0 \\ 0 & 0 & 0 & 0 & 1 \\ 1 & 0 & 0 & 0 & 0 \end{pmatrix}$$

试分析哪些状态为常返态，哪些是非常返态。

解 马氏链的状态转移图如图 6.3.2 所示。

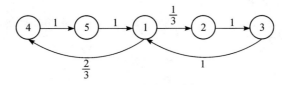

图 6.3.2 例 6.3.2 状态转移图

根据 X_n 的转移概率，当 $i = 1$ 时，有

$$f_{11}^{(n)} = 0 \quad (n \neq 3), \ f_{11}^{(3)} = \frac{1}{3} + \frac{2}{3} = 1$$

所以有

$$f_{11} = 1, \ \mu_{11} = 3$$

当 $i = 2, 3$ 时，有

$$f_{ii}^{(3m)} = \frac{1}{3} \times \left(\frac{2}{3}\right)^{m-1} (整数 \ m \geqslant 1), \ f_{ii}^{(n)} = 0 \quad (n \neq 3m)$$

进一步计算得

$$
\begin{cases}
f_{ii} = \displaystyle\sum_{m=1}^{\infty} f_{ii}^{(3m)} = 1 \\[2mm]
\mu_{ii} = \displaystyle\sum_{m=1}^{\infty} 3m f_{ii}^{(3m)} = 9 < +\infty
\end{cases}
$$

当 $i=4,5$ 时，有

$$
f_{ii}^{(3m)} = \frac{2}{3} \times \left(\frac{1}{3}\right)^{m-1} \quad (\text{整数 } m \geqslant 1) , \ f_{ii}^{(n)} = 0 \quad (n \neq 3m)
$$

进一步计算得

$$
f_{ii} = \sum_{m=1}^{\infty} f_{ii}^{(3m)} = \sum_{m=1}^{\infty} \frac{2}{3} \times \left(\frac{1}{3}\right)^{m-1} = 1
$$

$$
\mu_{ii} = \sum_{m=1}^{\infty} 3m f_{ii}^{(3m)} = \sum_{m=1}^{\infty} 3m \times \frac{2}{3} \times \left(\frac{1}{3}\right)^{m-1} = \frac{9}{2} < \infty
$$

综上分析，由定义 6.3.2 和定义 6.3.3 知，状态 1、2、3、4、5 均为正常返态。

从例 6.3.2 中马氏链的转移概率可以发现一个现象，即对每一个状态 i，马氏链从 i 出发再返回到 i 的可能转移步数为 $3,6,9,12,\cdots$，这些转移步数有最大公约数 3，这种现象反映了一些状态的周期性特点。一般地，引入状态周期的定义。

定义 6.3.4　对状态 $i \in S$，若正整数集合 $\{n \mid n \geqslant 1, \ p_{ii}^{(n)} > 0\}$ 非空，记该集合的最大公约数为 d_i，即

$$
d_i = \mathrm{GCD}\{n \mid n \geqslant 1, \ p_{ii}^{(n)} > 0\}
$$

当 $d_i > 1$ 时，称状态 i 是有周期的，并记 d_i 为状态 i 的周期。当 $d_i = 1$ 时，称状态 i 是非有周期的。

从定义 6.3.4 易知，如果状态 i 有周期 d_i，则当 $P_{ii}^{(n)} > 0$ 时，一定存在正整数 m，使 $n = md_i$。反之，请读者思考：对于任意的正整数 m，是否一定有 $P_{ii}^{(md_i)} > 0$ 呢？对于这个问题，定理 6.3.1 给出回答。

定理 6.3.1　设状态 i 的周期为 d，则必存在正整数 N_0，使得对所有的 $N \geqslant N_0$，均有 $P_{ii}^{(Nd)} > 0$。

证明　将集合 $\{n \mid n \geqslant 1, \ P_{ii}^{(n)} > 0\}$ 表示为 $\{n_m \mid m = 1, 2, \cdots\}$，并记为

$$
d_m = \mathrm{GCD}\{n_t \mid t = 1, 2, \cdots, m\} \quad (m \geqslant 1)
$$

则有

$$
d_1 \geqslant d_2 \geqslant \cdots \geqslant d \geqslant 1
$$

因此必存在正整数 l 使 $d_l = d_{l+1} = \cdots = d$，即有

$$
d = d_l = \mathrm{GCD}\{n_1, n_2, \cdots, n_l\}
$$

由初等数论知识，必存在正整数 N_0，使得对所有的 $N \geqslant N_0$，都有

$$
Nd = N_1 n_1 + N_2 n_2 + \cdots + N_l n_l
$$

其中 $N_m (m = 1, 2, \cdots, l)$ 为相应的正整数。又因为对每个 $n_m (m = 1, 2, \cdots, l)$ 有 $P_{ii}^{(n_m)} > 0$，则由 C-K 方程得

$$
p_{ii}^{(Nd)} \geqslant \prod_{m=1}^{l} p_{ii}^{(N_m n_m)} \geqslant \prod_{m=1}^{l} \left[p_{ii}^{(n_m)} \right]^{N_m} > 0
$$

结论得证。

由状态周期的定义 6.3.4 和定理 6.3.1，可以解释状态周期的特点：状态 i 的周期为 d，就表示马氏链从状态 i 出发再返回到状态 i 的转移步数 n 一定是周期 d 的倍数。而任意一个以周期倍数为转移步数的转移并不一定能够实现从状态 i 再返回到状态 i，但是却存在一个正整数，以大于该正整数的周期倍数为转移步数的转移一定可以实现从状态 i 到状态 i 的转移。

通常又将正常返的非周期状态称为遍历态。由此，可以将马尔可夫链的状态类型归纳如下：

$$\text{状态 } i \begin{cases} \text{非常返态}(f_{ii}<1) \\ \text{常返态}(f_{ii}=1) \begin{cases} \text{零常返态}(\mu_{ii}=+\infty) \\ \text{正常返态}(\mu_{ii}<+\infty) \begin{cases} \text{周期的}(d_1>1) \\ \text{非周期的}(d_1=1) \rightarrow \text{遍历态} \end{cases} \end{cases} \end{cases}$$

6.3.2 状态类型的判别

下面介绍如何利用转移概率的信息来判断马尔可夫链状态的类型，为此需要知道转移概率 $p_{ij}^{(n)}$、首达概率 $f_{ij}^{(n)}$ 以及概率 f_{ij} 的关系等。

引理 6.3.1 验证：对 $\forall i, j \in S, n \geq 1$，有

(1) $f_{ij}^{(n)} \leqslant p_{ij}^{(n)} \leqslant f_{ij}$；

(2) $f_{ij}^{(n)} = \sum\limits_{i_1 \neq j} \sum\limits_{i_2 \neq j} \cdots \sum\limits_{i_{n-1} \neq j} p_{ii_1} p_{i_1 i_2} \cdots p_{i_{n-1} j}$；

(3) $p_{ij}^{(n)} = \sum\limits_{l=1}^{n} f_{ij}^{(l)} p_{jj}^{(n-l)}$。 $\qquad\qquad$ (6.3.4)

证明 (1) 利用概率 $p_{ij}^{(n)}$、$f_{ij}^{(n)}$ 以及 f_{ij} 的定义知结论成立。

(2) 由首达概率的定义以及马氏性得

$$f_{ij}^{(n)} = P\left\{X_n = j, \bigcup_{i_k \neq j}(X_k = i_k), k = 1, 2, \cdots, n-1 \mid X_0 = i\right\}$$

$$= P\left\{\bigcup_{i_1 \neq j} \bigcup_{i_2 \neq j} \cdots \bigcup_{i_{n-1} \neq j}(X_1 = i_1, X_2 = i_2, \cdots, X_{n-1} = i_{n-1}, X_n = j) \mid X_0 = i\right\}$$

$$= \sum_{i_1 \neq j} \sum_{i_2 \neq j} \cdots \sum_{i_{n-1} \neq j} P\{X_1 = i_1, X_2 = i_2, \cdots, X_{n-1} = i_{n-1}, X_n = j \mid X_0 = i\}$$

$$= \sum_{i_1 \neq j} \sum_{i_2 \neq j} \cdots \sum_{i_{n-1} \neq j} p_{ii_1} \cdot p_{i_1 i_2} \cdot \cdots \cdot p_{i_{n-1} j}$$

(3) 由 n 步转移概率的定义得

$$p_{ij}^{(n)} = P\{X_n = j \mid X_0 = i\}$$

$$= P\left\{\bigcup_{l=1}^{n}(X_l = j, X_k \neq j, k = 1, 2, \cdots, l-1), X_n = j \mid X_0 = i\right\}$$

$$= \sum_{l=1}^{n} P\{X_l = j, X_k \neq j, k = 1, 2, \cdots, l-1, X_n = j \mid X_0 = i\} P\{X_n = j \mid X_l = j\}$$

$$= \sum_{l=1}^{n} f_{ij}^{(l)} p_{jj}^{(n-l)}$$

结论成立。

如果令 $p_{ij}^{(0)} = \delta_{ij}$，$f_{ij}^{(0)} = 0$，则定义如下矩母函数

$$P_{ij}(z) = \sum_{k=0}^{\infty} p_{ij}^{(k)} z^k, \quad F_{ij}(z) = \sum_{k=0}^{\infty} f_{ij}^{(k)} z^k$$

则由引理 6.3.1 中的式(6.3.4)知，可以将矩母函数的形式表示为

$$P_{ij}(z) = \delta_{ij} + F_{ij}(z) P_{ij}(z)$$

由此可以解得

$$\begin{cases} P_{jj}(z) = \dfrac{1}{1 - F_{jj}(z)} \\[3mm] P_{ij}(z) = \dfrac{F_{ij}(z)}{1 - F_{jj}(z)} \quad (i \neq j) \end{cases} \tag{6.3.5}$$

令 $z \to 1^-$，对式(6.3.5)的两边取极限，并利用数学分析中的阿贝尔定理，可得

$$\sum_{n=1}^{+\infty} P_{jj}^{(n)} = \frac{1}{1 - f_{jj}} \tag{6.3.6}$$

利用式(6.3.6)并结合定义 6.3.2，容易得到判断常返态与非常返态的充要条件。

定理 6.3.2　设状态 $i \in S$，则

(1) 状态 i 是常返态的充要条件是 $\displaystyle\sum_{n=1}^{+\infty} P_{ii}^{(n)} = +\infty$；

(2) 状态 i 是非常返态的充要条件是 $\displaystyle\sum_{n=1}^{+\infty} P_{ii}^{(n)} < +\infty$。

引理 6.3.2　设状态 $i \in S$，如果 i 是常返态且有周期 d，则

$$\lim_{n \to \infty} P_{ii}^{(nd_i)} = \frac{d_i}{\mu_{ii}} \tag{6.3.7}$$

规定：当 $\mu_{ii} = +\infty$ 时，$\dfrac{1}{\mu_{ii}} = 0$。

证明　取定状态 i 后，不妨设 $p_{ii}^{(n)}$、$f_{ii}^{(n)}$、d_i 和 μ_{ii} 分别简记为 p_n、f_n、d、μ。令

$$r_n = \sum_{m=n+1}^{+\infty} f_m \quad (n = 0, 1, 2, \cdots)$$

由于状态 i 是常返态，并由式(6.3.4)，有

$$r_0 p_n = p_n = \sum_{m=1}^{n} f_m p_{n-m} = \sum_{m=1}^{n} (r_{m-1} - r_m) p_{n-m} \quad (n = 0, 1, 2, \cdots)$$

从而对一切 $n = 1, 2, \cdots$，$\displaystyle\sum_{m=0}^{n} r_m p_{n-m} = \sum_{m=0}^{n-1} r_m p_{n-1-m}$ 成立，即 $\displaystyle\sum_{m=0}^{n} r_m p_{n-m}$ 不依赖于 $n \geqslant 0$。

注意到 $r_0 p_0 = 1$，则得

$$\sum_{m=0}^{n} r_m p_{n-m} \equiv 1 \quad (n = 0, 1, 2, \cdots) \tag{6.3.8}$$

首先令 $\lambda = \varlimsup_{n \to \infty} p_{nd}$，由 d 的定义知

$$\lambda = \limsup_{n \to \infty} p_{nd} = \limsup_{n \to \infty} p_n \tag{6.3.9}$$

于是必有子列 $\{n_m, m = 1, 2, \cdots\}$，使得当 $m \to \infty$ 时，$n_m \to \infty$ 且 $\lambda = \limsup_{m \to \infty} p_{n_m d}$。

由于 i 是常返态，即 $f_{ii}=1$，所以必有某正整数 t 使得 $f_t>0$。由周期的性质知 d 可整除 t，再由式(6.3.4)，得

$$\lambda = \limsup_{m \to \infty} p_{n_m d} = \liminf_{m \to \infty} \left(f_t p_{n_m d - t} + \sum_{\nu=1,\,\nu \neq t}^{n_m d} f_\nu p_{n_m d - \nu} \right)$$

$$\leqslant f_t \liminf_{m \to \infty} p_{n_m d - t} + \left(\sum_{\nu=1,\,\nu \neq t}^{+\infty} f_\nu \right) \limsup_{m \to \infty} p_m$$

$$= f_t \liminf_{m \to \infty} p_{n_m d - t} + (1 - f_t) \lambda$$

因此 $\liminf_{m \to \infty} p_{n_m d - t} \geqslant \lambda$。结合式(6.3.9)知，对每个使 $f_t>0$ 的 t 以及每个使 $\lim p_{n_m d} = \lambda$ 的子列 $\{n_m,\, m \geqslant 1\}$，都有 $\lim_{m \to \infty} p_{n_m d - t} = \lambda$。注意到 t 是 d 的倍数，反复应用此式，则知对任何的正整数 c 都有 $\lim_{m \to \infty} p_{n_m d - ct} = \lambda$，从而对形如 $c = \sum_{z=1}^{l} c_z t_z$ 的正整数 μ 仍有

$$\lim_{m \to \infty} p_{n_m d - \mu} = \lambda \tag{6.3.10}$$

其中 l，$c_z(z=1,2,\cdots,l)$ 皆为任意的正整数，而每个 $t_z(z=1,2,\cdots,l)$ 是使 $f_{t_z}>0$ 的正整数，则必有满足 $f_{t_z}>0$ 的 $t_z(z=1,2,\cdots,l)$，使 $d=\mathrm{GCD}\{t_z,\, z=1,2,\cdots,l\}$（参见例6.3.3）。再由初等数论知识得，必存在正整数 N_0，对每个正整数 $N \geqslant N_0$，有相应的正整数 $c_z(z=1,2,\cdots,l)$，使得 $Nd = \sum_{z=1}^{l} c_z t_z$。由式(6.3.10)得

$$\lim_{m \to \infty} p_{(n_m - N)d} = \lambda \qquad (N \geqslant N_0) \tag{6.3.11}$$

在式(6.3.8)中取 $n=(n_m - N_0)d$，并注意到 d 不能整除 ν 时，有 $p_\nu=0$，便有

$$\sum_{\nu=0}^{n_m - N_0} r_{\nu d} p_{(n_m - N_0 - \nu)d} = 1 \tag{6.3.12}$$

当 $\sum_{k=0}^{\infty} r_{kd} < +\infty$ 时，在式(6.3.12)中令 $m \to \infty$，由式(6.3.11)及勒贝格控制收敛定理得 $\lambda \sum_{k=0}^{\infty} r_{kd} = 1$。

当 $\sum_{k=0}^{\infty} r_{kd} = +\infty$ 时，容易推证得 $\lambda = 0$。

综上可得

$$\lambda = \frac{1}{\displaystyle\sum_{\nu=0}^{\infty} r_{\nu d}} \tag{6.3.13}$$

由周期的定义知，当 d 不能整除 ν 时，有 $f_\nu=0$；再由 r_n 的定义知

$$r_{\nu d} = \frac{1}{d} \sum_{n=\nu d}^{\nu d + d - 1} r_n$$

于是有

$$\sum_{\nu=0}^{+\infty} r_{nd} = \frac{1}{d} \sum_{n=0}^{+\infty} r_n \tag{6.3.14}$$

利用傅比尼定理还有

$$\sum_{n=0}^{+\infty} r_n = \sum_{n=1}^{+\infty} n f_n = \mu \tag{6.3.15}$$

将式(6.3.14)和式(6.3.15)代入式(6.3.13)，得 $\lambda = \dfrac{d}{\mu}$。

若令 $\beta = \varliminf\limits_{n \to \infty} p_{nd}$，对应地仿照前面的方法可证 $\beta = \dfrac{d}{\mu}$。

综合两者可推断有

$$\lim_{n \to \infty} p_{ii}^{(nd_i)} = \frac{d_i}{\mu_{ii}}$$

结论得证。

由于引理 6.3.2 的证明过程冗长，读者也可以略过这一部分。利用引理 6.3.2，可以得到判断马氏链状态类型的重要结论定理 6.3.3。

定理 6.3.3　设状态 i 是常返态，则

(1) 状态 i 是零常返态的充要条件为 $\lim\limits_{n \to \infty} p_{ii}^{(n)} = 0$；

(2) 状态 i 是遍历态的充要条件为 $\lim\limits_{n \to \infty} p_{ii}^{(n)} = \dfrac{1}{\mu_{ii}} > 0$；

(3) 状态 i 是正常返态且有周期的充要条件为 $\lim\limits_{n \to \infty} p_{ii}^{(n)}$ 不存在，但此时有一收敛于某正数的子列。

证明　(1) 如果状态 i 是零常返态，则由引理 6.3.2 知

$$\lim_{n \to \infty} p_{ii}^{(nd_i)} = 0$$

而当 n 不是 d_i 的倍数时，有 $p_{ii}^{(n)} = 0$，因此，$\lim\limits_{n \to \infty} p_{ii}^{(n)} = 0$。

反之，若有

$$\lim_{n \to \infty} p_{ii}^{(n)} = 0$$

则状态 i 是零常返态。否则，由引理 6.3.2 知，$\lim\limits_{n \to \infty} p_{ii}^{(nd_i)}$ 存在且大于零，与上式矛盾。

(2) 如果状态 i 是遍历态，则由引理 6.3.2 知

$$\lim_{n \to \infty} p_{ii}^{(n)} = \lim_{n \to \infty} p_{ii}^{(nd_i)} = \frac{1}{\mu_{ii}} > 0$$

反之，若有

$$\lim_{n \to \infty} p_{ii}^{(n)} = \frac{1}{\mu_{ii}} > 0$$

则由(1)知状态 i 必为正常返态。

又由极限的保号性知，当 n 充分大后，有

$$p_{ii}^{(n)} > 0, \quad p_{ii}^{(n+1)} > 0$$

即状态 i 是非周期的，因此状态 i 是遍历态。

(3) 如果状态 i 是正常返态且有周期，则由(1)、(2)知 $\lim\limits_{n \to \infty} p_{ii}^{(n)}$ 不存在。但由引理 6.3.2 知 $p_{ii}^{(n)}$ 有收敛于正数的子列，即

$$\lim_{n \to \infty} p_{ii}^{(nd_i)} = \frac{1}{\mu_{ii}} > 0$$

反之，若 $\lim\limits_{n \to \infty} p_{ii}^{(n)}$ 不存在，则由(1)、(2)知，i 只能是正常返周期态。

推论 6.3.1　设 $j \in S$ 是非常返态或零常返态，则对任意的 $i \in S$，有

$$\lim_{n\to\infty} p_{ij}^{(n)} = 0 \qquad\qquad (6.3.16)$$

证明   设 $j \in S$ 是非常返态或零常返态，则根据定理 6.3.2 和定理 6.3.3 知，当 $i = j$ 时，式(6.3.16)是成立的。

当 $i \neq j$ 时，任取 $1 < n' < n$，利用式(6.3.4)得

$$p_{ij}^{(n)} = \sum_{l=1}^{n'} f_{ij}^{(l)} p_{jj}^{(n-l)} + \sum_{l=n'+1}^{n} f_{ij}^{(l)}$$

对任意的 n'，令 $n \to \infty$，取上极限，并注意到式(6.3.16)对 $i = j$ 是成立的，因此

$$\limsup_{n\to\infty} p_{ij}^{(n)} \leqslant \sum_{l=1}^{n'} f_{ij}^{(l)} \cdot 0 + \sum_{l=n'+1}^{\infty} f_{ij}^{(l)}$$

再令 $n' \to \infty$，有

$$\limsup_{n\to\infty} p_{ij}^{(n)} = 0$$

又因为 $p_{ij}^{(n)} \geqslant 0$，因此有

$$\liminf_{n\to\infty} p_{ij}^{(n)} = 0$$

综上知结论成立。

当应用定理 6.3.2 和定理 6.3.3 可以判断马氏链的状态类型时，需要知道状态 i 的 n 步转移概率 $p_{ii}^{(n)}$，在应用中并不是对所有的状态都能容易得到。如在例 6.3.1 中，对状态 3 和 4，有转移概率矩阵，易得

$$\sum_{n=1}^{\infty} p_{33}^{(n)} = \sum_{n=1}^{\infty} \left(\frac{2}{3}\right)^n < +\infty$$

$$\sum_{n=1}^{\infty} p_{44}^{(n)} = \sum_{n=1}^{\infty} 0 < +\infty$$

由定理 6.3.2 知，状态 3，4 均为非常返态。但是对状态 1 和 2，相应的 n 步转移概率 $p_{11}^{(n)}$ 和 $p_{22}^{(n)}$ 的表达式不易计算。为此，将在后面进一步讨论状态之间的关系，以方便状态类型的判断。

下面给出判断状态为非周期的方法。

定理 6.3.4   设状态 $j \in S$，

(1) 若存在正整数 n 使得 $p_{jj}^{(n)} > 0$，$p_{jj}^{(n+1)} > 0$，则状态 j 是非周期的。

(2) 若存在正整数 m 使得在 m 步转移概率矩阵 $\boldsymbol{P}^m$ 中相应于状态 j 的那列元素全不为零，即对任意的 $i \in S$，有 $p_{ij}^{(m)} > 0$，则状态 j 是非周期的。

证明   (1) 如果存在正整数 n，使得 $p_{jj}^{(n)} > 0$，$p_{jj}^{(n+1)} > 0$，则显然有 $d_j = 1$，即状态 j 是非周期的。

(2) 由于对一切 $i \in S$，有 $p_{ij}^{(m)} > 0$，自然也有 $p_{jj}^{(m)} > 0$。再由 C-K 方程知

$$0 < p_{ij}^{(m)} = \sum_{i_1} \cdots \sum_{i_{m-1}} p_{ii_1} p_{i_1 i_2} \cdots p_{i_{m-1} j}$$

所以，必存在 $i_1 \in S$，使得 $p_{ii_1} > 0$，因此有

$$p_{ij}^{(m+1)} \geqslant p_{ii_1} p_{i_1 j}^{(m)} > 0$$

取 $i = j$，即有 $p_{jj}^{(m+1)} > 0$，则由(1)知 j 是非周期的。

对于有周期的状态 i，其周期 $d_i = \mathrm{GCD}\{n \,|\, n \geqslant 1, f_{ii}^{(n)} > 0\}$。事实上，还可以用一个较

小的正整数集合计算状态 i 的周期，用下面的例子给出。

例 6.3.3　若正整数集合 $\{n\mid n\geqslant 1,\ f_{ii}^{(n)}>0\}$ 非空，记

$$h_i=\text{GCD}\{n\mid n\geqslant 1,\ f_{ii}^{(n)}>0\}$$

证明　d_i 和 h_i 中若一个存在，另一个也存在，且 $d_i=h_i$。

证明　记集合

$$N_1=\{n\mid n\geqslant 1,\ p_{ii}^{(n)}>0\},\quad N_2=\{n\mid n\geqslant 1,\ f_{ii}^{(n)}>0\}$$

若 d_i 存在，即 $N_1\neq\varnothing$，则存在 $n\geqslant 1$，使 $p_{ii}^{(n)}>0$，因此有

$$p_{ii}^{(n)}=\sum_{l=1}^{n}f_{ij}^{(l)}p_{jj}^{(n-l)}>0$$

则一定存在 $1\leqslant l\leqslant n$，使 $f_{ii}^{(l)}>0$，即有 $N_2\neq\varnothing$，所以 h_i 存在。

反之，若 h_i 存在，即 $N_2\neq\varnothing$，则存在 $n\geqslant 1$，使 $f_{ii}^{(n)}>0$。

又因为

$$p_{ii}^{(n)}\geqslant f_{ii}^{(l)}>0$$

所以 $N_1\neq\varnothing$，即 d_i 存在。

下面证 $d_i=h_i$。

易知 $N_2\subset N_1$，因此 $d_i\leqslant h_i$。

下面用数学归纳法证明 $d_i\geqslant h_i$。

当 $h_i=1$ 时，显然也有 $d_i=1$。

当 $h_i>1$ 时，首先当 $n<h_i$，并注意到 $l<h_i$ 时，$f_{ii}^{(l)}=0$，则有

$$p_{ii}^{(n)}=\sum_{l=1}^{n}f_{ij}^{(l)}p_{jj}^{(n-l)}=0$$

做归纳法假设：设 $n=mh_i+l(m=0,1,2,\cdots,N-1)$ 时，有 $p_{ii}^{(l)}=0$，则

$$p_{ii}^{(Nh_i+l)}=f_{ii}^{(h_i)}p_{ii}^{[(N-l)h_i+l]}+\cdots+f_{ii}^{(Nh_i)}p_{ii}^{(l)}=0$$

由此可知，对不能被 h_i 整除的 n，必有 $p_{ii}^{(l)}=0$，即 N_1 中的数均可以被 h_i 整除，所以 $d_i\geqslant h_i$。综上可得：$d_i=h_i$。

6.3.3　状态之间的关系

定义 6.3.5　设状态 $i,j\in S$，若存在正整数 n，使 $p_{ij}^{(n)}>0$，则称状态 i 可达状态 j，记为 $i\rightarrow j$。如果 $i\rightarrow j$ 且 $j\rightarrow i$，则称状态 i 与状态 j 互通，记为 $i\leftrightarrow j$。

容易验证，状态的可达与互通满足以下性质：

(1) 可达的传递性：若 $i\rightarrow j$，$j\rightarrow k$，则 $i\rightarrow k$。

(2) 互通的传递性：若 $i\leftrightarrow j$，$j\leftrightarrow k$，则 $i\leftrightarrow k$。

(3) 互通的对称性：若 $i\leftrightarrow j$，则 $j\leftrightarrow i$。

除了定义之外，还可以用概率 f_{ij} 判断状态的可达与互通。

定理 6.3.5　设 $i,j\in S$，则

(1) $i\rightarrow j$ 当且仅当 $f_{ij}>0$。

(2) 如果 i 是常返态，且 $i\rightarrow j$，则有 $f_{ji}=1$，从而有 $i\leftrightarrow j$。

证明　(2) 的证明略，下面证 (1)。若 $i\rightarrow j$，即存在 n，使 $p_{ij}^{(n)}>0$。由式 (6.3.4) 知，必

存在 $l(1 \leqslant l \leqslant n)$，使 $f_{ij}^{(l)} > 0$，因此有 $f_{ij} > 0$。

反之，若 $f_{ij} > 0$，则存在 m 使 $f_{ij}^{(m)} > 0$，因此也有 $p_{ij}^{(m)} > 0$，即 $i \to j$。

因为 $i \to j$，则根据(1)得 $f_{ij} > 0$。又因为

$$f_{ij} = \sum_{n=1}^{+\infty} f_{ij}^{(n)} = \sum_{n=1}^{+\infty} \left({}_i f_{ij}^{(n)} + \sum_{r=1}^{n-1} {}_j p_{ii}^{(r)} {}_i f_{ij}^{(n-r)} \right)$$

上式中

$$_j p_{ik}^{(n)} = P(X_l \neq j,\ 1 \leqslant l \leqslant n-1,\ X_n = k \mid X_0 = 0)$$

$$_j f_{ik}^{(n)} = P(X_l \neq j,\ k,\ 1 \leqslant l \leqslant n-1,\ X_n = k \mid X_0 = 0)$$

因此必存在 N，使 ${}_i f_{ij}^{(N)} > 0$。又由于 i 是常返态，得

$$0 = 1 - f_{ii} = \sum_{k \neq i} {}_i f_{ij}^{(N)} (1 - f_{ki}) \geqslant {}_i f_{ij}^{(N)} (1 - f_{ji})$$

因此 $f_{ji} = 1$，即 $j \to i$，所以 $i \leftrightarrow j$。

从定理 6.3.5 知，常返态可达的状态一定和它是互通的。下面证明互通的状态有相同的状态类型。

定理 6.3.6 设 $i, j \in S$ 且 $i \leftrightarrow j$，则 i 和 j 或者同为非常返态，或者同为零常返态，或者同为正常返周期态，且周期相同，或者同为遍历态。

证明 由于 $i \leftrightarrow j$，所以必存在正整数 $l \geqslant 1$，$n \geqslant 1$，使得 $\alpha = p_{ij}^{(l)} > 0$，$\beta = p_{ji}^{(n)} > 0$。利用 C-K 方程，对任意正整数 m，有

$$p_{ii}^{(l+m+n)} = \sum_k \sum_s p_{ik}^{(l)} p_{ks}^{(m)} p_{si}^{(n)} \geqslant p_{ij}^{(l)} p_{jj}^{(m)} p_{ji}^{(n)} = \alpha \beta p_{jj}^{(m)} \tag{6.3.17}$$

同理有

$$p_{jj}^{(l+m+n)} \geqslant \alpha \beta p_{ii}^{(m)} \tag{6.3.18}$$

如果状态 j 是常返态，根据定理 6.3.2 知

$$\sum_{m=1}^{+\infty} p_{jj}^{(m)} = +\infty$$

由式(6.3.17)，得

$$\sum_{m=1}^{+\infty} p_{ii}^{(l+m+n)} = +\infty$$

所以，状态 i 也是常返态。反之，如果状态 i 是常返态，则由式(6.3.18)，类似可证得状态 j 也是常返态。所以状态 i 和 j 或者同为非常返态，或者同为常返态。

同理，设状态 i 是零常返态，则状态 j 也是零常返态。因此状态 i 和 j 或者同为零常返态，或者同为正常返态。

如果 i 和 j 均为正常返态，下面证明 $d_i = d_j$。

由 C-K 方程得

$$p_{jj}^{(l+n)} = \sum_k p_{jk}^{(n)} p_{kj}^{(l)} \geqslant p_{ji}^{(n)} p_{ij}^{(l)} = \alpha \beta > 0$$

因此 d_j 必能整除 $n+l$。任取整数 $m > 0$，使 $p_{ii}^{(m)} > 0$，由式(6.3.18)有

$$p_{jj}^{(l+m+n)} \geqslant \alpha \beta p_{ii}^{(m)} > 0$$

所以 d_j 必能整除 $l+m+n$，于是也必能整除 m，即有 $d_j \leqslant d_i$。

同理可证 $d_j \geqslant d_i$，因此有 $d_i = d_j$。故状态 i 和 j 或者同为正常返周期态且周期相同，或者同为遍历态。

例 6.3.4　设马氏链 X_n 的状态空间为 $S = \{0, 1, 2, \cdots\}$，一步转移概率为

$$p_{i\,i+1} = \frac{1}{2}, \quad p_{i0} = \frac{1}{2} \quad (i = 0, 1, 2, \cdots)$$

试判断马氏链 X_n 各状态的类型。

解　马氏链的状态转移图如图 6.3.3 所示。

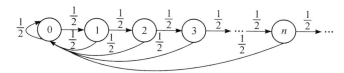

图 6.3.3　例 6.3.4 状态转移图

由图 6.3.3 易知，马氏链 X_n 的状态 0 与其他状态互通；根据定理 6.3.6 知，马氏链 X_n 的所有状态有相同的类型，为此仅需判断状态 0 的类型。

因为

$$f_{00} = \sum_{n=1}^{+\infty} f_{00}^{(n)} = \sum_{n=1}^{+\infty} \frac{1}{2^n} = 1$$

所以状态 0 是常返态。又因为

$$\mu_{00} = \sum_{n=1}^{+\infty} n\, \frac{1}{2^n} = 2 < \infty$$

所以状态 0 是正常返态。另因为

$$p_{00} = \frac{1}{2} > 0$$

所以状态 0 是非周期的。

综上马氏链 X_n 的所有状态为遍历态。

6.3.4　状态空间的分解

为了进一步讨论齐次马氏链状态空间的分解，需要引入等价关系。

首先对状态 $i \in S$，约定：当 $i \to i$，就有 $i \leftrightarrow i$，称之为互通的自反性。由此可知互通满足自反性、对称性、传递性。因此互通是状态 S 上的一个等价关系。由等价关系的性质知，它将状态空间 S 划分为有限或可列个互不相交的子集 S_1，S_2，$\cdots$，即

$$S = \bigcup_n S_n, \quad S_m \bigcap S_n = \varnothing \quad (m \neq n)$$

称状态子集 $S_n (n = 1, 2, \cdots)$ 为等价类。其中每个子集 S_n 中的状态互通，即具有相同的状态类型，不同子集中的状态不互通。

为了研究等价类 S_n 的特性，需要知道闭集的概念。

定义 6.3.6　设 C 是马尔可夫链的状态 S 的子集，若对任意的状态 $i \in C$，$j \notin C$，任意正整数 $n \geq 0$，有 $p_{ij}^{(n)} = 0$，则称 C 为闭集。如果闭集 C 中不包含任何非空的闭真子集，则称 C 为不可约闭集。特别地，如果闭集 C 只包含一个状态，则称该状态为吸收态。

易知，马氏链的状态空间 S 总是闭集，如果 S 还是不可约的，则称马氏链为不可约的马氏链，否则就是可约的马氏链。

闭集 C 具有以下性质：

(1) C 是闭集当且仅当对任意的 $i \in C$，$j \notin C$，有 $p_{ij} = 0$；

(2) C 是闭集当且仅当对任意的 $i \in C$，有 $\sum\limits_{j \in C} p_{ij} = 1$。

事实上，设 C 是闭集，则由闭集的定义知，对任意的 $i \in C$，$j \notin C$，有 $p_{ij} = 0$。

反之，若对任意的 $i \in C$，$j \notin C$，有 $p_{ij} = 0$，则由数学归纳法可以证明 C 是闭集。

显然，对任意的 $i \in C$，$j \notin C$，有 $p_{ij}^{(0)} = 0$，由已知条件也有 $p_{ij}^{(1)} = 0$。

现在假设 $n = k$ 时，对任意的 $i \in C$，$j \notin C$，有 $p_{ij}^{(k)} = 0$，则当 $n = k+1$ 时，由 C-K 方程有

$$p_{ij}^{(k+1)} = \sum_l p_{il}^{(k)} p_{lj} = \sum_{l \in C} p_{il}^{(k)} p_{lj} + \sum_{l \notin C} p_{il}^{(k)} p_{lj}$$
$$= \sum_{l \in C} p_{il}^{(k)} \cdot 0 + \sum_{l \notin C} 0 \cdot p_{lj}$$
$$= 0$$

则由数学归纳法知，对任意的 $i \in C$，$j \notin C$，$n \geqslant 0$，有 $p_{ij}^{(n)} = 0$，则 C 是闭集。因此性质(1)是成立的。

性质(2)与(1)显然是等价的。

从闭集定义和性质易知：如果 C 是闭集，就表示马氏链从 C 内的状态不可能转移到 C 外的状态，因此马氏链一旦从某个状态转移到闭集 C 中的状态后，马氏链的状态转移只能在闭集 C 内发生。

关于等价类 S_n，有重要结论定理 6.3.7。

定理 6.3.7　包含常返态的等价类 S_n 是不可约的闭集。

证明　设常返态 $i \in S_n$，对任意的 $j \in S$，若 $i \rightarrow j$，则根据定理 6.3.5 知常返态可达的状态与之互通，即有 $i \leftrightarrow j$，所以 $j \in S_n$，因此 S_n 是闭集。

又设 $C \subset S_n$ 是闭集，则任取 $k \in S_n$，$j \in C$，由于 S_n 是等价类，则有 $j \leftrightarrow k$，因此有 $j \rightarrow k$。又由于 C 是闭集，从而有 $k \in C$，即 $S_n \subset C$，即 S_n 是不可约的。

例 6.3.5　设 C 是闭集，当且仅当 C 中任意两个状态都互通时，C 是不可约的。

证明　设闭集 C 中任意两个状态互通，$D \subset C$ 是非空闭集，则 $\forall j \in D$，若 $j \rightarrow k$，则 $k \in D$。$\forall l \in C$，由于 $j \in D \subset C$，因此 $j \leftrightarrow l$，从而 $j \rightarrow l$，于是 $l \in D$，从而 $C \subset D$，所以 $D = C$，即 C 是不可约的。

反过来，设 C 是不可约的，假设有 i，$j \in C$，$i \neq j$，且 $i \nrightarrow j$，令 $D = \{i\} \bigcup \{l: i \neq l \in C, i \rightarrow l\}$，则 $D \subset C$ 是非空闭集。事实上显然是非空的，倘若 D 不是闭集，由闭集的定义必存在状态 $l \in D$，$k \notin D$，使得 $l \rightarrow k$；由 D 的定义知 $i \neq l$，且 $i \rightarrow l$，再由可达的传递性得 $i \rightarrow k$，从而 $k \in D$，这与 $k \notin D$ 矛盾。所以 D 是不含 j 的 C 的非空真闭子集，这与 C 是不可约的矛盾，所以 $i \rightarrow j$，对称地，也有 $j \rightarrow i$，即 $i \leftrightarrow j$。

由这个例子可以得到：齐次马尔可夫链不可约的充要条件是它的任何两个状态都互通。

综上，我们得到齐次马氏链状态空间的分解定理。

定理 6.3.8　齐次马尔可夫链 X_n 的状态空间 S 可以唯一地分解为有限多个和可列无限多个互不相交的状态子集 D，C_1，C_2，$\cdots$ 的并，即

$$S = D \bigcup C_1 \bigcup C_2 \bigcup \cdots$$

其中 D 是所有非常返态组成的状态子集，$C_n (n = 1, 2, \cdots)$ 均是由常返态组成的不可约闭

集。C_n 中的状态互通，即每个 C_n 中的状态具有相同的状态类型：或均为零常返态，或均为正常返周期态且周期相同，或均为遍历态。

证明　利用互通这种等价关系，将状态空间 S 划分为有限或可列个互不相交的子集，不妨将所有非常返态组成的子集记为 D，而将包含常返态的等价类依次记为 C_1，C_2，$\cdots$，则由定理 6.3.7 知，$C_n(n=1,2,\cdots)$ 均是由常返态组成的不可约闭集。因此，结论成立。

在实际应用中，状态有限的齐次马尔可夫链是最多见的，对此马氏链有定理 6.3.9。

定理 6.3.9　设 X_n 是状态有限的齐次马尔可夫链，则

（1）X_n 的非常返态集不可能是闭集。

（2）X_n 不存在零常返态。

（3）若 X_n 是不可约的，则 X_n 所有的状态都是正常返态。

证明　（1）假设 X_n 的非常返态集 D 是闭集，即对任意的 $i\in D$，整数 $n\geqslant 0$，有

$$\sum_{j\in D}p_{ij}^{(n)}=1$$

令 $n\to\infty$，对上式两边取极限，注意到 $\lim\limits_{n\to\infty}p_{ij}^{(n)}=0$（见推论 6.3.1），则得出矛盾结果：$0=1$。因此 D 不可能是闭集。

（2）由于包含零常返态的等价类构成不可约闭集，因此与（1）类似可以证明，马氏链 X_n 不包含零常返态。

（3）由（1）、（2）直接可得。

例 6.3.6　设齐次马尔可夫链 $\{X_n,n\geqslant 0\}$ 的状态空间为 $S=\{0,1,2\}$，一步转移概率矩阵为

$$\boldsymbol{P}=\begin{pmatrix}\dfrac{1}{3}&\dfrac{2}{3}&0\\[2mm]\dfrac{1}{2}&\dfrac{1}{4}&\dfrac{1}{4}\\[2mm]0&\dfrac{2}{3}&\dfrac{1}{3}\end{pmatrix}$$

试分解马氏链 X_n 的状态空间，并指出状态的类型。

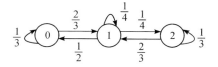

图 6.3.4　例 6.3.6 状态转移图

解　马氏链的状态转移图如图 6.3.4 所示。

由于所有状态互通，因此马氏链是不可约的。又因为有 $p_{00}>0$，因此状态 0 是非周期的，因此马氏链所有状态均为遍历态，该马氏链是不可约的遍历链。

例 6.3.7　设齐次马尔可夫链 $\{X_n,n\geqslant 0\}$ 的状态空间为 $S=\{1,2,3,4\}$，一步转移概率矩阵为

$$\boldsymbol{P}=\begin{pmatrix}\dfrac{1}{2}&\dfrac{1}{2}&0&0\\[2mm]\dfrac{1}{3}&\dfrac{2}{3}&0&0\\[2mm]\dfrac{1}{4}&\dfrac{1}{4}&\dfrac{1}{4}&\dfrac{1}{4}\\[2mm]0&0&0&1\end{pmatrix}$$

试分解马氏链 X_n 的状态空间，并指出状态的类型。

解 马氏链的状态转移图如图 6.3.5 所示。

从状态转移概率（或图）得 $1 \leftrightarrow 2$，$4 \leftrightarrow 4$，$3 \leftrightarrow 3$ 且 $3 \rightarrow 1$，$3 \rightarrow 2$，$3 \rightarrow 4$。因此马氏链 X_n 的状态空间 S 分解为

$$S = \{3\} \bigcup \{1, 2\} \bigcup \{4\}$$

又因为 $f_{33} < 1$，$f_{44} = 1$，$p_{11} > 0$，所以 $\{3\}$ 是非常返态子集，$\{1, 2\}$ 是由遍历态组成的不可约闭集，$\{4\}$ 是吸收态。

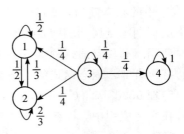

图 6.3.5 例 6.3.7 状态转移图

例 6.3.8 试分析描述直线上随机游动质点的齐次马尔可夫链（见例 6.1.1）的状态类型。

解 因为对任意的状态 i，$j \in S$，从状态 i 经过 n 步转移到状态 j，即意味着质点在 n 次转移中向右转移的次数 r 减去向左转移的次数 l 为 $|j - i|$，其中 $r + l = n$。因此有 $r = \dfrac{n + |j - i|}{2}$，则马氏链的 n 步转移概率为

$$p_{ij}^{(n)} = \begin{cases} \dbinom{n}{r} p^r \cdot q^{n-r} & (n + |j - i| \text{ 为偶数}) \\ 0 & (n + |j - i| \text{ 为奇数}) \end{cases}$$

另外，由马氏链的转移概率知，马氏链的所有状态是互通的，因此状态类型相同。不妨以状态 0 来分析其类型，显然有

$$\begin{cases} p_{00}^{(2n+1)} = 0 \\ p_{00}^{(2n)} = \dbinom{2n}{n} (pq)^n = \dfrac{(2n)!}{n! \cdot n!} (pq)^n \end{cases}$$

由此看到，$p_{00}^{(2n)} > 0$，因此得知，所有状态有周期，且周期 $d = 2$。

进一步，利用 Stirling 公式 $n! \approx \left(\dfrac{n}{e}\right)^n \cdot (2\pi n)^{\frac{1}{2}}$ 计算得

$$p_{00}^{(2n)} \approx \frac{(4pq)^n}{(\pi n)^{\frac{1}{2}}}$$

由于 $p + q = 1$，知 $4pq \leqslant 1$，其中当且仅当 $p = q$ 时等号成立，即 $4pq = 1$。

所以，当 $p = q = \dfrac{1}{2}$ 时，有

$$\sum_{n=0}^{+\infty} p_{00}^{(n)} = +\infty$$

且还有

$$\lim_{n \to \infty} p_{00}^{(n)} = 0$$

由此可知，状态 0 为零常返态。因此马氏链所有状态都是零常返态。

当 $p \neq q$ 时，有 $4pq < 1$，此时有

$$\sum_{n=1}^{+\infty} p_{00}^{(n)} < +\infty$$

则上式说明状态 0 为非常返态，因此马氏链所有状态都是非常返态。

如果不可约闭集 C 中的状态有周期，也称该周期为闭集 C 的周期。通过前面的讨论得知，一旦马氏链的状态转移到某个闭集中，则之后的状态转移只能在该闭集内发生，此时状态转移还有什么规律吗？定理 6.3.10 给出了答案。

定理 6.3.10　设 C 是周期为 d 的不可约闭集，则 C 可以唯一地分解为 d 个互不相交的状态子集 $J_1, J_2, \cdots, J_d$，即

$$C = \bigcup_{m=1}^{d} J_m, \quad J_m \bigcap J_l = \varnothing \quad (m \neq l, l = 1, 2, \cdots, d) \tag{6.3.19}$$

且对任意的 $k \in J_m, m = 1, 2, \cdots, d$，有

$$\sum_{j \in J_{m+1}} p_{kj} = 1 \tag{6.3.20}$$

其中约定 $J_{d+1} = J_1$。

证明　任意取定状态 $i \in C$，对 $m = 1, 2, \cdots, d$，定义

$$J_m = \{j : \exists n \geqslant 0, p_{ij}^{(nd+m)} > 0\}$$

即 J_m 是从状态 i 出发，再第 $m, m+d, m+2d, \cdots, m+nd, \cdots$ 步能够到达的状态所组成的子集。如果有 $j \in J_m \bigcap J_l$，则由 J_m 的定义知，存在 $n_1, n_2 \geqslant 0$，使得 $p_{ij}^{(n_1 d+m)} > 0$，$p_{ij}^{(n_2 d+m)} > 0$，可以得到 $d \,|\, (l-m)$。但是由于有 $1 \leqslant m, l \leqslant d$，因此 $m = l$，即所有的 J_m 互不相交。C 又是闭集，所以 $C = \bigcup_{m=1}^{d} J_m$。

又对任意的 $k \in J_m (m = 1, 2, \cdots, d)$，由于 $J_m \subset C$，C 为闭集，所以有

$$1 = \sum_{j \in C} p_{kj} = \sum_{j \in J_{m+1}} p_{kj} + \sum_{j \in C - J_{m+1}} p_{kj} \tag{6.3.21}$$

由 J_m 的定义知，存在 $n \geqslant 0$，使 $p_{ik}^{(nd+m)} > 0$。再由 J_{m+1} 的定义知，当 $j \in C - J_{m+1}$ 时，对上述存在的 n，有

$$0 = p_{ij}^{(nd+m+1)} \geqslant p_{ik}^{(nd+m)} p_{kj} \geqslant 0$$

即 $j \in C - J_{m+1}$，有 $p_{kj} = 0$，代入式(6.3.21)，即得

$$\sum_{j \in J_{m+1}} p_{kj} = 1 \quad (k \in J_m, m = 1, 2, \cdots, d)$$

以上对于 C 的分解 $C = \bigcup_{m=1}^{d} J_m$ 是唯一的。事实上，设另外取定状态 i'，对 C 的分解为 $C = \bigcup_{r=1}^{d} J_r$。不妨设 $i' \in J_l$，则对任意的 $k, j \in J_m$，当 $m \geqslant l$ 时，从 i' 出发，能也只能在 $m-l+d, m-l+2d, \cdots$ 等步到达 j, k，故有 $j, k \in J'_{m-l}$。当 $m < l$ 时，从 i' 出发，能也只能在 $m-l, m-l+d, m-l+2d, \cdots$ 等步到达 j, k，故有 $j, k \in J'_{m-l+d}$，所以 C 的分解式是唯一的。

例 6.3.9　设齐次马尔可夫链 $\{X_n, n \geqslant 0\}$ 的状态空间为 $S = \{1, 2, \cdots, 8\}$，一步转移概率矩阵为

$$\boldsymbol{P} = \begin{pmatrix} 0 & \frac{1}{4} & \frac{1}{2} & \frac{1}{4} & 0 & 0 & 0 & 0 \\ 0 & 0 & 0 & 0 & \frac{1}{2} & \frac{1}{2} & 0 & 0 \\ 0 & 0 & 0 & 0 & \frac{1}{3} & \frac{2}{3} & 0 & 0 \\ 0 & 0 & 0 & 0 & 0 & 0 & 0 & 0 \\ 0 & 0 & 0 & 0 & 0 & 0 & 1 & 0 \\ 0 & 0 & 0 & 0 & 0 & 0 & \frac{1}{2} & \frac{1}{2} \\ 1 & 0 & 0 & 0 & 0 & 0 & 0 & 0 \\ 1 & 0 & 0 & 0 & 0 & 0 & 0 & 0 \end{pmatrix}$$

试分解马氏链 X_n 的状态空间,并讨论状态的周期性。

解 马氏链的状态转移图如图 6.3.6 所示。

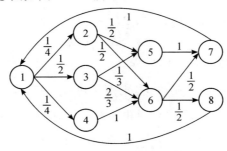

图 6.3.6 例 6.3.9 状态转移图

易知,马氏链的各个状态之间是互通的,因此该马氏链的状态空间是由正常返态构成的不可约闭集。

取状态 1 讨论,因为

$$f_{11}^{(1)} = 0,\ f_{11}^{(2)} = 0,\ f_{11}^{(3)} = 0,\ f_{11}^{(4)} > 0,\ p_{11}^{(4n)} > 0 \quad (n \geqslant 1)$$

所以马氏链状态的周期为 4。

再利用定理 6.3.10,状态空间又分为 4 个互不相交的状态子集 J_1, J_2, J_3, J_4,其中,$J_1 = \{1\}$,$J_2 = \{2, 3, 4\}$,$J_3 = \{5, 6\}$,$J_4 = \{7, 8\}$,因此该周期为 4 的马氏链具有确定的周期性状态转移规律,即 $J_1 \to J_2 \to J_3 \to J_4 \to J_1 \to \cdots$。

例 6.3.10 设齐次马尔可夫链 $\{X_n, n \geqslant 0\}$ 的状态空间为 $S = \{1, 2, \cdots, 6\}$,一步转移概率矩阵为

$$\boldsymbol{P} = \begin{pmatrix} 0 & 0 & 1 & 0 & 0 & 0 \\ 0 & 0 & 0 & 0 & 0 & 1 \\ 0 & 0 & 0 & 0 & 1 & 0 \\ \frac{1}{3} & \frac{1}{3} & 0 & \frac{1}{3} & 0 & 0 \\ 1 & 0 & 0 & 0 & 0 & 0 \\ 0 & \frac{1}{2} & 0 & 0 & 0 & \frac{1}{2} \end{pmatrix}$$

试分解马氏链 X_n 的状态空间，并讨论状态的周期性。

解　马氏链 X_n 的状态转移图如图 6.3.7 所示。

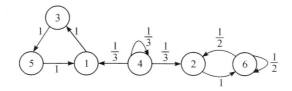

图 6.3.7　例 6.3.10 状态转移

从状态转移图得知 $1\leftrightarrow3\leftrightarrow5$，$2\leftrightarrow6$，$4\rightarrow1$，$4\rightarrow2$。

由此马氏链 X_n 的状态空间 S 分解为

$$S = D \bigcup C_1 \bigcup C_2 = \{4\} \bigcup \{1,3,5\} \bigcup \{2,6\}$$

其中 $\{4\}$ 是非常返态子集，$\{1,3,5\}$ 是周期为 3 的正常返态构成的不可约闭集，$\{2,6\}$ 是遍历态构成的不可约闭集。这是因为，对于状态 4，有

$$\sum_{n=1}^{+\infty} p_{44}^{(n)} = \sum_{n=1}^{+\infty} \left(\frac{1}{3}\right)^n = \frac{1}{2} < +\infty$$

所以状态 4 是非常返态。

对于状态 1，有

$$f_{11}^{(1)} = 0,\ f_{11}^{(2)} = 0,\ f_{11}^{(3)} = 1,\ f_{11}^{(n)} = 0(n \geqslant 4),\ f_{11} = 1$$

所以状态 1 为正常返态，周期为 3。

对于状态 6，有

$$f_{66}^{(1)} = \frac{1}{2} > 0$$

所以状态 6 为非周期的。

由于状态子集 $\{1,3,5\}$ 是周期为 3 的不可约子集，按照周期链的分解定理，它又分为 3 个互不相交的状态子集 J_1，J_2，J_3。其中，$J_1 = \{1\}$，$J_2 = \{3\}$，$J_3 = \{5\}$，且转移规则为

$$J_1 \rightarrow J_2 \rightarrow J_3 \rightarrow J_1 \rightarrow J_2 \cdots$$

6.4　转移概率的极限与平稳分布

对于一个用齐次马尔可夫链所描述的实际系统，人们常常关心的是经过长时间状态转移后，系统处于各个状态的概率是多少，因此需要讨论转移概率的极限问题，具体包括极限 $\lim_{n\to\infty} p_{ij}^{(n)}$ 是否存在，如果存在，是否依赖于初始状态 i 等问题。本节将讨论这些问题。

6.4.1　转移概率的极限

首先通过几个例子了解转移概率的极限情况。

例 6.4.1　设齐次马尔可夫链 $\{X_n, n \geqslant 0\}$ 的状态空间为 $S = \{1,2,3,4\}$，一步转移概率矩阵为

$$P = \begin{pmatrix} 1 & 0 & 0 & 0 \\ 0 & 1 & 0 & 0 \\ \dfrac{1}{3} & \dfrac{2}{3} & 0 & 0 \\ \dfrac{1}{4} & \dfrac{1}{4} & 0 & \dfrac{1}{2} \end{pmatrix}$$

试讨论极限 $\lim\limits_{n \to \infty} p_{i1}^{(n)} \{i = 1, 2, 3, 4\}$ 是否存在,若存在,是否与初始状态 i 有关。

解 马氏链 X_n 的状态转移图如图 6.4.1 所示。

从状态转移图易知,状态 1 和 2 为吸收态,状态 3 和 4 为非常返态。因此,对任意的整数 $n \geqslant 0$,有

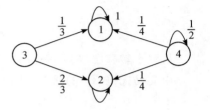

图 6.4.1 例 6.4.1 状态转移图

$$p_{11}^{(n)} = 1, \quad p_{21}^{(n)} = 0, \quad p_{31}^{(n)} = \frac{1}{3}$$

因此有

$$\lim_{n \to \infty} p_{11}^{(n)} = 1, \quad \lim_{n \to \infty} p_{21}^{(n)} = 0, \quad \lim_{n \to \infty} p_{31}^{(n)} = \frac{1}{3}$$

再利用式(6.3.4),有

$$p_{41}^{(n)} = \sum_{l=1}^{n} f_{41}^{(l)} p_{11}^{(n-l)} = \sum_{l=1}^{n} f_{41}^{(l)}$$

$$= \frac{1}{4} + \frac{1}{2} \cdot \frac{1}{4} + \frac{1}{2} \cdot \frac{1}{2} \cdot \frac{1}{4} + \cdots + \frac{1}{2^{(n-1)}} \cdot \frac{1}{4}$$

$$= \frac{1}{2} - \frac{1}{2^{(n+1)}}$$

因此,$\lim\limits_{n \to \infty} p_{41}^{(n)} = \dfrac{1}{2}$。

可见,转移概率的极限 $\lim\limits_{n \to \infty} p_{i1}^{(n)}$ 是存在的,且极限值依赖于初始状态 i。

例 6.4.2 考察描述天气变化的两状态的齐次马氏链。设今天是阴天,明天为阴天的概率为 0.7,今天是晴天,明天为阴天的概率为 0.4。分别将阴天和晴天记为 0,1,则马氏链的状态空间为 $S = \{0, 1\}$,一步转移概率矩阵

$$P = \begin{bmatrix} 0.7 & 0.3 \\ 0.4 & 0.6 \end{bmatrix}$$

已知今天为阴天,则对任意的 $i, j \in S$,试分析 $\lim\limits_{n \to \infty} p_{ij}^{(n)}$ 是否存在,是否与初始状态有关。

解 利用转移概率矩阵,易得

$$P^2 = P \cdot P = \begin{bmatrix} 0.61 & 0.39 \\ 0.52 & 0.48 \end{bmatrix}$$

进一步有

$$P^4 = P^2 \cdot P^2 = \begin{bmatrix} 0.5749 & 0.4251 \\ 0.5668 & 0.4332 \end{bmatrix}$$

$$P^8 = P^4 \cdot P^4 = \begin{bmatrix} 0.572 & 0.429 \\ 0.570 & 0.430 \end{bmatrix}$$

$$\boldsymbol{P}^{16} = \boldsymbol{P}^8 \cdot \boldsymbol{P}^8 = \begin{bmatrix} 0.571 & 0.429 \\ 0.570 & 0.430 \end{bmatrix}$$

$$\boldsymbol{P}^{32} = \boldsymbol{P}^{16} \cdot \boldsymbol{P}^{16} = \begin{bmatrix} 0.571 & 0.429 \\ 0.571 & 0.429 \end{bmatrix}$$

事实上，当转移步数 n 很大后，对任意的 $i \in S$，有

$$\lim_{n \to \infty} p_{i0}^{(n)} = 0.571, \quad \lim_{n \to \infty} p_{i1}^{(n)} = 0.429$$

即转移概率的极限 $\lim_{n \to \infty} p_{ij}^{(n)}$ 存在，且不依赖于初始状态 i。

再回忆一下推论 6.3.1 可以得知，对齐次马氏链任意的状态 $i \in S$，当状态 j 是非常返态或零常返态时，$\lim_{n \to \infty} p_{ij}^{(n)} = 0$。再结合例 6.4.1 和例 6.4.2 的结果可知，转移概率的极限有不同的结果。下面给出转移概率极限的一般性讨论。

基于以上分析，通常假定 j 是正常返态且 i 是非常返态，或者 i 与 j 属于同一常返类。又注意到当 j 有周期时，极限 $\lim_{n \to \infty} p_{jj}^{(n)}$ 不存在，但是状态转移又遵从周期链转移规则，因此状态转移的步数一般可以表示为 $nd_j + r \, (r = 1, 2, \cdots, d_j)$，从而转为讨论极限 $\lim_{n \to \infty} p_{ij}^{(nd_j + r)}$。为此，记

$$f_{ij}(r) = \sum_{n=0}^{+\infty} f_{ij}^{(nd_j + r)} \quad (i, j \in S; r = 1, 2, \cdots, d_j) \tag{6.4.1}$$

$f_{ij}(r)$ 表示从状态 i 出发，在某时刻 $nd_j + r$ 首次到达状态 j 的概率，且有

$$\sum_{r=1}^{d_j} f_{ij}(r) = \sum_{r=1}^{d_j} \sum_{n=0}^{+\infty} f_{ij}^{(nd_j + r)} = \sum_{n=0}^{+\infty} \sum_{r=1}^{d_j} f_{ij}^{(nd_j + r)} = \sum_{m=0}^{+\infty} f_{ij}^{(m)} = f_{ij} \tag{6.4.2}$$

定理 6.4.1 设状态 $j \in S$ 是正常返态，则

$$\lim_{n \to \infty} p_{ij}^{(nd_j + r)} = f_{ij}(r) \frac{d_j}{\mu_{ii}}, \quad (i \in S; r = 1, 2, \cdots, d_j) \tag{6.4.3}$$

证明 首先利用式 (6.3.4)，有

$$p_{ij}^{(nd_j + r)} = \sum_{\nu=0}^{nd_j + r} f_{ij}^{(\nu)} p_{jj}^{(nd_j + r - \nu)}$$

又因为当 n 不是 d_j 的倍数时，$p_{jj}^{(n)} = 0$，因此仅当 $\nu = ld_j + r \, (l = 1, 2, \cdots, n)$ 时，才有 $p_{jj}^{(nd_j + r - \nu)} > 0$，此时有

$$p_{ij}^{(nd_j + r)} = \sum_{l=0}^{n} f_{ij}^{(ld_j + r)} p_{jj}^{[(n-l)d_j]}$$

因此，对任意正整数 N 及 $n \geqslant N$，有

$$\sum_{l=0}^{N} f_{ij}^{(ld_j + r)} p_{jj}^{[(n-l)d_j]} \leqslant p_{ij}^{(nd_j + r)} \leqslant \sum_{l=0}^{N} f_{ij}^{(ld_j + r)} p_{jj}^{[(n-l)d_j]} + \sum_{l=N+1}^{\infty} f_{ij}^{(ld_j + r)}$$

在上式中先固定 N，令 $n \to \infty$，并利用引理 6.3.2 可得

$$\sum_{l=0}^{N} f_{ij}^{(ld_j + r)} \frac{d_j}{\mu_{jj}} \leqslant \liminf_{n \to \infty} p_{ij}^{(nd_j + r)} \leqslant \limsup_{n \to \infty} p_{ij}^{(nd_j + r)}$$

$$\leqslant \sum_{l=0}^{N} f_{ij}^{(ld_j + r)} \frac{d_j}{\mu_{jj}} + \sum_{l=N+1}^{\infty} f_{ij}^{(ld_j + r)}$$

再令 $N \rightarrow +\infty$，得

$$\sum_{l=0}^{+\infty} f_{ij}^{(ld_j+r)} \frac{d_j}{\mu_{jj}} \leqslant \liminf_{n \rightarrow \infty} p_{ij}^{(nd_j+r)} \leqslant \limsup_{n \rightarrow \infty} p_{ij}^{(nd_j+r)} \leqslant \sum_{l=0}^{+\infty} f_{ij}^{(ld_j+r)} \frac{d_j}{\mu_{jj}}$$

再由 $f_{ij}(r)$ 的定义知

$$\lim_{n \rightarrow \infty} p_{ij}^{(nd_j+r)} = f_{ij}(r) \frac{d_j}{\mu_{ii}} \quad (i \in S; r=1,2,\cdots,d_j)$$

由此，完成了证明。

现在可以给出马氏链转移概率极限的一般性结论：设齐次马氏链状态空间可分解为 $S = D \bigcup C_0 \bigcup C_1 \bigcup \cdots$，其中 D 是所有非常返态组成的状态子集，C_0 为零常返态组成的不可约闭集，$C_1, C_2, \cdots$ 为正常返态组成的不可约闭集，则有

$$\lim_{n \rightarrow \infty} p_{ij}^{(n)} = \begin{cases} 0 & (j \in D \bigcup C_0, i \in S) \\ \dfrac{f_{ij}}{\mu_{jj}} & (j \in C_m \text{ 遍历}, i \in S) \\ 0 & (j \in C_m \text{ 有周期}, i \in C_0 \text{ 或 } i \in C_l, l \neq m) \\ \text{一般不存在} & (j \in C_m \text{ 有周期}, i \in D \text{ 或 } i \in C_m) \end{cases} \quad (6.4.4)$$

在实际问题中，人们不仅关心极限 $\lim p_{ij}^{(n)}$ 是否存在，更关心极限存在时，该极限是否与初始状态 i 无关，该极限是否还是一个概率分布？由此引入定义 6.4.1。

定义 6.4.1 设 $\{X_n, n \geqslant 0\}$ 是齐次马尔可夫链，如果对任意的状态 $i, j \in S$ 有

$$\lim_{n \rightarrow \infty} p_{ij}^{(n)} \stackrel{\text{def}}{=} \pi_j, \text{ 且 } \pi_j > 0, \sum_{j \in S} \pi_j = 1$$

则 $\{\pi_j, j \in S\}$ 是一概率分布，称之为马氏链 X_n 的极限分布。

如果马氏链是不可约的遍历链，则由定理 6.3.5 知，对任意的状态 $i, j \in S$，均有 $f_{ij} = 1$，再根据式 (6.4.4)，有

$$\lim_{n \rightarrow \infty} p_{ij}^{(n)} = \frac{1}{\mu_{jj}}$$

即对不可约的遍历链来说，转移概率的极限存在且与初始状态无关。而下面的定理 6.4.2 进一步表明，不可约遍历链的转移概率的极限还是极限分布，且可通过求解代数方程组计算其极限分布。

定理 6.4.2 设齐次马尔可夫链 $\{X_n, n \geqslant 0\}$ 是不可约的遍历链，则

$$\lim_{n \rightarrow \infty} p_{ij}^{(n)} = \frac{1}{\mu_{jj}} = \pi_j \quad (j \in S)$$

且 $\{\pi_j, j \in S\}$ 是线性方程组

$$x_j = \sum_{i \in S} x_i p_{ij} \quad (j \in S) \quad (6.4.5)$$

满足条件 $x_j \geqslant 0, \sum_{j \in S} x_j = 1$ 的唯一解。

证明 对任意的 $j \in S$，根据式 (6.4.4)，有

$$\lim_{n \rightarrow \infty} p_{ij}^{(n)} = \frac{1}{\mu_{jj}} \stackrel{\text{def}}{=} \pi_j$$

又对固定的正整数 M，有 $\sum_{j=1}^{M} p_{ij}^{(n)} \leqslant 1$，对此不等式，先令 $n \rightarrow \infty$，再令 $M \rightarrow \infty$，使其遍历

所有的状态，得

$$\sum_{j \in S} \pi_j \leqslant 1 \tag{6.4.6}$$

又由 C-K 方程，有

$$p_{ij}^{(n+1)} \geqslant \sum_{k=1}^{M} p_{ik}^{(n)} p_{kj}$$

先令 $n \to \infty$，再令 $M \to \infty$，得

$$\pi_j \geqslant \sum_{k \in S} \pi_k p_{kj}$$

而上式对一切 j 等号成立。事实上，若某个 j 使上式以严格不等式成立，则对上式两边关于 j 求和，于是有

$$\sum_{j \in S} \pi_j > \sum_{j \in S} \sum_{k \in S} \pi_k p_{kj} = \sum_{k \in S} \pi_k \left(\sum_{j \in S} p_{kj} \right) = \sum_{k \in S} \pi_k$$

出现矛盾。因此对一切 $j \in S$，有

$$\pi_j = \sum_{k \in S} \pi_k p_{kj}$$

即 $\{\pi_j, j \in S\}$ 满足线性方程组 (6.4.5)。

再利用 $\pi_j = \sum_{k \in S} \pi_k p_{kj}$，有

$$\pi_j = \sum_{k \in S} \pi_k p_{kj} = \sum_{k \in S} \left(\sum_{i \in S} \pi_i p_{ik} \right) p_{kj} = \cdots = \sum_{i \in S} \pi_i p_{ij}^{(n)}$$

由式 (6.4.6) 及 $p_{ij}^{(n)}$ 一致有界，可令 $n \to \infty$，由勒贝格控制收敛定理，得

$$\pi_j = \lim_{n \to \infty} \sum_{i \in S} \pi_i p_{ij}^{(n)} = \sum_{i \in S} \pi_i \lim_{n \to \infty} p_{ij}^{(n)} = \left(\sum_{i \in S} \pi_i \right) \pi_j$$

于是有 $\sum_{i \in S} \pi_i = 1$，即 $\{\pi_j, j \in S\}$ 满足条件：$x_j \geqslant 0$，$\sum_{j \in S} \pi_j = 1$。 因此，$\{\pi_j, j \in S\}$ 构成概率分布。

另设 $\{\pi_j', j \in S\}$ 是满足条件的另一个解，即有 $\pi_j' = \sum_{k \in S} \pi_k' p_{kj}$。 类似上述证明，也有

$$\pi_j' = \left(\sum_{i \in S} \pi_i' \right) p_{ij}^{(n)}$$

令 $n \to \infty$，得

$$\pi_j' = \left(\sum_{i \in S} \pi_i' \right) \pi_j = \pi_j$$

由此线性方程组 (6.4.5) 的解是唯一的。

由此可知，不可约的遍历链存在唯一的极限分布，且极限分布可以通过解方程组得到。

例 6.4.3　设在任意一天里，人的情绪是快乐、一般或忧郁的，分别记为 $0, 1, 2$。假设今天快乐，则明天分别以概率 $0.5, 0.4, 0.1$ 处于 $0, 1, 2$；如果今天一般，则明天分别以概率 $0.3, 0.4, 0.3$ 处于 $0, 1, 2$；如果今天忧郁，则明天分别以概率 $0.2, 0.3, 0.5$ 处于 $0, 1, 2$。令 X_n 表示某人在第 n 天的心情，则 $\{X_n, n \geqslant 0\}$ 是状态空间为 $S = \{0, 1, 2\}$ 上的齐次马氏链，一步转移概率矩阵为

$$\boldsymbol{P} = \begin{bmatrix} 0.5 & 0.4 & 0.1 \\ 0.3 & 0.4 & 0.3 \\ 0.2 & 0.3 & 0.5 \end{bmatrix}$$

对任意的 $i,j \in S$，试计算 $\lim\limits_{n \to \infty} p_{ij}^{(n)}$ 和 μ_{jj}。

解 易知 X_n 为不可约的遍历链，因此极限分布存在且唯一。

解方程组

$$\begin{cases} \pi_j = \sum\limits_{i \in S} \pi_i p_{ij} \\ \sum\limits_{j \in S} \pi_j = 1 \end{cases}$$

得到

$$\pi_0 = \frac{21}{62}, \quad \pi_1 = \frac{23}{62}, \quad \pi_2 = \frac{18}{62}$$

因此，对任意的 $i \in S$，有

$$\lim_{n \to \infty} p_{i0}^{(n)} = \frac{21}{62}, \quad \lim_{n \to \infty} p_{i1}^{(n)} = \frac{23}{62}, \quad \lim_{n \to \infty} p_{i2}^{(n)} = \frac{18}{62}$$

因此也有

$$\mu_{00} = \frac{62}{21}, \quad \mu_{11} = \frac{62}{23}, \quad \mu_{22} = \frac{62}{18}$$

6.4.2　平稳分布

平稳分布对于马尔可夫链来说很重要，下面首先介绍平稳分布的定义，再介绍平稳分布的性质、存在性及计算。

定义 6.4.2 称概率分布 $\{\pi_j, j \in S\}$ 是转移概率矩阵为 $\boldsymbol{P}$ 的齐次马尔可夫链 $\{X_n, n \geqslant 0\}$ 的一个平稳分布，如果有

$$\pi_j = \sum_{i \in S} \pi_i p_{ij} \quad (j \in S) \tag{6.4.7}$$

若记向量 $\boldsymbol{\pi} = \{\pi_1, \pi_2, \cdots\}$，则上式的向量形式为 $\boldsymbol{\pi} = \boldsymbol{\pi} \boldsymbol{P}$。

如果 $\{\pi_j, j \in S\}$ 为马尔可夫链 X_n 的一个平稳分布，则由 C-K 方程，有

$$\pi_j = \sum_{i \in S} \left(\sum_{k \in S} \pi_k p_{ki} \right) p_{ij} = \sum_{k \in S} \pi_k \left(\sum_{i \in S} p_{ki} p_{ij} \right) = \sum_{k \in S} \pi_k p_{ki}^{(2)}$$

以此类推，可得

$$\pi_j = \sum_{i \in S} \pi_i p_{ij}^{(n)} \quad (j \in S) \tag{6.4.8}$$

式(6.4.8)还可以表示为向量形式：$\boldsymbol{\pi} = \boldsymbol{\pi} \boldsymbol{P}^n$。

平稳分布对于马尔可夫链的重要性，体现在定理 6.4.3 中。

定理 6.4.3 设 $\{\pi_j, j \in S\}$ 为齐次马尔可夫链 X_n 的一个平稳分布，如果取该平稳分布为马氏链的初始分布，则

对任意的正整数 n，有

$$P(X_n = i) = \pi_i \quad (i \in S) \tag{6.4.9}$$

对任意非负整数 $t_1, t_2, \cdots, t_n$ 及 m，状态 $i_1, i_2, \cdots, i_n \in S$，有

$$P(X_{t_1+m} = i_1, X_{t_2+m} = i_2, \cdots, X_{t_n+m} = i_n)$$
$$= P(X_{t_1} = i_1, X_{t_2} = i_2, \cdots, X_{t_n} = i_n) \tag{6.4.10}$$

证明 (1) 应用全概率公式及式(6.4.8)，得

$$P(X_n = i) = P\left\{\bigcup_{k \in S}(X_0 = k), X_n = i\right\}$$

$$= \sum_{k \in S} P(X_0 = k)P(X_n = i \mid X_0 = k)$$

$$= \sum_{k \in S} \pi_k p_{ki}^{(n)} = \pi_i$$

该结论说明，如果马氏链的初始分布为平稳分布，则马氏链的绝对分布恒定不变，就是该平稳分布。

（2）应用全概率公式、马氏性以及式（6.4.8），得

$$P(X_{t_1+m} = i_1, X_{t_2+m} = i_2, \cdots, X_{t_n+m} = i_n)$$

$$= P\left\{\bigcup_{i_0 \in S}(X_0 = i_0), X_{t_1+m} = i_1, X_{t_2+m} = i_2, \cdots, X_{t_n+m} = i_n\right\}$$

$$= P\left\{\bigcup_{i_0 \in S}(X_0 = i_0, X_{t_1+m} = i_1, X_{t_2+m} = i_2, \cdots, X_{t_n+m} = i_n)\right\}$$

$$= \sum_{i_0 \in S} P(X_0 = i_0, X_{t_1+m} = i_1, X_{t_2+m} = i_2, \cdots, X_{t_n+m} = i_n)$$

$$= \sum_{i_0 \in S} \pi_{i_0} p_{i_0 i_1}^{(t_1+m)} p_{i_1 i_2}^{(t_2-t_1)} \cdots p_{i_{n-1} i_n}^{(t_n-t_{n-1})} = \pi_{i_1} p_{i_0 i_1}^{(t_1+m)} p_{i_1 i_2}^{(t_2-t_1)} \cdots p_{i_{n-1} i_n}^{(t_n-t_{n-1})}$$

$$= P(X_{t_1} = i_1, X_{t_2} = i_2, \cdots, X_{t_n} = i_n)$$

该结论说明，如果马氏链的初始分布为平稳分布，则马氏链是一个严平稳序列。

下面讨论齐次马氏链平稳分布的存在性、唯一性以及如何计算等问题。

首先，我们讨论一类特殊的齐次马尔可夫链：不可约的遍历链。由于不可约的遍历链的极限分布存在且唯一，再由定理 6.4.2 以及平稳分布的定义知，这个极限分布就是平稳分布。因此，不可约遍历链存在唯一的平稳分布，且可以通过求解以下的方程组得到该平稳分布。

$$\begin{cases} \pi_j = \sum_{i \in S} \pi_i p_{ij} & (j \in S) \\ \sum_{j \in S} \pi_j = 1 \end{cases} \tag{6.4.11}$$

例 6.4.4　设齐次马尔可夫链 $\{X_n, n \geq 0\}$ 的状态空间为 $S = \{1, 2, 3\}$，一步转移概率矩阵为

$$\boldsymbol{P} = \begin{pmatrix} \dfrac{1}{4} & \dfrac{1}{2} & \dfrac{1}{4} \\[2mm] \dfrac{1}{2} & \dfrac{1}{4} & \dfrac{1}{4} \\[2mm] 0 & \dfrac{1}{4} & \dfrac{3}{4} \end{pmatrix}$$

试分析马氏链 X_n 是否存在极限分布，是否存在平稳分布，若存在，计算极限分布和/或平稳分布。

解　从转移概率知，马氏链的状态互通，又由转移概率的第二列元素均为正可知，该马氏链为不可约的遍历链。因此，马氏链存在唯一极限分布和唯一平稳分布，且极限分布就是平稳分布。

解下列方程组：

$$\begin{cases} (\pi_1, \pi_2, \pi_3) = (\pi_1, \pi_2, \pi_3)\boldsymbol{P} \\ \pi_1 + \pi_2 + \pi_3 = 1 \end{cases}$$

得 $\pi_1 = \dfrac{1}{5}$，$\pi_2 = \dfrac{3}{10}$，$\pi_3 = \dfrac{1}{2}$。记

$$\boldsymbol{\pi} = (\pi_1, \pi_2, \pi_3) = \left(\frac{1}{5}, \frac{3}{10}, \frac{1}{2} \right)$$

则概率分布 π 是马氏链 X_n 的唯一极限分布，也是唯一的平稳分布。

引理 6.4.1 设 $\{X_n, n \geqslant 0\}$ 是只有正常返态的不可约齐次马尔可夫链，则对任意的 i，$j \in S$，有

$$\lim_{n \to \infty} \frac{1}{n} \sum_{m=1}^{n} p_{ij}^{(m)} = \frac{1}{\mu_{jj}} \tag{6.4.12}$$

证明 记 d 为马氏链 $\{X_n, n \geqslant 0\}$ 的状态的周期，设 $m = Ld + R$（$R = 1, 2, \cdots, d$），则应用定理 6.4.1 及式 (6.4.2)，并注意到对任意的 i，$j \in S$，有 $f_{ij} = 1$，于是有

$$\lim_{n \to \infty} \frac{1}{n} \sum_{m=1}^{n} p_{ij}^{(m)} = \lim_{n \to \infty} \left(\frac{1}{n} \sum_{l=1}^{L-1} \sum_{r=1}^{d} p_{ij}^{(ld+r)} + \frac{1}{n} \sum_{r=1}^{R} p_{ij}^{(Ld+R)} \right)$$

$$= \lim_{n \to \infty} \left(\sum_{r=1}^{d} \frac{L}{Ld+R} \cdot \frac{1}{L} \sum_{l=1}^{L-1} p_{ij}^{(ld+r)} + \frac{1}{n} \sum_{r=1}^{R} p_{ij}^{(Ld+R)} \right)$$

$$= \frac{1}{d} \sum_{r=1}^{d} f_{ij}(r) \frac{d}{\mu_{jj}} = \frac{1}{\mu_{jj}} \sum_{r=1}^{d} f_{ij}(r)$$

$$= \frac{f_{ij}}{\mu_{jj}} = \frac{1}{\mu_{jj}}$$

因此结论成立。

定理 6.4.4 设 $\{X_n, n \geqslant 0\}$ 是只有正常返态的不可约齐次马尔可夫链，记

$$\pi_j \overset{\text{def}}{=} \frac{1}{\mu_{jj}} \quad (j \in S)$$

则 $\{\pi_j, j \in S\}$ 是马氏链 $\{X_n, n \geqslant 0\}$ 唯一的平稳分布。

证明 对任意的正整数 $n \geqslant 0$，任意的状态 i，$j \in S$，利用 C-K 方程，有

$$\frac{1}{n} \sum_{m=1}^{n} p_{ij}^{(m+1)} = \frac{1}{n} \sum_{m=1}^{n} \left(\sum_{k \in S} p_{ik}^{(m)} p_{kj} \right) = \sum_{k \in S} \left(\frac{1}{n} \sum_{m=1}^{m} p_{ik}^{(m)} \right) p_{kj}$$

令 $n \to \infty$，应用法都引理以及引理 6.4.1，得

$$\pi_j \geqslant \sum_{k \in S} \left(\liminf_{n \to \infty} \frac{1}{n} \sum_{m=1}^{n} p_{ik}^{(m)} \right) p_{kj} = \sum_{k \in S} \pi_k p_{kj} \quad (j \in S)$$

与定理 6.4.2 的证明类似，可证明上式对任意的 $j \in S$ 均有等号成立，即有

$$\pi_j = \sum_{k \in S} \pi_k p_{kj}$$

利用上式迭代可得

$$\pi_j = \sum_{i \in S} \pi_i p_{ij}^{(n)} \quad (j \in S) \tag{6.4.13}$$

又对任意的正整数 n 以及状态 i，$j \in S$，有

$$\sum_{j \in S} \frac{1}{n} \sum_{m=1}^{n} p_{ij}^{(m)} = \frac{1}{n} \sum_{m=1}^{n} \sum_{j \in S} p_{ij}^{(m)} = 1$$

令 $n \to \infty$，再应用法都引理以及引理 6.4.1，得

$$\sum_{j \in S} \frac{1}{\mu_{jj}} = \sum_{j \in S} \left(\liminf_{n \to \infty} \frac{1}{n} \sum_{m=1}^{n} p_{ij}^{(n)} \right) \leqslant \liminf_{n \to \infty} \left(\sum_{j \in S} \frac{1}{n} \sum_{m=1}^{n} p_{ij}^{(n)} \right) = 1$$

由上式以及 $p_{ij}^{(n)}$ 一致有界，令 $n \to \infty$，对式（6.4.13）两边取极限，并由控制收敛定理得

$$\pi_j = \left(\sum_{i \in S} \pi_i \right) \pi_j$$

因此，$\{\pi_j, j \in S\}$ 满足 $\sum_{j \in S} \pi_j = 1$。$\{\pi_j, j \in S\}$ 的唯一性与定理 6.4.2 的证明类似可得，则由平稳分布的定义知 $\left\{ \pi_j = \dfrac{1}{\mu_{jj}}, j \in S \right\}$ 是概率分布，并且是马氏链 X_n 的唯一的平稳分布。

从定理 6.4.4 知道，对正常返态的不可约的马尔可夫链来说，平稳分布存在且唯一。由平稳分布的定义知，通过解方程组（6.4.11）得到唯一的平稳分布。

例 6.4.5　设齐次马尔可夫链 $\{X_n, n \geqslant 0\}$ 的状态空间为 $S = \{1, 2\}$，一步转移概率矩阵为

$$\boldsymbol{P} = \begin{bmatrix} 0 & 1 \\ 1 & 0 \end{bmatrix}$$

试分析马氏链 X_n 极限分布和平稳分布的存在性和唯一性，若存在，求出极限和/或平稳分布。

解　从转移概率知，马氏链 X_n 状态互通，且状态有周期 2，因此马氏链 X_n 不可约且只有正常返态，因此马氏链的极限分布不存在。又由定理 6.4.4 知，马氏链的平稳分布存在且唯一。

解方程组：

$$\begin{cases} (\pi_1, \pi_2) = (\pi_1, \pi_2) \boldsymbol{P} \\ \boldsymbol{\pi}_1^2 + \boldsymbol{\pi}_2^2 = 1 \end{cases}$$

得 $\pi_1 = \dfrac{1}{2}$，$\pi_2 = \dfrac{1}{2}$。因此马氏链 X_n 的唯一平稳分布为

$$\boldsymbol{\pi} = (\pi_1, \pi_2) = \left[\frac{1}{2}, \frac{1}{2} \right]$$

下面讨论一般的齐次马尔可夫链平稳分布的存在性、唯一性以及计算问题。

定理 6.4.5　设 $\{X_n, n \geqslant 0\}$ 为齐次马尔可夫链，它的状态空间分解为 $S = D \bigcup C_0 \bigcup C_1 \bigcup \cdots$，其中，$D$ 为非常返态集，C_0 为零常返态组成的不可约闭集，$C_1, C_2, \cdots$ 为正常返态的不可约闭集。令 $H = \bigcup_{k \geqslant 1} C_k$，则

（1）X_n 不存在平稳分布的充要条件是 $H = \varnothing$。

（2）X_n 存在唯一平稳分布的充要条件是 X_n 只有一个正常返态的不可约闭集。

（3）X_n 存在无穷多个平稳分布的充要条件是 X_n 存在两个以上正常返态的不可约闭集。

（4）有限状态的齐次马尔可夫链总存在平稳分布。

证明　（1）充分性：设 $H = \varnothing$，用反证法证明 X_n 不存在平稳分布。为此假设 X_n 有一个平稳分布 $\boldsymbol{\pi} \neq 0$，则

$$\pi = \pi P^n$$

令 $n \to \infty$，并注意到 $H = \varnothing$ 时，$P^n \to 0 (n \to \infty)$，得 $\pi = 0$，与 $\pi \neq 0$ 矛盾，因此马氏链 X_n 不存在平稳分布。

必要性：设马氏链 X_n 不存在平稳分布。用反证法，为此不妨假设 $H = C_1$，即马氏链只有一个正常返态的不可约闭集。设 P_1 是 X_n 的转移概率矩阵 P 中对应于状态集 C_1 的子矩阵，由定理 6.4.4 知，存在 C_1 上的平稳分布 π_1，且有 $\pi_1 = \pi_1 P_1$。对矩阵 P 分块表示，使得

$$P = \begin{pmatrix} P_1 & 0 \\ R_1 & R_2 \end{pmatrix}$$

取 $\pi = (\pi_1, 0)$，则有

$$\pi P = (\pi_1, 0) \begin{pmatrix} P_1 & 0 \\ R_1 & R_2 \end{pmatrix} = (\pi_1 P_1, 0) = (\pi_1, 0) = \pi$$

因此 π 是马氏链 X_n 的一个平稳分布，与不存在平稳分布矛盾。故有 $H = \varnothing$。

（2）充分性：设马氏链 X_n 只有一个正常返态的不可约闭集，则由定理 6.4.4 和（1）的证明知马氏链 X_n 存在唯一平稳分布。

必要性：设马氏链 X_n 存在唯一平稳分布，则由（1）知，$H \neq \varnothing$。

用反证法证明。

假设 H 至少是两个不同正常返态的不可约闭集的并，不妨设 $H = C_1 \bigcup C_2$，为此将概率矩阵分块表示为

$$P = \begin{pmatrix} P_1 & 0 & 0 \\ 0 & P_2 & 0 \\ R_1 & R_2 & R_3 \end{pmatrix}$$

其中，P_1，P_2 分别是 P 中对应于状态集合 C_1，C_2 的子矩阵。由定理 6.4.4 知，存在 $\pi_1 = \{\pi_1^k, k = 1, 2, \cdots\}$，$\pi_2 = \{\pi_2^k, k = 1, 2, \cdots\}$ 满足

$$\begin{cases} \pi_1 = \pi_1 P_1 \\ \sum_{k \in C_1} \pi_1^k = 1 \end{cases} \quad \begin{cases} \pi_2 = \pi_2 P_2 \\ \sum_{k \in C_2} \pi_2^k = 1 \end{cases}$$

取 $\pi = (\pi_1, 0)$，$\pi' = (\pi_2, 0)$，则容易验证 π，π' 满足

$$\pi = \pi P, \ \pi' = \pi' P$$

说明 π，π' 均为马氏链 X_n 的平稳分布，与平稳分布唯一矛盾，因此马氏链 X_n 只有一个正常返态的不可约闭集。

（3）充分性：不妨设 $H = C_1 \bigcup C_2 \bigcup C_3$，则如（2）的证明，存在 $\{\pi_1^k, k = 1, 2, \cdots\}$，$\pi_2 = \{\pi_2^k, k = 1, 2, \cdots\}$，$\pi_3 = \{\pi_3^k, k = 1, 2, \cdots\}$ 满足方程组

$$\begin{cases} \pi_1 = \pi_1 P_1 \\ \sum_{k \in C_1} \pi_1^k = 1 \end{cases} \quad \begin{cases} \pi_2 = \pi_2 P_2 \\ \sum_{k \in C_2} \pi_2^k = 1 \end{cases} \quad \begin{cases} \pi_3 = \pi_3 P_3 \\ \sum_{k \in C_3} \pi_3^k = 1 \end{cases} \qquad (6.4.14)$$

其中，P_1，P_2，P_3 分别是 P 中对应于状态集合 C_1，C_2，C_3 的子矩阵。取

$$\pi = (\lambda_1 \pi_1, \lambda_2 \pi_2, \lambda_3 \pi_3, 0) \qquad (6.4.15)$$

其中常数满足

$$\lambda_k \geqslant 0 \quad (k = 1, 2, 3), \quad \sum_k \lambda_k = 1 \tag{6.4.16}$$

则容易验证 π 满足 $\pi = \pi P$，且 π 是平稳分布。

由于满足式(6.4.15)中的数 λ_k 的取法很多，因此马氏链 X_n 的平稳分布有无穷多个。

必要性：利用(1)、(2)即可得证。

(4) 由于有限状态的马氏链总存在正常返态，因此一定存在平稳分布。

利用定理 6.4.5 可以判断一般马氏链是否存在平稳分布，是否存在唯一平稳分布以及是否存在无穷多个平稳分布。如果马氏链存在无穷多个平稳分布，则可以通过解方程组(6.4.14)并利用式(6.4.15)和式(6.4.16)得到马氏链的无穷多个平稳分布。

例 6.4.6　设齐次马尔可夫链 $\{X_n, n \geqslant 0\}$ 的状态空间为 $S = \{0, 1, \cdots, 6\}$，一步转移概率矩阵为

$$
P = \begin{pmatrix}
\dfrac{1}{2} & \dfrac{1}{2} & 0 & 0 & 0 & 0 & 0 \\[2mm]
0 & \dfrac{2}{3} & \dfrac{1}{3} & 0 & 0 & 0 & 0 \\[2mm]
\dfrac{1}{3} & 0 & \dfrac{2}{3} & 0 & 0 & 0 & 0 \\[2mm]
0 & 0 & 0 & \dfrac{1}{2} & \dfrac{1}{2} & 0 & 0 \\[2mm]
0 & 0 & 0 & \dfrac{1}{2} & \dfrac{1}{2} & 0 & 0 \\[2mm]
0 & 0 & 0 & 0 & 0 & 1 & 0 \\[2mm]
\dfrac{1}{7} & \dfrac{1}{7} & \dfrac{1}{7} & \dfrac{1}{7} & \dfrac{1}{7} & \dfrac{1}{7} & \dfrac{1}{7}
\end{pmatrix}
$$

(1) 试分析马氏链 X_n 的状态空间。

(2) 分析马氏链 X_n 平稳分布的存在性和唯一性，若存在，求出平稳分布，并对每个正常返态 $i \in S$，计算 μ_{ii}。

(3) 如果马氏链的初始分布为 $q_0 = \left(\dfrac{1}{12}, \dfrac{1}{8}, \dfrac{1}{8}, \dfrac{1}{6}, \dfrac{1}{6}, \dfrac{1}{3}, 0 \right)$，试计算概率 $P(X_n = i)(i = 1, 3, 5)$ 和 $P(X_{n+1} = 2, X_{n+2} = 0, X_{n+3} = 1)$。

解　马氏链的状态转移图如图 6.4.2 所示。

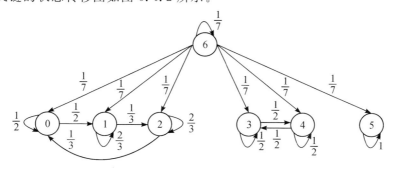

图 6.4.2　例 6.4.6 状态转移图

（1）由马氏链的转移概率知，状态空间可以分解

$$S = D \bigcup C_1 \bigcup C_2 \bigcup C_3 = \{6\} \bigcup \{0, 1, 2\} \bigcup \{3, 4\} \bigcup \{5\}$$

其中 $D = \{6\}$ 为非常返集，C_1，C_2，C_3 为正常返的不可约闭集，非周期的。

（2）由上述状态空间的分解知，马氏链的平稳分布存在，且有无穷多个。又因为马氏链的三个正常状态构成的不可约闭集 C_1，C_2，C_3 对应的转移概率子矩阵分别为

$$\boldsymbol{P}_1 = \begin{pmatrix} \dfrac{1}{2} & \dfrac{1}{2} & 0 \\ 0 & \dfrac{2}{3} & \dfrac{1}{3} \\ \dfrac{1}{3} & 0 & \dfrac{2}{3} \end{pmatrix}, \quad \boldsymbol{P}_2 = \begin{pmatrix} \dfrac{1}{2} & \dfrac{1}{2} \\ \dfrac{1}{2} & \dfrac{1}{2} \end{pmatrix}, \quad \boldsymbol{P}_3 = (1)$$

则由方程组

$$\begin{cases} (\pi_1^1, \pi_2^1, \pi_3^1) = (\pi_1^1, \pi_2^1, \pi_3^1) \boldsymbol{P}_1 \\ \pi_1^1 + \pi_2^1 + \pi_3^1 = 1 \end{cases}$$

得 $\pi_1 = (\pi_1^1, \pi_2^1, \pi_3^1) = \left(\dfrac{2}{8}, \dfrac{3}{8}, \dfrac{3}{8} \right)$。

解方程组

$$\begin{cases} (\pi_1^2, \pi_2^2) = (\pi_1^2, \pi_2^2) \boldsymbol{P}_2 \\ \pi_1^2 + \pi_2^2 = 1 \end{cases}$$

得 $\pi_2 = (\pi_1^2, \pi_2^2) = \left(\dfrac{1}{2}, \dfrac{1}{2} \right)$。

解方程组

$$\begin{cases} (\pi_1^3) = (\pi_1^3) \boldsymbol{P}_3 \\ \pi_1^3 = 1 \end{cases}$$

得 $\pi_3 = (\pi_1^3) = (1)$。

因此马氏链 X_n 的无穷多个平稳分布可以表示为

$$\boldsymbol{\pi} = \left(\frac{\lambda_1 2}{8}, \frac{\lambda_1 3}{8}, \frac{\lambda_1 3}{8}, \frac{\lambda_2 1}{2}, \frac{\lambda_2 1}{2}, \lambda_3, 0 \right)$$

$$\sum_{k=1}^{4} \lambda_k = 1, \lambda_k \geqslant 0 \quad (k = 1, 2, 3, 4)$$

又因为状态 $0, 1, 2, 3, 4, 5$ 为正常返态，则易得马氏链 X_n 各正常返态的平均返回时间分别为

$$\mu_{00} = 4, \mu_{11} = \mu_{22} = \frac{3}{8}, \mu_{33} = \mu_{44} = 2, \mu_{55} = 1$$

（3）易知初始分布 $q_0 = \left(\dfrac{1}{12}, \dfrac{1}{8}, \dfrac{1}{8}, \dfrac{1}{6}, \dfrac{1}{6}, \dfrac{1}{3}, 0 \right)$ 为马氏链的平稳分布，因此马氏链的绝对分布不变，从而有

$$P(X_n = 1) = \frac{1}{8}, \ P(X_n = 3) = \frac{1}{6}, \ P(X_n = 5) = \frac{1}{3}$$

此时马氏链为严平稳时间序列，因此有

$$P(X_{n+1}=2,\ X_{n+2}=0,\ X_{n+3}=1)=P(X_0=2,\ X_1=0,\ X_2=1)$$
$$=P(X_0=2)P(X_1=0\,|\,X_0=2)P(X_2=1\,|\,X_1=0)$$
$$=\frac{1}{8}\times\frac{1}{3}\times\frac{1}{2}=\frac{1}{48}$$

6.5　吸收概率与平均吸收时间

通过前面马尔可夫链的学习可以得到一个结论：在一个有限状态的马尔可夫链中，由任何一个非常返态出发，必然会转移到某个常返类中，也就是任何一个非常返态都会被某个常返类吸收。那么，我们的问题是：非常返态被常返类吸收的概率是多少？平均被吸收的时间怎么求？本节从一般的例子出发，探讨当马尔可夫链常返类只有一个状态的时候，即状态 j 是吸收态时，吸收概率 f_{ij} 和平均吸收时间 μ_{ij} 的求解方法。

例 6.5.1　某地区人口调查得知一年内的统计结果为：健康个体患循环系统疾病的概率为 0.1，该疾病年康复率为 0.8，死亡率为 0.1；健康个体患呼吸系统疾病的概率为 0.01，该疾病年康复率为 0.7，死亡率为 0.2；健康个体因其他原因的死亡率为 0.001；假设同时患前两种疾病和患病者因其他原因死亡均忽略不计，又无人口迁入和迁出。为分析人口死亡原因，可设每年状态转移情况为一个齐次马尔可夫链。"其他死亡""呼吸疾病死亡""循环病死亡""健康""呼吸病""循环病"分别为状态 $1,2,3,4,5,6$，相应的状态空间用 S 表示，可得转移概率矩阵为

$$\boldsymbol{P}=\begin{bmatrix}1 & 0 & 0 & 0 & 0 & 0\\0 & 1 & 0 & 0 & 0 & 0\\0 & 0 & 1 & 0 & 0 & 0\\0.001 & 0 & 0 & 0.889 & 0.01 & 0.1\\0 & 0.2 & 0 & 0.7 & 0.1 & 0\\0 & 0 & 0.1 & 0.8 & 0 & 0.1\end{bmatrix}$$

试求：

（1）一个健康个体死亡的概率；

（2）健康个体进入吸收态(死亡)前的平均寿命。

解　（1）由转移概率矩阵可知：$1,2,3$ 是吸收态，$4,5,6$ 是非常返态。又 f_{ij} 是从状态 i 出发迟早到达状态 j 的概率，故

$$f_{41}=\sum_{j\in S}p_{4j}f_{j1}=0.889f_{41}+0.01f_{51}+0.1f_{61}+0.001 \tag{6.5.1}$$

$$f_{51}=\sum_{j\in S}p_{5j}f_{j1}=0.7f_{41}+0.1f_{51} \tag{6.5.2}$$

$$f_{61}=\sum_{j\in S}p_{6j}f_{j1}=0.8f_{41}+0.1f_{61} \tag{6.5.3}$$

联立求解式(6.5.1)、式(6.5.2)、式(6.5.3)可得

$$f_{41}=\frac{9}{129},\ f_{51}=\frac{7}{129},\ f_{61}=\frac{8}{129}$$

同理可求 $f_{42}=\dfrac{20}{129}$，$f_{52}=\dfrac{398}{1161}$，$f_{62}=\dfrac{160}{1161}$，$f_{43}=\dfrac{100}{129}$，$f_{53}=\dfrac{700}{1161}$，$f_{63}=\dfrac{929}{1161}$，从而一个健康个体死亡的概率是 $f_{41}+f_{42}+f_{43}=1$。

由题设条件还可以进行死因分析，具体来说，一个健康个体患其他病死亡的占 $\dfrac{9}{129}$，也就是 6.98%；患呼吸病死亡的占 $\dfrac{20}{129}$，即 15.5%；患循环病死亡的占 $\dfrac{100}{129}$，即 77.52%。

（2）要计算健康个体进入吸收态（死亡）前的平均寿命，若用 $A=\{1,2,3\}$ 表示死亡，也就是求 $\mu_{4A}=E(T_A\,|\,X_0=i)$，其中 T_A 是进入状态 A 的首达时间，则有

$$
\begin{aligned}
\mu_{4A} &= \sum_{j\in S-A}p_{4j}(1+\mu_{jA})+\sum_{j\in A}p_{4j}(1+\mu_{jA})\\
&= 1+0.889\mu_{4A}+0.01\mu_{5A}+0.1\mu_{6A}
\end{aligned}
\tag{6.5.4}
$$

$$
\begin{aligned}
\mu_{5A} &= \sum_{j\in S-A}p_{5j}(1+\mu_{jA})+\sum_{j\in A}p_{5j}(1+\mu_{jA})\\
&= 1+0.7\mu_{4A}+0.1\mu_{5A}
\end{aligned}
\tag{6.5.5}
$$

$$
\begin{aligned}
\mu_{6A} &= \sum_{j\in S-A}p_{6j}(1+\mu_{jA})+\sum_{j\in A}p_{6j}(1+\mu_{jA})\\
&= 1+0.8\mu_{4A}+0.1\mu_{6A}
\end{aligned}
\tag{6.5.6}
$$

联立求解式（6.5.4）、式（6.5.5）、式（6.5.6）可得

$$
\mu_{4A}=78.295（年）
$$

也就是健康个体进入吸收态（死亡）前的平均寿命是 78.295 年。

注：显然 $\mu_{jA}=0(j\in A)$。

定理 6.5.1　若 j 是马尔可夫链的吸收状态，T 为所有非常返态构成的集合，$u_{ij}=E(T_j\,|\,X_0=i)$，则有(1) $f_{ij}=\sum_{k\in T}p_{ik}f_{kj}+p_{ij}(i\in T)$；(2) $u_{ij}=\sum_{k\in T}p_{ik}(u_{kj}+1)+p_{ij}(i\in T)$。

证明　(1) $f_{ij}=\sum\limits_{n=1}^{+\infty}P(T_j=n\,|\,X_0=i)=\sum\limits_{n=1}^{+\infty}\sum\limits_{k\in S}P(X_1=k,T_j=n\,|\,X_0=i)$

$$
\begin{aligned}
&= \sum_{n=1}^{+\infty}\sum_{k\in S}p_{ik}P(T_j=n\,|\,X_1=k)=\sum_{k\in S}p_{ik}\sum_{n=1}^{+\infty}P(T_j=n\,|\,X_1=k)\\
&= \sum_{k\in S}p_{ik}f_{kj}=\sum_{k\in T}p_{ik}f_{kj}+p_{ij}
\end{aligned}
\tag{6.5.7}
$$

(2) $u_{ij}=E(T_j\,|\,X_0=i)=\sum\limits_{n=1}^{+\infty}nP(T_j=n\,|\,X_0=i)$

$$
\begin{aligned}
&= \sum_{n=1}^{+\infty}\sum_{k\in S}np_{ik}P(T_j=n\,|\,X_1=k)=\sum_{k\in S}p_{ik}E(T_j\,|\,X_1=k)\\
&= \sum_{k\in T}p_{ik}(u_{kj}+1)+p_{ij}\quad(i\in T)
\end{aligned}
$$

例 6.5.2　设赌徒甲和乙分别有赌资 a 元和 b 元，且每次掷币甲赢 1 元的概率是 p，输 1 元的概率是 $q\stackrel{\text{def}}{=}1-p$，并设 X_n 为第 n 次掷币后甲所拥有的全部赌资，则马尔可夫链 $\{X_n,n\geqslant 1\}$ 的状态空间为 $S=\{0,1,\cdots,a+b\}$，假定 $X_0=i(1\leqslant i\leqslant a+b-1)$，试求甲输光的概率及乙输光的概率。

解　由题意，很容易写出马尔可夫链的一步转移概率矩阵为

$$\boldsymbol{P} = \begin{bmatrix} 1 & 0 & 0 & 0 & 0 & \cdots & 0 & 0 \\ q & 0 & p & 0 & 0 & \cdots & 0 & 0 \\ 0 & q & 0 & p & 0 & \cdots & 0 & 0 \\ \vdots & \vdots & \vdots & \vdots & \vdots & & \vdots & \vdots \\ 0 & 0 & 0 & 0 & \cdots & q & 0 & p \\ 0 & 0 & 0 & 0 & \cdots & 0 & 0 & 1 \end{bmatrix}$$

这是一个带有两个吸收壁的随机游动，它分为两个等价类，$\{0\}$、$\{a+b\}$ 为常返态，均是吸收态；$\{1,2,\cdots,a+b-1\}$ 是非常返态。

所求甲输光的条件概率为 f_{i0}，乙输光的条件概率为 $f_{i,a+b}$，显然 $f_{i0}+f_{i,a+b}=1$，故只需要求 f_{i0} 即可。

由式 (6.5.7) 可得

$$f_{i0} = qf_{i-1,0} + pf_{i+1,0} \quad (i \in \{1,2,\cdots,a=b-1\})$$

即

$$p(f_{i+1,0} - f_{i0}) = q(f_{i0} - f_{i-1,0})$$

则

$$(f_{i+1,0} - f_{i0}) = \frac{q}{p}(f_{i0} - f_{i-1,0}) = \cdots = \left(\frac{q}{p}\right)^i(f_{10} - f_{00}) = \left(\frac{q}{p}\right)^i(f_{10} - 1)$$

$$(f_{i0} - f_{i-1,0}) = \left(\frac{q}{p}\right)^{i-1}(f_{10} - 1)$$

$$(f_{i0} - f_{i-1,0}) = (f_{10} - 1)$$

将上面各式两边相加得

$$f_{i+1,0} - 1 = \sum_{k=0}^{i}\left(\frac{q}{p}\right)^k(f_{10} - 1)$$

i 取 $a+b-1$，并由 $f_{a+b,0}=0$，得到

$$1 - f_{10} = \left[\sum_{k=0}^{a+b-1}\left(\frac{q}{p}\right)^k\right]^{-1}$$

由此解得

$$f_{i0} = \begin{cases} 1 - \dfrac{i}{a+b} & (p=q=0,5) \\[2mm] \dfrac{\left(\dfrac{q}{p}\right)^{a+b} - \left(\dfrac{q}{p}\right)^i}{\left(\dfrac{q}{p}\right)^{a+b} - 1} & (1 \leqslant i \leqslant a+b-1,\ p \neq q) \end{cases}$$

$$f_{i,a+b} = 1 - f_{i0} = \begin{cases} \dfrac{i}{a+b} & (p=q=0,5) \\[2mm] \dfrac{\left(\dfrac{q}{p}\right)^{a+b} - 1}{\left(\dfrac{q}{p}\right)^{a+b} - 1} & (1 \leqslant i \leqslant a+b-1,\ p \neq q) \end{cases}$$

请读者思考，上式当 i 为 0 或者 $a+b$ 的时候是否成立？

6.6 马尔可夫链的应用案例

本节给出两个马尔可夫链在生活中的应用案例。

6.6.1 股票价格预测

经济系统可以看成一个完整的系统，根据经济系统的实际需要可以对它进行科学的状态划分，可以划分出两个状态，也可以划分出多个状态，状态可以是连续的，也可以是离散的。对经济现象各种状态的当前状态的概率进行统计测定，即判定出经济系统当前处于什么状态，在一定条件下可以预测未来处于各种状态的概率，从而为各类经济活动的决策提供科学的依据。

本节以浦发银行(600000)这只股票的成交量为例，来说明马尔可夫链的具体应用。显然，浦发银行的成交量是一族依赖于时间 t 的随机变量，其变化过程是一个随机过程。为了使用马尔可夫链这一工具，需要做如下一些假设：

(1) 可以近似地认为浦发银行的成交量在时间所处的状态只与在时刻 t 的状态有关，而与时刻 t 以前所处的状态无关，即具有无后效性；

(2) 假定股票市场是成熟理性的，即成交量的状态变化过程保持一种时间历程的不变性；

(3) 浦发银行的成交量只能产生可列个状态，而且只在可列个时刻发生状态转移，故它们符合马尔可夫链。

设 X_t 是股票在时间 t 的成交量大小，它所能取到的最小值和最大值分别记为 m_0，m_n，所限定的区间划分成若干小区间 $(m_0, m_1]$，$(m_1, m_2]$，…，$(m_{n-1}, m_n]$，其中 $m_i \geqslant m_{i-1}$。再记 $S_k = (m_{k-1}, m_k)$，则可视 $X_t(t \geqslant 0)$ 为一个以 $S = S_k(k = 1, 2, …, n)$ 为状态空间的马尔可夫链。

根据浦发银行(600000)这只股票成交量的实际情况划分，将 2011 年 4 月 30 日到 2011 年 6 月 17 日的日成交量划分为 4 个区间，使每一天的成交量仅落入其中一个区间内，每一个区间可作为一种状态。

$$\min(X_t) = m_0 = 255\,924.594, \max(X_t) = m_n = 932\,209.188$$

$$\frac{m_n - m_0}{4} = 169\,071.148\,5$$

需要注意的是，由一个标准划分的各个状态之间应相互独立，使预测对象在某一时间只处于一种状态。故 X_t 分为 4 个价格区间，每一区间为一状态(见表 6.6.1)。

表 6.6.1 状态出现的频数

状态	S_1	S_2	S_3	S_4
成交量区间	424 995.742 5 以下	(424 995.742 5, 594 066.891]	(594 066.891, 763 138.039 5]	763 138.039 5 以上
出现次数	12	11	5	3

由表 6.6.2 和表 6.6.3 知，股票成交量变化的状态转移中有 12 次是从 S_1 出发的，从 S_1 到 S_1 的有 7 个，从 S_1 到 S_2 的有 3 个，从而可以得到股票成交量变化的状态转移矩阵为

$$P = \begin{bmatrix} 0.5834 & 0.25 & 0.0833 & 0.0833 \\ 0.3 & 0.3 & 0.3 & 0.1 \\ 0 & 0.75 & 0.25 & 0 \\ 0.5 & 0.25 & 0 & 0.25 \end{bmatrix}$$

表 6.6.2　状态区间分布情况

马尔可夫序列	成交量	状态	马尔可夫序列	成交量	状态
1	522 657.406	2	17	525 063.375	2
2	461 704.625	2	18	255 924.594	1
3	547 338.375	2	19	312 812.313	1
4	746 695.125	3	20	323 376	1
5	615 582.813	3	21	517 798.906	2
6	453 600	2	22	418 388.313	1
7	593 962.938	2	23	314 853.875	1
8	811 304.938	4	24	414 700.156	1
9	780 355.75	4	25	288 046.375	1
10	383 212.469	1	26	474 098.875	2
11	438 047.906	2	27	400 517.438	1
12	621 685.625	3	28	932 209.188	4
13	400 466.281	1	29	524 377.688	2
14	388 774.281	1	30	631 793.25	3
15	407 778.281	1	31	478 957.375	2
16	619 112.375	3			

表 6.6.3　状态转移状况

状态转移		次日状态			
		S_1	S_2	S_3	S_4
当日状态	S_1	7	3	1	1
	S_2	3	3	3	1
	S_3	0	3	1	0
	S_4	2	1	0	1

由转移概率矩阵可知，该马氏链是不可约齐次马氏链，故平稳分布存在。由表 6.6.2 知，第 31 个交易日的成交量是 478 957.375，落于第二状态区间，所以用马尔可夫链进行预测时，初始概率向量 $\pi_0 = [0\ 1\ 0\ 0]$，然后根据公式 $\pi_k = \pi_{k-1} P = \cdots = \pi_0 P^k$ 预测第 32，33，34，35 交易日成交量的绝对概率向量分别为

$$\boldsymbol{\pi}_1 = \boldsymbol{\pi}_0 \boldsymbol{P} = \begin{bmatrix} 0.3 & 0.3 & 0.3 & 0.1 \end{bmatrix}$$

$$\boldsymbol{\pi}_2 = \boldsymbol{\pi}_0 \boldsymbol{P}^2 = \begin{bmatrix} 0.315\,02 & 0.415 & 0.189\,99 & 0.079\,99 \end{bmatrix}$$

$$\boldsymbol{\pi}_3 = \boldsymbol{\pi}_0 \boldsymbol{P}^3 = \begin{bmatrix} 0.3483 & 0.3657 & 0.1982 & 0.0877 \end{bmatrix}$$

$$\boldsymbol{\pi}_4 = \boldsymbol{\pi}_0 \boldsymbol{P}^4 = \begin{bmatrix} 0.3674 & 0.3568 & 0.1883 & 0.0875 \end{bmatrix}$$

由 $\boldsymbol{\pi}_1$ 可以看出，第 32 个交易日的成交量落于第 1、2、3 区间的概率相等且较大，由 $\boldsymbol{\pi}_2$ 可以看出第 33 个交易日的成交量落于第 2 个区间的概率最大，结合实测数据，统计出表 6.6.4。

表 6.6.4　误 差 分 析

马尔可夫序列	日期	成交量	实测区间	预测区间	误差
32	2010 − 06 − 18	657 818.938	3	3	0
33	2010 − 06 − 21	989 215.5	4	2	2
34	2010 − 06 − 22	430 365.375	2	2	0
35	2010 − 06 − 23	391 505	1	1	0

在这 4 个交易日中，除了 2010 年 6 月 22 日的预测值和实测值相差 2，其他交易日的误差都为 0，说明预测结果和实测结果较吻合。

预测值与实测值之间的误差主要取决于成交量变化区间的划分方法，本案例所采用的成交量变化区间是均匀划分的，其实，可以根据正态分布把区间划分得更细，误差就可以极大地减小。另外，应用马尔可夫链分析预测股指时，是假定未知的概率分布与已知的概率分布无太大出入，即市场外界环境比较稳定，但这点在实际中是很难满足的，这同样也是导致误差的重要原因。

利用马尔可夫链也可以预测经济活动中产品的市场占有率、销售情况、利润等经济指标，还可以预测农业的作物产量、水利中的降水量等，方法类似。

6.6.2　销售的库存策略

假设现在有一个家用汽车销售商店，在销售某款轿车时采用的库存策略为：当一周结束时，如果存货降到 s 或者更少，就要订购足够的产品使得存货的数量回到 S。为了简单起见，假定补充的货物发生在第二周的开始。用 X_n 表示第 n 周结束时商店的存货量，D_{n+1} 为第 $n+1$ 周的需求量。由库存策略知道，如果 $X_n > s$，则不需要订货，第二周的存货量以 X_n 辆的轿车开始销售，如果需求量 $D_{n+1} \leqslant X_n$，则当周结束时 $X_{n+1} = X_n - D_{n+1}$；如果需求量 $D_{n+1} > X_n$，则当周结束时 $X_{n+1} = 0$。如果 $X_n \leqslant s$，则第二周的存货量以 S 辆的轿车开始。

对 X_{n+1} 可以进行类似分析。假定采用 $s=1，S=5$ 的库存控制策略，况且需求量的分布列为

k	0	1	2	3
$P(D_{n+1}=k)$	0.3	0.4	0.2	0.1

X_n 是不是马尔可夫链，其一步转移概率矩阵是多少？

由问题显然可知 X_n 是齐次马尔可夫链，它的一步转移概率矩阵为

$$\begin{bmatrix} 0 & 0 & 0.1 & 0.2 & 0.4 & 0.3 \\ 0 & 0 & 0.1 & 0.2 & 0.4 & 0.3 \\ 0.3 & 0.4 & 0.3 & 0 & 0 & 0 \\ 0.1 & 0.2 & 0.4 & 0.3 & 0 & 0 \\ 0 & 0.1 & 0.2 & 0.4 & 0.3 & 0 \\ 0 & 0 & 0.1 & 0.2 & 0.4 & 0.3 \end{bmatrix}$$

另外，如果 $S=3$，假设每一辆轿车当它被售出时可以获得 12 000 元的利润，否则每周需花费 2000 元的存储费用，那么长期来看，这种库存策略平均每天的利润是多少？为了获得最大利润，应该如何选择 s？

当 $S=3$，s 的选择只有 2，1，0 三种情况，分别计算就可以获得最佳的 s。

假设采用 2，3 库存策略，即当库存小于等于 2 辆轿车时补货，使得第二周开始时有 3 辆轿车的库存。在这种情况下总是以 3 辆轿车开始一天的销售，此时转移概率矩阵每行都相等，为

$$\begin{bmatrix} 0.1 & 0.2 & 0.4 & 0.3 \\ 0.1 & 0.2 & 0.4 & 0.3 \\ 0.1 & 0.2 & 0.4 & 0.3 \\ 0.1 & 0.2 & 0.4 & 0.3 \end{bmatrix}$$

此种情形下的平稳分布是：$\pi_0=0.1$，$\pi_1=0.2$，$\pi_2=0.4$，$\pi_3=0.3$。

此策略下平均销售额为 $0.1\times 3\times 12\,000+0.2\times 2\times 12\,000+0.4\times 12\,000=13\,200$。

平均库存费用为 $0.2\times 2000+0.4\times 2\times 2000+0.3\times 3\times 2000=3800$。

因此每周的净利润为 9400 元。

假设采用 1，3 库存策略，此时转移概率矩阵为

$$\begin{bmatrix} 0.1 & 0.2 & 0.4 & 0.3 \\ 0.1 & 0.2 & 0.4 & 0.3 \\ 0.3 & 0.4 & 0.3 & 0 \\ 0.1 & 0.2 & 0.4 & 0.3 \end{bmatrix}$$

此种情形下的平稳分布是：$\pi_0=\dfrac{19}{110}$，$\pi_1=\dfrac{30}{110}$，$\pi_2=\dfrac{40}{110}$，$\pi_3=\dfrac{21}{110}$。

此策略下如果货源充足，那么每周的平均销售额为 13 200 元。然而，当 $X_n=2$，需求量为 3 时，错失了销售 1 辆轿车，该事件发生的概率为 $\dfrac{40}{110}\times 0.1=0.036\,36$，因此长期看来，获得的利润为 $13\,200-0.036\times 12\,000=12\,768$ 元。

新策略下平均库存费用为 $\dfrac{30}{110}\times 2000+\dfrac{40}{110}\times 2\times 2000+\dfrac{21}{110}\times 3\times 2000=3145.5$，即每周的净利润为 9622.5 元。

假设采用 0，3 库存策略，此时转移概率矩阵为

$$\begin{bmatrix} 0.1 & 0.2 & 0.4 & 0.3 \\ 0.7 & 0.3 & 0 & 0 \\ 0.3 & 0.4 & 0.3 & 0 \\ 0.1 & 0.2 & 0.4 & 0.3 \end{bmatrix}$$

此种情形下的平稳分布是：$\pi_0 = \dfrac{343}{1070}$，$\pi_1 = \dfrac{300}{1070}$，$\pi_2 = \dfrac{280}{1070}$，$\pi_3 = \dfrac{147}{1070}$。

在此策略下，如果货源充足，那么每周的平均销售额为 13 200 元。长期看来，获得的利润为 $13\,200 - \dfrac{280}{1070} \times 12\,000 \times 0.1 + \dfrac{300}{1070}(0.1 \times 2 \times 12\,000 + 0.2 \times 1 \times 12\,000) = 11\,540$ 元。

新策略下平均库存费用为 $\dfrac{300}{1070} \times 2000 + \dfrac{280}{1070} \times 2 \times 2000 + \dfrac{147}{1070} \times 3 \times 2000 = 2430$。

因此每周的净利润为 9110 元。

这三种策略中 1，3 策略是最优的。

如果 S 和 s 均未知，读者们可以思考如何确定最优的库存策略呢？

习　题　6

1. 设随机变量序列 $\{X_n, n=1, 2, \cdots\}$ 满足 $X_n = \rho X_{n-1} + I_n$，其中 ρ 是已知常数，$X_0 = 0$，而 $\{I_n, n=1, 2, \cdots\}$ 是独立同分布的取可数值的随机变量序列。试证明 $\{X_n, n=1, 2, \cdots\}$ 是马尔可夫链。

2. 设 $\{\xi_n, n=1, 2, \cdots\}$ 是独立同分布的取非负整数值的随机变量序列，且有以下分布列：

$$P(\xi_n = i) = a_i \quad (i \geqslant 0)$$

令随机序列

$$X_n = \left(\sum_{k=1}^{n} \xi_k \right)^2 \quad (n \geqslant 1)$$

验证：$\{X_n, n=1, 2, \cdots\}$ 是一个马尔可夫链，并计算其一步转移概率矩阵。

3. 令 X_1 表示从 $1, 2, \cdots, 6$ 这六个数字中任取到的一个数，再令 X_n 表示从 $1, 2, \cdots, X_{n-1}$ 中任取到的一个数字 $(n>1)$，验证 $\{X_n, n=1, 2, \cdots\}$ 是一个齐次马尔可夫链，写出其状态空间并计算一步转移概率矩阵。

4. 设一质点在圆周上做随机游动，圆周上共有 N 格，质点每一时刻以概率 p 顺时针游动一格，以概率 $q=1-p$ 逆时针游动一格。令 X_n 表示质点在 n 时刻所在的位置。试说明 $\{X_n, n \geqslant 0\}$ 是齐次马尔可夫链，写出其状态空间并计算一步转移概率矩阵。

5. 把三个黑球和三个白球共六个球任意等分在甲、乙两个袋中，并把甲袋中的白球数定义为状态。现每次从甲、乙两袋中各取一球，然后相互交换，即把从甲袋中取出的球放入乙袋中，把从乙袋中取出的球放入甲袋，经过 n 次交换，过程的状态为 X_n。随机过程 $\{X_n, n=1, 2, \cdots\}$ 是否马尔可夫链？如果是，试计算它的一步转移概率矩阵。

6. 设 $\{X_n, n \geqslant 0\}$ 为齐次马尔可夫链，状态空间为 $S=\{0, 1, 2\}$，一步转移概率矩阵为

$$\boldsymbol{P} = \begin{pmatrix} 0 & 1 & 0 \\ 1-p & 0 & p \\ 0 & 1 & 0 \end{pmatrix}$$

试计算 X_n 的 n 步转移概率矩阵 $\boldsymbol{P}^n(n \geqslant 1)$。

7. 设质点在图 1 上做随机行走，开始时刻质点处于位置 1，在每一时刻质点独立地以相同的概率选择与其顶点相连的一条边，并沿着这条边移动到相邻的顶点，令 X_n 表示质点在 n 时刻所处的位置。试说明质点的移动过程是一个马尔可夫链，写出状态空间和一步转移概率矩阵，并计算在 $n = 3$ 时，质点处于位置 3 的概率。

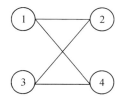

图 1　转移图

8. 甲、乙两人进行某种比赛，设每局比赛中甲胜的概率为 p，乙胜的概率为 q，和局的概率为 r，且有 $p + q + r = 1$。设每局比赛后，胜者记"$+1$"分，输者记"-1"分，和局不计分，当两个人中有一人获得 2 分时结束比赛，以 X_n 表示比赛至第 n 局时甲获得的分数。试说明 $\{X_n, n \geqslant 1\}$ 是齐次马尔可夫链，写出状态空间和一步转移概率矩阵；试计算在甲获得 1 分的情况下，再比赛两局可以结束比赛的概率。

9. 设齐次马尔可夫链 $\{X_n, n \geqslant 0\}$ 的状态空间为 $S = \{0, 1, 2\}$，一步转移概率矩阵为

$$\boldsymbol{P} = \begin{bmatrix} \dfrac{1}{4} & \dfrac{3}{4} & 0 \\[2mm] \dfrac{1}{3} & \dfrac{1}{3} & \dfrac{1}{3} \\[2mm] 0 & \dfrac{1}{4} & \dfrac{1}{4} \end{bmatrix}$$

且 X_n 的初始分布为 $\left\{\dfrac{1}{4}, \dfrac{1}{2}, \dfrac{1}{4}\right\}$。试计算以下概率：

(1) $P[X_0 = 0, X_1 = 1, X_2 = 2]$；

(2) $p_{01}^{(2)}, p_{12}^{(2)}$；

(3) $P(X_2 = 1)$；

(4) $P(X_{n+2} = 1 \mid X_n = 0)$。

10. 设齐次马尔可夫链 $\{X_n, n \geqslant 0\}$ 的状态空间为 $S = \{0, 1, 2\}$，一步转移概率矩阵为

$$\boldsymbol{P} = \begin{bmatrix} p_1 & q_1 & 0 \\ 0 & p_2 & q_2 \\ q_3 & 0 & p_3 \end{bmatrix}$$

其中 $p_i + q_i = 1 (i = 1, 2, 3)$。试计算首达概率 $f_{00}^{(n)}, f_{01}^{(n)}(n = 1, 2, 3)$。

11. 设有限齐次马尔可夫链分别具有以下转移概率矩阵

(1) $\boldsymbol{P} = \begin{bmatrix} \dfrac{1}{2} & \dfrac{1}{2} \\[2mm] 1 & 0 \end{bmatrix}$；

$$(2)\ \boldsymbol{P}=\begin{pmatrix} 0 & 0 & \dfrac{1}{2} & \dfrac{1}{2} \\[2mm] 0 & 0 & \dfrac{1}{2} & \dfrac{1}{2} \\[2mm] \dfrac{1}{2} & \dfrac{1}{2} & 0 & 0 \\[2mm] \dfrac{1}{2} & \dfrac{1}{2} & 0 & 0 \end{pmatrix};\qquad (3)\ \boldsymbol{P}=\begin{pmatrix} \dfrac{1}{2} & \dfrac{1}{2} & 0 & 0 \\[2mm] 1 & 0 & 0 & 0 \\[2mm] 0 & \dfrac{1}{3} & \dfrac{2}{3} & 0 \\[2mm] \dfrac{1}{2} & 0 & \dfrac{1}{2} & 0 \end{pmatrix};$$

$$(4)\ \boldsymbol{P}=\begin{pmatrix} \dfrac{1}{2} & \dfrac{1}{2} & 0 & 0 \\[2mm] \dfrac{1}{2} & \dfrac{1}{2} & 0 & 0 \\[2mm] \dfrac{1}{4} & \dfrac{1}{4} & \dfrac{1}{4} & \dfrac{1}{4} \\[2mm] 0 & 0 & 0 & 1 \end{pmatrix};\qquad (5)\ \boldsymbol{P}=\begin{pmatrix} \dfrac{1}{2} & 0 & \dfrac{1}{2} & 0 & 0 \\[2mm] 0 & \dfrac{1}{4} & 0 & \dfrac{3}{4} & 0 \\[2mm] 0 & 0 & \dfrac{1}{3} & 0 & \dfrac{3}{3} \\[2mm] \dfrac{1}{3} & 0 & \dfrac{1}{3} & 0 & \dfrac{1}{3} \end{pmatrix}。$$

画出状态转移图，并分析马氏链状态的类型、周期。

12. 设齐次马氏链的转移概率矩阵为

$$\boldsymbol{P}=\begin{bmatrix} 0.5 & 0.4 & 0.1 \\ 0.3 & 0.4 & 0.3 \\ 0.2 & 0.3 & 0.5 \end{bmatrix}$$

试讨论该马氏链的极限分布的存在性，若存在，求出极限分布。

13. 设齐次马氏链的转移概率矩阵分别为

$$(1)\ \boldsymbol{P}=\begin{pmatrix} \dfrac{1}{2} & \dfrac{1}{2} & 0 \\[2mm] \dfrac{1}{3} & \dfrac{1}{3} & \dfrac{1}{3} \\[2mm] 0 & \dfrac{1}{2} & \dfrac{1}{2} \end{pmatrix};\quad (2)\ \boldsymbol{P}=\begin{bmatrix} 0.6 & 0 & 0 & 0 & 0 & 0.4 \\ 0 & 0.6 & 0 & 0 & 0.4 & 0 \\ 0.1 & 0.1 & 0.1 & 0.1 & 0.5 & 0.1 \\ 0 & 0.2 & 0.2 & 0.4 & 0.2 & 0 \\ 0 & 0.2 & 0 & 0 & 0.8 & 0 \\ 0.4 & 0 & 0 & 0 & 0 & 0.6 \end{bmatrix}$$

$$(3)\ \boldsymbol{P}=\begin{bmatrix} 0.6 & 0 & 0 & 0.4 & 0 \\ 0 & 0.6 & 0 & 0 & 0.4 \\ 0 & 0.2 & 0.6 & 0 & 0.2 \\ 0.4 & 0 & 0 & 0.6 & 0 \\ 0 & 0.2 & 0 & 0 & 0.8 \end{bmatrix};\quad (4)\ \boldsymbol{P}=\begin{pmatrix} \dfrac{1}{2} & \dfrac{1}{2} & 0 & 0 \\[2mm] \dfrac{1}{3} & \dfrac{1}{3} & \dfrac{1}{3} & 0 \\[2mm] \dfrac{1}{4} & \dfrac{1}{4} & \dfrac{1}{4} & \dfrac{1}{4} \\[2mm] \dfrac{1}{4} & \dfrac{1}{4} & \dfrac{1}{4} & \dfrac{1}{4} \end{pmatrix}$$

试分解马氏链的状态空间，并说明状态的类型。讨论马氏链是否存在平稳分布。若存在，是否唯一，并求马氏链的平稳分布。

14. 设有一传输数字信号 0 和 1 的通信系统，信号是按多个阶段逐段传输的，在每一阶段传输出错的概率为 $p(0<p<1)$，假设开始时的信号是 0，试用马氏链描述信号传输过

程，并计算：

(1) 信号传输两个阶段均不出错的概率；

(2) 信号传输两个阶段收到正确信号的概率；

(3) 表示信号传输 n 阶段后信号无误的概率。

15. 对兔子进行一项免疫反应的实验，根据反应强度的大小将兔子分为 4 组，分别记为 1，2，3，4。以周为单位，从这一周到下一周，兔子按照以下转移概率矩阵从一个组转到另一个组：

$$\boldsymbol{P} = \begin{pmatrix} \frac{5}{7} & \frac{2}{7} & 0 & 0 \\ 0 & \frac{1}{2} & \frac{1}{3} & \frac{1}{6} \\ 0 & 0 & \frac{1}{2} & \frac{1}{2} \\ 0 & 0 & \frac{1}{4} & \frac{3}{4} \end{pmatrix}$$

完成以下问题：

(1) 如果兔子现在在第 1 组，经过 5 周后兔子以多大的比例还留在第一组？

(2) 如果在第一周有 9 只兔子在第 1 组，4 只兔子在第 2 组，第 3、4 组没有兔子，经过 4 周后，每个组中兔子的个数有多少？

(3) 利用转移概率矩阵，试猜想一只在第 1 组或第 2 组中的兔子经过任意长的时间后，该兔子还在第 1 组或第 2 组中的概率，并给出这种猜想的合理性解释。

16. 在笼子中有一群小白鼠，笼子中有三个相互连通的隔间，分别用字母 A，B，C 表示。处于 A 中的小白鼠分别以概率 0.3 和 0.4 移动到 B 和 C，处于 B 中的小白鼠分别以概率 0.15 和 0.55 移动到 A 和 C，处于 C 中的小白鼠分别以概率 0.3 和 0.6 移动到 A 和 B。试用马尔可夫链来描述笼子中小白鼠的移动，写出转移概率矩阵，并预测经过长时间的移动后小白鼠处在每个隔间中的比例。

17. 有关部门做了一项关于教育职业意向的调查，以了解一个教师或对教育职业有兴趣的学生在后续几年内将继续从事教育事业的可能性大小。为了便于统计，将调查对象分为四类：在校的对教师职业有兴趣的高中生和大学生、新任职的教师、连续任教者和已经离开教育职业者，可分别记为 1，2，3，4。由调查数据可得到以下转移概率矩阵

$$\boldsymbol{P} = \begin{pmatrix} 0.70 & 0.11 & 0 & 0.19 \\ 0 & 0 & 0.86 & 0.14 \\ 0 & 0 & 0.86 & 0.12 \\ 0 & 0 & 0 & 1 \end{pmatrix}$$

完成以下问题：

(1) 试确定一名对教师职业感兴趣的学生平均要经过几年的时间可以成为一名连续任教者；

(2) 试确定一名新任职的教师平均要经过几年的时间可以成为一名连续任教者；

(3) 试确定一名连续任教者在其连续任教期间内所任教时间的平均值；

18. 某大楼前一名保安负责该楼前相互间隔为 10 米的三个门的安全，每分钟保安随机

地决定是否移动到另外一个门。如果保安在中门，他以相同的概率决定继续留在中门，或去左门，或去右门。如果保安在左（右）门，他以相同的概率决定继续留在左（右）门、或去中门。保安的移动实际是一种随机游动，试写出该随机游动的转移概率矩阵，并确定经过长时间后保安在每个门前所停留的时间比例。

19. 设 $\{X_n, n\geqslant 0\}$ 是周期为 d 的不可约齐次马尔可夫链，一步转移概率矩阵为 $\boldsymbol{P}$，其状态空间 S 被唯一地分解为 d 个互不相交的子集 $J_1, J_2, \cdots, J_d$ 的并。如果令 $Y_n = X_{nd}(n=0, 1, 2, \cdots)$，完成以下问题：

(1) 验证 $\{Y_n, n=0, 1, 2, \cdots\}$ 是齐次马尔可夫链，且一步转移概率矩阵为 $\boldsymbol{P}^{(d)}$；

(2) 验证对马氏链 Y_n 而言，每个 $J_m(m=1, 2, \cdots, d)$ 都是不可约闭集，且 J_m 中的状态都是非周期的；

(3) 验证：如果马氏链 X_n 的状态皆为常返态，则马氏链 Y_n 的状态也都是常返态。

20. 设在任意一天里，小明的情绪状态有快乐、一般和忧郁，分别记为 $0, 1, 2$。令 X_n 表示第 n 天小明的情绪状态，设 $\{X_n, n\geqslant 1\}$ 是状态空间 $S=\{0, 1, 2\}$ 上的齐次马氏链，一步转移概率矩阵为

$$\boldsymbol{P}=\begin{pmatrix} 0.5 & 0.4 & 0.1 \\ 0.3 & 0.4 & 0.3 \\ 0.2 & 0.3 & 0.5 \end{pmatrix}$$

试回答下列问题：

(1) 如果小明今天是忧郁的，求 2 天后小明的情绪分别是快乐、一般和忧郁的概率；

(2) 若 $X_0=1$，计算概率 $P(X_1=1, X_3=1, X_4=1, X_5=2)$；

(3) 若某天小明的情绪是快乐的，计算从该情绪状态出发，首次转移到快乐状态所需要的平均时间。

21. 某厂一次往水库中排放含有机毒物 3000 克的工业废水。若平均每个月水中毒物 10% 被分解，30% 被泥土吸收，30% 被浮游生物吸收。浮游生物体内毒物 50% 被浮游生物分解，20% 又回归水中；泥土中毒物 10% 返回水中，30% 被分解；毒物在浮游生物和泥土之间没有交换。设毒物所处状态为：1—分解；2—在水中；3—在浮游生物中；4—在土中。毒物在 4 个状态中转移的情况可看作是一个齐次马尔可夫链，其转移概率矩阵为

$$\boldsymbol{P}=\begin{pmatrix} 1 & 0 & 0 & 0 \\ 0.1 & 0.3 & 0.3 & 0.3 \\ 0.5 & 0.2 & 0.3 & 0 \\ 0.3 & 0.1 & 0 & 0.6 \end{pmatrix}$$

求水中毒物在分解之前留存的平均时间。

第 7 章
连续时间马尔可夫链

连续时间马尔可夫链在实际中有广泛的应用，本章将介绍连续时间马尔可夫链的定义、转移概率矩阵、转移强度矩阵以及它们的基本性质，并以生灭过程为例介绍其应用。

7.1　连续时间马尔可夫链简介

本章主要介绍连续时间马尔可夫链的定义、转移概率矩阵及其性质。由于连续时间马尔可夫链的状态依然是离散的，因此状态空间仍然记为 $S=\{0,1,2,\cdots\}$。

7.1.1　连续时间马尔可夫链的定义

定义 7.1.1　设随机过程 $\{X_t,t\geqslant 0\}$ 的状态空间 S 为有限或可列的，如果对任意的 $0\leqslant t_0\leqslant t_1\leqslant\cdots\leqslant t_{n-1}\leqslant s\leqslant t$，其中 $i_k,i,j\in S$ 及 $0\leqslant k\leqslant n-1$，有

$$P(X_t=j\mid X_{t_0}=i_0,X_{t_1}=i_1,\cdots,X_{t_n}=i_{n-1},X_s=i)$$
$$=P(X_t=j\mid X_s=i) \tag{7.1.1}$$

则称 X_t 为连续时间（参数）马尔可夫链，记为

$$p_{ij}(s,t)\overset{\text{def}}{=}P(X_t=j\mid X_s=i)\quad(0\leqslant s\leqslant t<\infty,i,j\in S)$$

称 $p_{ij}(s,t)$ 为马氏链 X_t 的转移概率函数，简称转移概率。它表示马氏链 X_t 在 s 时从状态 i 出发于 t 时到达状态 j 的条件概率。

如果对任意的 $\mu\geqslant 0,t\geqslant 0,i,j\in S$，有

$$P(X_{t+u}=j\mid X_u=i)=P(X_t=j\mid X_0=i)\overset{\text{def}}{=}p_{ij}(t)$$

则称 X_t 为齐次马尔可夫链，也称 X_t 具有平稳的转移概率。

例 7.1.1　验证：泊松过程是一个连续时间的齐次马尔可夫链。

证明　设 $\{N_t,t\geqslant 0\}$ 是参数为 $\lambda\geqslant 0$ 的泊松过程，状态空间 $S=\{0,1,\cdots\}$。利用泊松过程的独立增量性，对任意的 $0\leqslant t_0\leqslant t_1\leqslant\cdots\leqslant t_{n+1},0\leqslant i_0\leqslant i_1\leqslant\cdots\leqslant i_{n+1}\in S$，有

$$P(N_{t_{n+1}}=i_{n+1}\mid N_{t_0}=i_0,N_{t_1}=i_1,\cdots,N_{t_n}=i_n)$$
$$=P(N_{t_{n+1}-t_n}=i_{n+1}-i_n\mid N_{t_0}=i_0,N_{t_1-t_0}=i_1-i_0,\cdots,N_{t_n-t_{n-1}}=i_n-i_{n-1})$$
$$=P(N_{t_{n+1}-t_n}=i_{n+1}-i_n)$$
$$=P(N_{t_{n+1}}=i_{n+1}\mid N_{t_n}=i_n)$$

即泊松过程 N_t 具有马氏性。

又对任意的 $\mu \geqslant 0$，$t \geqslant 0$，有

$$P(N_{t+u} = j \mid N_t = i) = P(N_u = j - i) = \frac{(\lambda\mu)^{j-i}}{(j-i)!} e^{-\lambda\mu} \quad (j \geqslant i \in S)$$

$$P(N_{t+u} = j \mid N_t = i) = 0 \quad (j < i \in S)$$

即泊松过程 N_t 具有时齐性。

因此，泊松过程 N_t 是连续时间的齐次马尔可夫链。

7.1.2 转移概率函数

以下仅讨论齐次马尔可夫链，并总假设 $\{X_t, t \geqslant 0\}$ 是状态空间 S 上的齐次马尔可夫链，为方便起见，简称马氏链。容易验证，转移概率 $p_{ij}(t)$ 满足：

$$p_{ij}(t) \geqslant 0, \quad \sum_{j \in S} p_{ij}(t) = 1 \quad (i, j \in S)$$

$$p_{ij}(0) = \delta_{ij}, \quad \delta_{ij} = 1(i = j), \delta_{ij} = 0(i \neq j)$$

由于连续时间马尔可夫链的转移概率 $p_{ij}(t)$ 是时间 t 的函数，这是与离散时间马氏链转移概率所不同的一点，因此我们另外约定连续性条件，即

$$\lim_{t \to 0} p_{ij}(t) = \delta_{ij} \quad (i, j \in S)$$

同样称以转移概率 $p_{ij}(t)$ 为元素的矩阵

$$\boldsymbol{P}(t) = (p_{ij}(t)) \quad (i, j \in S)$$

为齐次马氏链的转移概率矩阵。

连续时间马氏链的转移概率也满足 C-K 方程。

例 7.1.2 验证：齐次马氏链 X_t 的转移概率函数满足 C-K 方程

$$p_{ij}(s + t) = \sum_{k \in S} p_{ik}(s) p_{kj}(t) \quad (s, t \geqslant 0; i, j \in S)$$

证明 对 $s, t \geqslant 0$，$i, j \in S$，利用 X_t 的马氏性有

$$
\begin{aligned}
p_{ij}(s + t) &= P(X_{t+s} = j \mid X_0 = i) \\
&= \sum_{k \in S} P(X_{t+s} = j, X_t = k \mid X_0 = i) \\
&= \sum_{k \in S} P(X_{t+s} = j \mid X_s = k) P(X_s = k \mid X_0 = i) \\
&= \sum_{k \in S} p_{ik}(s) p_{kj}(t)
\end{aligned}
$$

例 7.1.3 验证：对于任意的 $t \geqslant 0$，$i \in S$，有 $p_{ii}(t) > 0$。

证明 利用 C-K 方程和连续性条件易得。

连续时间马尔可夫链的转移概率还有很好的分析性质。

定理 7.1.1 对任意的 $i, j \in S$，转移概率 $p_{ij}(t)$ 在 $t \in [0, \infty]$ 上一致连续。

证明 首先设时间 $h > 0$，由 C-K 方程得

$$
\begin{aligned}
p_{ij}(t + h) - p_{ij}(t) &= \sum_k p_{ik}(h) p_{kj}(t) - p_{ij}(t) \\
&= \sum_{k \neq i} p_{ik}(h) p_{kj}(t) - p_{ij}(t)[1 - p_{ii}(h)]
\end{aligned}
$$

由上式可得

$$p_{ij}(t+h) - p_{ij}(t) \leqslant \sum_{k \neq i} p_{ik}(h) p_{kj}(t) \leqslant \sum_{k \neq i} p_{ik}(h) = 1 - p_{ii}(h)$$

$$p_{ij}(t+h) - p_{ij}(t) \geqslant - p_{ij}(t)[1 - p_{ii}(h)] \geqslant -[1 - p_{ii}(h)]$$

因此有

$$|p_{ij}(t+h) - p_{ij}(t)| \leqslant 1 - p_{ii}(h) \to 0 (h \to 0) \tag{7.1.2}$$

若时间 $h < 0(t+h \geqslant 0)$，则 $-h > 0$，同理有

$$|p_{ij}(t+h) - p_{ij}(t)| = |p_{ij}[(t+h)+(-h)] - p_{ij}(t+h)|$$

$$\leqslant 1 - p_{ii}(-h) \to 0 \quad (h \to 0) \tag{7.1.3}$$

综合式(7.1.2)和式(7.1.3)知，转移概率 $p_{ij}(t)$ 在 $t \in [0, \infty]$ 上一致连续。

7.1.3　状态分类与状态空间分解

与离散时间马氏链类似，利用转移概率 $p_{ij}(t)$ 的信息，可以对连续时间马氏链的状态分类并进一步分解其状态空间。这里不加证明，仅叙述其结论。

对任意的 $i \in S$，如果

$$\int_0^{+\infty} p_{ii}(t) \mathrm{d}t = +\infty$$

则称状态 i 是常返态，否则称 i 为非常返态。

由于连续时间马氏链的转移概率 $p_{ij}(t)$ 在 $t \to \infty$ 时的极限总存在，因此记为

$$\lim_{n \to \infty} p_{ij}(t) \overset{\text{def}}{=} \pi_{ij}$$

因此对常返态 $i \in S$，如果 $\pi_{ii}(t) > 0$，则称 i 是正常返态，否则称 i 是零常返态。连续时间马氏链的状态均为非周期的。

利用转移概率 $p_{ij}(t)$ 还可以定义状态之间的关系。对任意的 $i, j \in S$，若存在 $t > 0$，使得 $p_{ij}(t) > 0$，则称状态 i 可达状态 j，也记为 $i \to j$，如果还有 $j \to i$，则称状态 i 和 j 互通，记为 $i \leftrightarrow j$。

为此，利用互通这种等价关系也可以将连续时间马氏链的状态空间 S 唯一地划分为有限个或可列无限个互不相交状态子集的并，即

$$S = D \bigcup C_1 \bigcup C_2 \bigcup \cdots$$

其中，D 是所有非常返态组成的状态子集；每个 $C_n (n = 1, 2, \cdots)$ 均是由常返态组成的不可约闭集，且 C_n 中所有的状态具有相同的类型，或均为零常返态，或均为正常返非周期态。正常返非周期态也称为遍历态。

7.2　转移强度矩阵

本节介绍连续时间马氏链中具有重要应用的转移强度矩阵，为此首先讨论转移概率 $p_{ij}(t)$ 的可微性。

7.2.1　转移概率的可微性

定理 7.2.1　对状态 $i \in S$，转移概率 $p_{ii}(t)$ 在 $t = 0$ 处的右导数存在，且有

$$p'_{ii}(0) = \lim_{t \to 0^+} \frac{p_{ii}(t) - 1}{t} \leqslant 0 \quad (i \in S)$$

证明 由连续性条件，对 $i \in S$，$t > 0$，有 $p_{ii}(t) > 0$。为此令

$$\phi(t) = -\ln p_{ii}(t)$$

则由 $p_{ii}(s+t) \geqslant p_{ii}(s) p_{ii}(t)$，得

$$\phi(s+t) \leqslant \phi(s) + \phi(t)$$

则对 $0 < h < t$，$t = nh + r$，n 为正整数，$0 \leqslant r < h$，有

$$\frac{\phi(t)}{t} \leqslant \frac{nh}{t} \cdot \frac{\phi(h)}{h} + \frac{\phi(r)}{t}$$

令 $h \to 0^+$，对上式两边取极限，并注意到 $\frac{nh}{t} \to 1$，$\phi(r) \to 0$，有

$$\frac{\phi(t)}{t} \leqslant \liminf_{h \to 0^+} \frac{\phi(h)}{h}$$

因此有

$$\limsup_{h \to 0^+} \frac{\phi(h)}{h} \leqslant \sup_{t > 0} \frac{\phi(t)}{t} \leqslant \liminf_{h \to 0^+} \frac{\phi(h)}{h}$$

所以存在极限

$$\lim_{h \to 0^+} \frac{\phi(h)}{h} = \sup_{t > 0} \frac{\phi(t)}{t} \leqslant \infty \quad （即可能为 \infty）$$

因此有

$$p'_{ii}(0) = \lim_{t \to 0^+} \frac{p_{ii}(t) - 1}{t} = \lim_{t \to 0^+} \left[\frac{e^{-\phi(t)} - 1}{\phi(t)} \cdot \frac{\phi(t)}{t} \right] = -\lim_{t \to 0^+} \frac{\phi(t)}{t} \leqslant 0$$

结论得证。

定理 7.2.2 对状态 $i \neq j$，转移概率 $p_{ij}(t)$ 在 $t = 0$ 处的右导数存在且有限，即

$$p'_{ij}(0) = \lim_{t \to 0^+} \frac{p_{ij}(t)}{t} \quad (i \neq j)$$

证明 由于对 $i, j \in S$，有

$$\lim_{t \to 0} p_{ij}(t) = \delta_{ij}$$

则对 $0 < \varepsilon < \frac{1}{3}$，存在 $\delta > 0$，使 $\delta > t$ 时，有

$$p_{ii}(t) > 1 - \varepsilon, \quad p_{jj}(t) > 1 - \varepsilon \tag{7.2.1}$$

现记 $_j p_{ik}(h) = p_{ik}(h)$，$_j p_{ik}(mh) = \sum_r {}_j p_{ir}[(m-1)h] p_{rk}(h)$，其中 $_j p_{ik}(mh)$ 表示从状态 i 出发，在时刻 mh 到达状态 k，而在时刻 h，$2h$，$\cdots$，$(m-1)h$ 不经过状态 j 的概率。于是，对任意的 $h > 0$，当 $h \leqslant t \leqslant \delta$ 时，结合式(7.2.1)有

$$\varepsilon > 1 - p_{ii}(t) = \sum_{k \neq i} p_{ik}(t) \geqslant p_{ij}(t) \geqslant \sum_{m=1}^n {}_j p_{ij}(mh) p_{jj}(t - mh) \geqslant (1 - \varepsilon) \sum_{m=1}^n {}_j p_{ij}(mh)$$

其中，$n = \left[\dfrac{t}{h} \right]$ 为不超过 $\dfrac{t}{h}$ 的最大整数。于是有

$$\sum_{m=1}^n {}_j p_{ij}(mh) \leqslant \frac{\varepsilon}{1 - \varepsilon} \tag{7.2.2}$$

又因为

$$p_{ii}(mh) =_j p_{ii}(mh) + \sum_{l=1}^{m-1} {}_j p_{ij}(lh) p_{ji}(mh-lh)$$

利用式(7.2.1)和式(7.2.2)，有

$$_j p_{ii}(mh) = p_{ii}(mh) - \sum_{l=1}^{m-1} {}_j p_{ij}(lh) p_{ji}(mh-lh)$$

$$\geqslant p_{ii}(mh) - \sum_{l=1}^{m-1} {}_j p_{ij}(lh)$$

$$\geqslant 1 - \varepsilon - \frac{\varepsilon}{1-\varepsilon} \tag{7.2.3}$$

综合式(7.2.1)、式(7.2.2)和式(7.2.3)得

$$p_{ij}(t) \geqslant \sum_{m=1}^{n} {}_j p_{ii}\big[(m-l)h\big] p_{ij}(h) p_{jj}(t-mh)$$

$$\geqslant n\left(1-\varepsilon-\frac{\varepsilon}{1-\varepsilon}\right) p_{ij}(h)(1-\varepsilon)$$

即有

$$p_{ij}(h) \leqslant \frac{p_{ij}(t)}{n} \cdot \frac{1}{1-3\varepsilon}$$

两边同除以 h，并利用 $nh \leqslant t$ 得

$$\frac{p_{ij}(h)}{h} \leqslant \frac{p_{ij}(t)}{nh} \cdot \frac{1}{1-3\varepsilon} \leqslant \frac{p_{ij}(t)}{t} \cdot \frac{1}{1-3\varepsilon}$$

令 $h \to 0^+$，取上极限，得

$$\limsup_{h \to 0^+} \frac{p_{ij}(h)}{h} \leqslant \frac{p_{ij}(t)}{t} \cdot \frac{1}{1-3\varepsilon} < \infty \quad (t < \delta) \tag{7.2.4}$$

再令 $t \to 0^+$，取下极限，得

$$\limsup_{h \to 0^+} \frac{p_{ij}(h)}{h} \leqslant \liminf_{t \to 0^+} \frac{p_{ij}(t)}{t} \cdot \frac{1}{1-3\varepsilon}$$

令 $\varepsilon \to 0^+$，并注意到 $p_{ij}(t) \geqslant 0$ 以及式(7.2.4)，即得以下极限存在且有限

$$0 \leqslant p'_{ij}(0) = \lim_{t \to 0^+} \frac{p_{ij}(t)}{t} < \infty$$

因此，完成了证明。

如果对任意的 $i, j \in S$，记 $q_{ij} = p'_{ij}(0)$，$q_{ii} = p'_{ii}(0)$，注意到有

$$\sum_{j \neq i} \frac{p_{ij}(t)}{t} = \frac{1-p_{ii}(t)}{t}$$

令 $t \to 0^+$，对上式取极限，并利用定理 7.2.1、定理 7.2.2 以及法都引理，可得

$$-q_{ii} = \lim_{t \to 0^+} \frac{1-p_{ii}(t)}{t} = \lim_{t \to 0^+} \sum_{j \neq i} \frac{p_{ij}(t)}{t} \geqslant \sum_{j \neq i} q_{ij}$$

如果记 $q_i = -q_{ii}$，则有

$$q_i = -q_{ii} \geqslant \sum_{j \neq i} q_{ij} \quad (i, j \in S) \tag{7.2.5}$$

7.2.2 转移强度矩阵

现在知道，q_{ij} 表示马氏链在很短的时间内从状态 i 转移到状态 j 的概率，称 q_{ij} 为马氏链的转移强度。对状态 $i,j \in S$，称以 q_{ij} 为元素的矩阵

$$\boldsymbol{Q} = (q_{ij}) \quad (i,j \in S)$$

为马氏链 X_t 的转移强度矩阵，且由式(7.2.5)知，$\boldsymbol{Q}$ 中的元素满足

$$q_i = -q_{ii} \geqslant \sum_{j \neq i} q_{ij} \quad (i,j \in S)$$

若上式中等号恒成立，则称矩阵 $\boldsymbol{Q}$ 为保守的。易知有限状态马氏链的转移强度矩阵 $\boldsymbol{Q}$ 一定是保守的。

有限状态马氏链的转移概率 $p_{ij}(t)$ 和转移强度 q_{ij} 满足柯尔莫哥洛夫方程。

定理 7.2.3(柯尔莫哥洛夫方程) 设齐次马氏链 $\{X_t, t \geqslant 0\}$ 的状态空间 S 有限，则对 $i,j \in S, t \geqslant 0$，有

$$p'_{ij}(t) = -q_i p_{ij}(t) + \sum_{k \neq i} q_{ik} p_{kj}(t) \tag{7.2.6}$$

$$p'_{ij}(t) = -p_{ij}(t) q_j + \sum_{k \neq j} p_{ij}(t) q_{kj} \tag{7.2.7}$$

证明 对 $i,j \in S, h \text{、} t \geqslant 0$，由 C-K 方程得

$$\frac{p_{ij}(t+h) - p_{ij}(t)}{h} = \frac{1}{h} \left[\sum_{k \in S} p_{ik}(h) p_{kj}(t) - p_{ij}(t) \right]$$

$$= \sum_{k \neq i} \frac{p_{ik}(h)}{h} p_{kj}(t) - \left[\frac{1 - p_{ii}(h)}{h} \right] p_{ij}(t)$$

令 $h \to 0^+$，对上式两边取极限，注意到 S 有限，并应用定理 7.2.1 和定理 7.2.2 有

$$p'_{ij}(t) = -q_i p_{ij}(t) + \sum_{k \neq i} q_{ik} p_{kj}(t)$$

即式(7.2.6)成立。在证明中交换 t, h 顺序，类似可证式(7.2.7)成立。

式(7.2.6)和式(7.2.7)分别称为转移概率的柯尔莫哥洛夫向后方程和向前方程，它们的矩阵形式分别为

$$\boldsymbol{P}'(t) = \boldsymbol{Q}\boldsymbol{P}(t), \boldsymbol{P}'(t) = \boldsymbol{P}(t)\boldsymbol{Q} \quad (t \geqslant 0)$$

需要指出的是，并不是所有马氏链的转移概率都满足柯尔莫哥洛夫方程。在实际问题中，由于马氏链的状态通常多为有限的，因此转移概率 $\boldsymbol{P}(t)$ 一般满足以下微分方程组：

$$\begin{cases} \boldsymbol{P}'(t) = \boldsymbol{Q}\boldsymbol{P}(t) = \boldsymbol{P}(t)\boldsymbol{Q} \\ \boldsymbol{P}(0) = \boldsymbol{I} \end{cases} \tag{7.2.8}$$

在实际应用中，往往是依据经验先确定转移强度矩阵 $\boldsymbol{Q}$，然后通过解微分方程组(7.2.8)得到转移概率 $\boldsymbol{P}(t)$。而当 $\boldsymbol{Q}$ 是一致有界(指所有的 q_i 一致有界)保守的矩阵时，满足方程组(7.2.8)的唯一的转移概率 $\boldsymbol{P}(t)$ 为

$$\boldsymbol{P}(t) = \mathrm{e}^{\boldsymbol{Q}t} = \boldsymbol{I} + \sum_{n=1}^{\infty} \frac{(\boldsymbol{Q}t)^2}{n!} \quad (t \geqslant 0) \tag{7.2.9}$$

当连续时间马尔可夫链的状态空间 S 为可列无限时，需要更为复杂的数学方法求解微分方程组(7.2.8)。读者可参看有关文献。

例 7.2.1 由一个部件和一个修理工组成的系统中，设部件寿命 ξ 服从参数为 λ 的指

数分布，部件故障后的修理时间 η 服从参数为 μ 的指数分布，修好后的部件寿命分布与新部件一样，所有随机变量相互独立，并设系统开始时部件正常。令 X_t 表示时刻 t 部件的状态，用 0、1 分别表示部件正常和故障，则 $\{X_t, t \geqslant 0\}$ 为状态空间 $S = \{0, 1\}$ 上的齐次马氏链。依题意，马氏链 X_t 有转移强度矩阵

$$Q = \begin{bmatrix} -\lambda & \lambda \\ \mu & -\mu \end{bmatrix}$$

则 Q 满足向后微分方程组 $P'(t) = QP(t)$，简化后得

$$\begin{cases} \mu p'_{00}(t) + \lambda p'_{10}(t) = 0 \\ \mu p'_{01}(t) + \lambda p'_{11}(t) = 0 \end{cases}$$

结合初始条件 $P(0) = I$，采用常数变异法解得马氏链的转移概率为

$$p_{00}(t) = \frac{\mu}{\lambda + \mu} + \frac{\lambda}{\lambda + \mu} e^{-(\lambda + \mu)t}, \quad p_{01}(t) = \frac{\lambda}{\lambda + \mu} - \frac{\lambda}{\lambda + \mu} e^{-(\lambda + \mu)t}$$

$$p_{10}(t) = \frac{\mu}{\lambda + \mu} - \frac{\mu}{\lambda + \mu} e^{-(\lambda + \mu)t}, \quad p_{11}(t) = \frac{\lambda}{\lambda + \mu} + \frac{\lambda}{\lambda + \mu} e^{-(\lambda + \mu)t}$$

7.2.3 平稳分布

下面首先给出连续时间马氏链 X_t 的平稳分布的定义。

定义 7.2.1 设有概率分布 $\boldsymbol{p} = \{p_j, j \in S\}$，当马氏链 X_t 的初始分布取为 $\boldsymbol{p}$ 时，有

$$p_j(t) \overset{\text{def}}{=} P(X_t = j) = P(X_0 = j) = p_j \quad (j \in S, t \geqslant 0)$$

则称概率分布 $\boldsymbol{p} = \{p_j, j \in S\}$ 为马氏链 X_t 的一个平稳分布。

下面我们介绍如何利用转移强度矩阵 Q 判断连续时间马氏链平稳分布的存在性及计算等问题。

设马氏链的转移强度矩阵 Q 是一致有界的，初始分布为 $\{p_i, i \in S\}$，则由全概率公式有

$$p_j(t) = \sum_{i \in S} p_i p_{ij}(t)$$

在前述假设条件下，上式可以逐项微分，因此有

$$p'_j(t) = \sum_{i \in S} p_i p'_{ij}(t) = \sum_{i \in S} p_i \left[-p_{ij}(t) q_i + \sum_{k \neq j} p_{ik}(t) q_{kj} \right]$$

$$= -p_j(t) q_j + \sum_{k \neq j} p_k(t) q_{kj} \quad (j \in S, t \geqslant 0)$$

上式的向量形式为

$$\boldsymbol{p}'(t) = \boldsymbol{p}(t) Q \quad (t \geqslant 0) \tag{7.2.10}$$

其中，向量 $\boldsymbol{p}(t) = \{p_j(t), j \in S, t \geqslant 0\}$。因此，通过求解式(7.2.10)，可以得到马氏链在任意时刻 t 处于各状态的概率 $p_j(t)$，概率分布 $\boldsymbol{p}(t)$ 也称为马氏链 X_t 的瞬时分布。

定理 7.2.4 设 Q 一致有界，则 $\boldsymbol{p} = \{p_j, j \in S\}$ 为平稳分布的充要条件是

$$\boldsymbol{p}Q = 0 \quad (\boldsymbol{p} \cdot \boldsymbol{e} = 1, \boldsymbol{p} \geqslant 0) \tag{7.2.11}$$

证明 设 $\boldsymbol{p}$ 是平稳分布，则当 $\boldsymbol{p}$ 为初始分布时，有 $\boldsymbol{p}'(t) = 0$，结合式(7.2.10)的向量形式知，$\boldsymbol{p}Q = 0$，自然也有 $\boldsymbol{p} \cdot \boldsymbol{e} = 1$，$\boldsymbol{p} \geqslant 0$，即式(7.2.11)成立。

反之，设初始分布 $\boldsymbol{p}$ 满足式(7.2.11)，则利用全概率公式，并结合式(7.2.9)和式(7.2.10)有

$$p(t) = pP(t) = p\left[I + \sum_{n=1}^{\infty} \frac{(Qt)^2}{n!}\right] = p \quad (t \geqslant 0)$$

因此 p 是平稳分布。

例 7.2.2　由两个同型部件和两个修理工组成的并联系统中，设两个部件的寿命 ξ 均服从参数为 λ 的指数分布，部件故障后的修理时间 η 均服从参数为 μ 的指数分布，修好后的部件的寿命分布与新部件一样，所有随机变量相互独立，并设系统开始时两个部件均正常。令 X_t 表示系统在时刻 t 故障的部件数，则 $\{X_t, t>0\}$ 为状态空间 $S = \{0, 1, 2\}$ 上的齐次马氏链。

解　依题意，马氏链 X_t 有转移强度矩阵

$$Q = \begin{pmatrix} -2\lambda & 2\lambda & 0 \\ \mu & -\lambda-\mu & \lambda \\ 0 & 2\mu & -2\mu \end{pmatrix}$$

则 Q 满足以下微分方程组：

$$\begin{cases} p'(t) = p(t)Q \\ p(0) = (1, 0, 0) \end{cases}$$

求解上述微分方程，得

$$p_0(t) = \frac{\mu^2}{(\lambda+\mu)^2} + \frac{\mu^2}{(\lambda+\mu)^2}e^{-2(\lambda+\mu)t} + \frac{2\lambda\mu}{(\lambda+\mu)^2}e^{-2(\lambda+\mu)t}$$

$$p_1(t) = \frac{2\lambda\mu}{(\lambda+\mu)^2} - \frac{2\lambda^2}{(\lambda+\mu)^2}e^{-2(\lambda+\mu)t} + \frac{2\lambda(\lambda-\mu)}{(\lambda+\mu)^2}e^{-2(\lambda+\mu)t}$$

$$p_2(t) = \frac{\lambda^2}{(\lambda+\mu)^2} + \frac{\lambda^2}{(\lambda+\mu)^2}e^{-2(\lambda+\mu)t} - \frac{2\lambda^2}{(\lambda+\mu)^2}e^{-2(\lambda+\mu)t}$$

用 $A(t)$ 表示系统在时刻 t 处于正常状态的概率，则有

$$A(t) = 1 - p_2(t) = \frac{2\lambda\mu+\mu^2}{(\lambda+\mu)^2} - \frac{\lambda^2}{(\lambda+\mu)^2}(e^{-2(\lambda+\mu)t} - 2e^{-(\lambda+\mu)t})$$

如果令 $t \to \infty$ 时，$A(t)$ 的极限存在，则极限值表示系统在长期运行中处于正常状态的概率，称为系统的稳态可用度，因此系统的稳态可用度为

$$\lim_{t \to \infty} A(t) = \frac{2\lambda\mu+\mu^2}{(\lambda+\mu)^2}$$

7.3　生灭过程及其应用

生灭过程是一类有广泛应用背景的连续时间马氏链，本节介绍它的一些主要结果和应用。

定义 7.3.1　设齐次马尔可夫链 $\{X_t, t \geqslant 0\}$ 的状态空间 $S = \{0, 1, 2, \cdots\}$，如果 X_t 的状态转移概率满足

$$\begin{cases} p_{i,i+1}(h) = \lambda_i h + o(h) & (\lambda_i \geqslant 0, i \geqslant 0) \\ p_{i,i-1}(h) = \mu_i h + o(h) & (\mu_i \geqslant 0, i \geqslant 1) \\ p_{ii}(h) = 1 - (\lambda_i + \mu_i)h + o(h) \\ p_{ij}(h) = o(h) & (|i-j| \geqslant 2) \end{cases} \tag{7.3.1}$$

则称 X_t 为一个生灭过程。对 $i \in S$，如果有 $\mu_i = 0$，则称 X_t 为纯生过程，如果有 $\lambda_i = 0$，则称 X_t 为一个纯灭过程。

由式(7.3.1)知，生灭过程 X_t 有以下转移强度矩阵

$$Q = \begin{pmatrix} -\lambda_0 & \lambda_0 & & & \\ \mu_1 & -(\lambda_1 + \mu_1) & \lambda_1 & & \\ & \mu_2 & -(\lambda_2 + \mu_2) & \lambda_2 & \\ & & \mu_3 & -(\lambda_3 + \mu_3) & \lambda_3 \\ & & & \ddots & & \ddots & \ddots \end{pmatrix}$$

显然 Q 是保守的。当 $\lambda_i > 0$，$\mu_i > 0$ 时，生灭过程 X_t 的状态是互通的，因此 X_t 是不可约的马氏链，且转移概率矩阵满足柯尔莫哥洛夫方程。

定理 7.3.1　生灭过程 X_t 的转移概率 $p_{ij}(t)$ 满足柯尔莫哥洛夫向前和向后方程：

$$p'_{ij}(t) = -p_{ij}(t)(\lambda_j + \mu_j) + p_{i,j-1}(t)\lambda_{j-1} + p_{i,j+1}(t)\mu_{j+1} \tag{7.3.2}$$

$$p'_{ij}(t) = -(\lambda_i + \mu_i)p_{ij}(t) + \lambda_i p_{i+1,j}(t) + \mu_i p_{i-1,j}(t) \tag{7.3.3}$$

证明　利用 C-K 方程以及式(7.3.1)，有

$$\frac{p_{ij}(t+h) - p_{ij}(t)}{h} = -p_{ij}(t)\frac{1 - p_{i,j}(h)}{h} + p_{i,j-1}(t)\frac{p_{j-1,j}(h)}{h} +$$
$$p_{i,j+1}(t)\frac{p_{j+1,j}(h)}{h} + \frac{1}{h}o(h)$$

令 $h \to 0$，即得到向前方程式(7.3.2)，同理得向后方程式(7.3.3)。

下面讨论生灭过程 X_t 的平稳分布，由定理 7.2.4 知，概率分布 $p = \{p_j, j \in S\}$ 为平稳分布的充要条件是 $pQ = 0$，$p \cdot e = 1$，$p \geqslant 0$。为此将 $pQ = 0$ 表示为

$$\begin{cases} -\lambda_0 p_0 + \mu_1 p_1 = 0 \\ \lambda_i p_{i-1} - (\lambda_i + \mu_i)p_i + \mu_{i+1}p_{i+1} = 0 \quad (i \geqslant 1) \end{cases}$$

解上述方程得到

$$p_i = \frac{\lambda_0 \lambda_1 \cdots \lambda_{i-1}}{\mu_1 \mu_2 \cdots \mu_i} p_0 \quad (i \geqslant 1)$$

由 $p \cdot e = 1$，即 $\sum_{i \in S} p_i = 1$，得

$$p_0 = \left(1 + \sum_{i=1}^{\infty} \frac{\lambda_0 \lambda_1 \cdots \lambda_{i-1}}{\mu_1 \mu_2 \cdots \mu_i}\right)^{-1}$$

因此，生灭过程 X_t 的平稳分布存在当且仅当有下式成立：

$$\sum_{i=1}^{\infty} \frac{\lambda_0 \lambda_1 \cdots \lambda_{i-1}}{\mu_1 \mu_2 \cdots \mu_i} < \infty$$

生灭过程可以成为一些实际问题的模型，利用其结果，能够回答人们感兴趣的一些问题。

例 7.3.1　在由 M 台机器和一个修理工组成的系统中，每台机器的寿命服从参数为 λ 的指数分布，机器故障后修理工修理一台机器的时间服从参数为 μ 的指数分布，令 X_t 表示 t 时刻因故障而没有使用的机器数，则 $\{X_t, t > 0\}$ 是状态空间为 $S = \{0, 1, \cdots, M\}$ 上的连续时间齐次马氏链。试计算 X_t 的平稳分布，并计算平均有几台机器因故障不在使用中。

解　依题意，马氏链 X_t 的状态转移概率为

$$\begin{cases} p_{i,i+1}(h) = (M-i)\lambda h + o(h) \\ p_{i,i-1}(h) = \mu h + o(h) \\ p_{ii}(h) = 1 - [(M-i)\lambda + \mu]h + o(h) \\ p_{ij}(h) = o(h) \quad (|i-j| \geqslant 2) \end{cases}$$

因此 X_t 为生灭过程。利用生灭过程的平稳分布，可得

$$\begin{cases} p_0 = \dfrac{1}{1 + \displaystyle\sum_{n=1}^{M} \dfrac{\lambda^n M!}{\mu^n (M-n)!}} \\[4mm] p_n = \dfrac{\left(\dfrac{\lambda}{\mu}\right)^n \dfrac{M!}{(M-n)!}}{1 + \displaystyle\sum_{n=1}^{M} \left(\dfrac{\lambda}{\mu}\right)^n \dfrac{M!}{(M-n)!}} \end{cases} \quad (n \leqslant M)$$

由此可以计算因故障而未使用的机器数的均值为

$$\sum_{n=0}^{M} n p_n = \dfrac{n\left(\dfrac{\lambda}{\mu}\right)^n \dfrac{M!}{(M-n)!}}{1 + \displaystyle\sum_{n=1}^{M} \left(\dfrac{\lambda}{\mu}\right)^n \dfrac{M!}{(M-n)!}}$$

例 7.3.2 在生灭过程 $\{X_t, t \geqslant 0\}$ 中，如果 $\lambda_i = \lambda i + a$，$\mu_i = \mu i (\lambda > 0, \mu > 0, a > 0)$，则 X_t 可用来描述某群体的有迁入的线性增长现象，其中 X_t 表示 t 时刻该群体的个数总数，λi 和 a 分别表示当 $X_t = i$ 时该群体的自然增长率和有迁入的增长水平，μi 表示该群体在 $X_t = i$ 时的自然消亡率。试计算在任意时刻 t 该群体所包含个数的平均数。

解 设 $X_0 = i$，则在时刻 t 该群体所包含个体的平均数为

$$M(t) \overset{\text{def}}{=} E(X_t) = \sum_{j=1}^{\infty} j p_{ij}(t)$$

利用柯尔莫哥洛夫向前方程式(7.3.2)得

$$p'_{i0}(t) = -a p_{i0}(t) + \mu p_{i1}(t)$$
$$p'_{ij}(t) = [\lambda(j-1) + a] p_{i,j-1}(t) - [(\lambda + \mu)j + a] p_{ij}(t) + \mu(j+1) p_{i,j+1}(t) \quad (j \geqslant 1)$$

上式两边同乘以 j，再对 j 求和，得关于 $M(t)$ 的微分方程组

$$\begin{cases} M'(t) = a + (\lambda - \mu)M(t) \\ M(0) = i \end{cases}$$

解上述方程得到

$$M(t) = \begin{cases} at + i & (\lambda = \mu) \\ \dfrac{a}{\lambda - \mu}[e^{(\lambda-\mu)t} - 1] + i e^{(\lambda-\mu)t} & (\lambda \neq \mu) \end{cases}$$

进而有

$$\lim_{t \to \infty} M(t) = \begin{cases} \infty & (\lambda \geqslant \mu) \\ \dfrac{a}{\lambda - \mu} & (\lambda < \mu) \end{cases}$$

请读者解释上式的含义。

7.4　马尔可夫过程的应用案例

在可靠性设计中，使用冗余或者备份系统（或组件）会提高系统的可靠度。一般安全因素的地位越高，冗余的级别就会越高。一些工程设计中含有明确的组件冗余度，如并联结构中的组件数量、大型运输工具的轮毂数量。在这些设计中，一个或几个组件或某一个轮毂的失效不一定会引起整个系统的失效。

冗余可分为主动冗余和被动冗余。如果冗余系统持续处于激励状态，并且负担一部分负载，那么这样的冗余称为主动冗余；如果在主要系统失效前，冗余系统不发挥任何作用，那么这样的冗余称为被动冗余（或备份冗余）。依据失效特征，备份冗余可进一步分为热备份、冷备份和暖备份。

（1）热备份：备份组件的失效率和主要组件的失效率相等，某一个组件的失效不会被其他组件所影响，所以热备份冗余系统的组件失效与否是相互独立的。

（2）冷备份：备份组件在冷备份状态时不会失效，主要组件的失效会使备份组件成为新的主要组件并且它的失效率为非零值。

（3）暖备份：暖备份的失效率比主要组件的失效率小，但大于零。

火花电蚀法（EDM）是一种切割金属的方法。它在电解液中（通常以液态烃作为介质），利用一系列在电极（作为切割工具）和工件之间快速循环的电火花切蚀金属。切削下来的细小金属颗粒或金属片会融化、升华，从而消失，即使在切削工具和工件之间的间隙中有部分剩余，也会被工作液冲走。通常情况下，EDM 需要一些工作液，这种工作液形成了清除间隙中金属渣的路径，并且可以冷却工具和工件。在两个并联装置的液压泵的作用下，工作液在整个系统内循环。若两个泵之间有一个失效，则失效的泵将被修复，并且在修复过程中由另一个泵提供必要的功能。图 7.4.1 显示了泵 A、泵 B（图 7.4.1 右侧的液压泵）及火花电蚀机的其他组件。

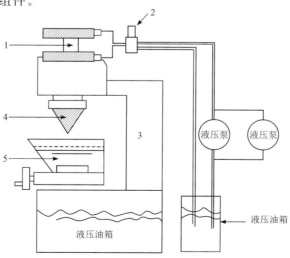

1—液压缸；2—阀；3—框架结构；4—电极；5—工件。

图 7.4.1　EDM 系统的基本组件

EDM 系统中，所有的泵完全相同且失效率恒定、修复率也恒定，参数为 μ。通常希望在热备份、冷备份和暖备份情况下获得系统的瞬时可用度。

注：失效率见式(1.5.12)，指数分布的失效率见式(1.5.14)。

两个泵有五种可能的状态，它们是：

状态 1：泵 B 处于工作状态，泵 A 处于备份状态，二者都没有失效；

状态 2：泵 A 处于工作状态，泵 B 处于备份状态，二者都没有失效；

状态 3：泵 A 处于工作状态时失效，泵 B 取代泵 A 发挥功能，泵 A 进行修复；

状态 4：泵 B 处于工作状态时失效，泵 A 取代泵 B 发挥功能，泵 B 进行修复；

状态 5：泵 A 或泵 B 处于工作状态时失效并进行修复，此时另一个泵也在进行修复。

设 $P_i(t)$ 为双泵系统处于状态 $i(i=1，2，3，4，5)$ 的概率。假定工作泵的失效率是 λ，备份泵的失效率是 λ_s，图 7.4.2 给出了 5 个状态之间的状态转移规律。

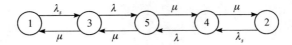

图 7.4.2　双泵系统的状态转移图

相应的转移强度矩阵为

$$Q = \begin{bmatrix} -(\lambda_s+\lambda) & 0 & \lambda_s & \lambda & 0 \\ 0 & -(\lambda_s+\lambda) & \lambda & \lambda_s & 0 \\ \mu & 0 & -(\lambda+\mu) & 0 & \lambda \\ 0 & \mu & 0 & -(\lambda+\mu) & \lambda \\ 0 & 0 & \mu & \mu & -2\mu \end{bmatrix}$$

由于该马氏链的转移强度矩阵 Q 是一致有界的，由式(7.2.10)得状态转移方程：

$$P_1'(t) = -(\lambda_s+\lambda)P_1(t) + \mu P_3(t) \tag{7.4.1}$$

$$P_2'(t) = -(\lambda_s+\lambda)P_2(t) + \mu P_4(t) \tag{7.4.2}$$

$$P_3'(t) = -(\lambda+\mu)P_3(t) + \lambda_s P_1(t) + \lambda P_2(t) + \mu P_5(t) \tag{7.4.3}$$

$$P_4'(t) = -(\lambda+\mu)P_4(t) + \lambda P_1(t) + \lambda_s P_2(t) + \mu P_5(t) \tag{7.4.4}$$

$$P_5'(t) = \lambda P_3(t) + \lambda P_4(t) - 2\mu P_5(t) \tag{7.4.5}$$

双泵系统的初始条件为

$$P_1(0)=1，P_i(0)=0 \quad (i=2，3，4，5)$$

由于状态 1、2 类似(仅仅是 A、B 互换)，状态 3、4 也类似(A、B 互换)，把式(7.4.1)加到式(7.4.2)上，把式(7.4.3)加到式(7.4.4)上，得

$$\frac{\mathrm{d}[P_1(t)+P_2(t)]}{\mathrm{d}t} = -(\lambda_s+\lambda)[P_1(t)+P_2(t)] +$$

$$\mu[P_3(t)+P_4(t)] \tag{7.4.6}$$

$$\frac{\mathrm{d}[P_3(t)+P_4(t)]}{\mathrm{d}t} = -(\lambda+\mu)[P_3(t)+P_4(t)] +$$

$$(\lambda_s+\lambda)[P_1(t)+P_2(t)] + 2\mu P_5(t) \tag{7.4.7}$$

$$\frac{\mathrm{d}[P_5(t)]}{\mathrm{d}t} = \lambda[P_3(t) + P_4(t)] - 2\mu P_5(t) \tag{7.4.8}$$

定义：

$$P_{\text{无维修部件(NR)}}(t) = P_1(t) + P_2(t)$$

$$P_{\text{无备份部件(NB)}}(t) = P_3(t) + P_4(t)$$

$$P_{\text{无工作部件(NW)}}(t) = P_5(t)$$

代入式(7.4.6)、式(7.4.7)、式(7.4.8)之中，可得

$$\frac{\mathrm{d}[P_{\text{NR}}(t)]}{\mathrm{d}t} = -(\lambda_s + \lambda)P_{\text{NR}}(t) + \mu P_{\text{NB}}(t) \tag{7.4.9}$$

$$\frac{\mathrm{d}[P_{\text{NB}}(t)]}{\mathrm{d}t} = -(\lambda + \mu)P_{\text{NB}}(t) + (\lambda_s + \lambda)P_{\text{NR}}(t) + 2\mu P_{\text{NW}}(t) \tag{7.4.10}$$

$$\frac{\mathrm{d}(P_{\text{NW}}(t))}{\mathrm{d}t} = \lambda P_{\text{NB}}(t) - 2\mu P_{\text{NW}}(t) \tag{7.4.11}$$

新的初始条件为

$$P_{\text{NR}}(0) = 1, \ P_{\text{NB}}(0) = 0, \ P_{\text{NW}}(0) = 0$$

式(7.4.10)可以通过 $P_{\text{NW}}(t) = 1 - P_{\text{NR}}(t) - P_{\text{NB}}(t)$ 解得

$$\frac{\mathrm{d}[P_{\text{NB}}(t)]}{\mathrm{d}t} = -(\lambda + 3\mu)P_{\text{NB}}(t) + (\lambda_s + \lambda - 2\mu)P_{\text{NR}}(t) + 2\mu \tag{7.4.12}$$

通过求解式(7.4.9)、式(7.4.12)可以得到双泵系统的瞬时可用度

$$A(t) = P_{\text{NR}}(t) + P_{\text{NB}}(t)$$

双泵系统在热备份、冷备份和暖备份条件下，工作泵的失效率都是 λ，备份泵的失效率 λ_s 不同，在热备份条件下 $\lambda_s = \lambda$，在冷备份条件下 $\lambda_s = \lambda_c = 0$，在暖备份条件下 $\lambda_s = \lambda_w$ $(0 < \lambda_w < \lambda)$。

在热备份组态中，备份部件的失效率和工作部件的失效率是一样，假设 $\lambda = 5 \times 10^{-5}$ 失效/小时，$\mu = 0.008$ 修复/小时。代入式(7.4.9)、式(7.4.12)，可得

$$\frac{\mathrm{d}[P_{\text{NR}}(t)]}{\mathrm{d}t} = -(10 \times 10^{-5})P_{\text{NR}}(t) + 0.008P_{\text{NB}}(t) \tag{7.4.13}$$

$$\frac{\mathrm{d}[P_{\text{NB}}(t)]}{\mathrm{d}t} = -(0.024\,05)P_{\text{NB}}(t) - 0.015\,9P_{\text{NR}}(t) + 0.016 \tag{7.4.14}$$

对式(7.4.13)、式(7.4.14)取拉普拉斯变换，可得

$$(s + 10 \times 10^{-5})P_{\text{NR}}(s) = 1 + 0.008P_{\text{NB}}(s)$$

$$(s + 0.024\,05)P_{\text{NB}}(s) = \frac{-0.015\,9}{(s + 10 \times 10^{-5})} - \frac{0.000\,127\,2}{(s + 10 \times 10^{-5})}P_{\text{NB}}(s) + \frac{0.016}{s}$$

即

$$P_{\text{NR}}(s) = \frac{(s + 0.024\,05)}{(s + 0.008\,05)(s + 0.016\,1)} + \frac{0.000\,128}{s(s + 0.008\,05)(s + 0.016\,1)} \tag{7.4.15}$$

$$P_{\text{NB}}(s) = \frac{0.000\,1}{(s + 0.008\,05)(s + 0.016\,1)} + \frac{0.16 \times 10^{-5}}{s(s + 0.008\,05)(s + 0.016\,1)} \tag{7.4.16}$$

式(7.4.15)、式(7.4.16)的逆变换为

$$P_{\text{NR}}(t) = 0.987\,616 + 0.000\,038\,578\,8\mathrm{e}^{-0.016\,1t} + 0.012\,345\,2\mathrm{e}^{-0.008\,05t} \tag{7.4.17}$$

$$P_{\mathrm{NB}}(t)=0.012\ 345\ 2-0.000\ 077\ 157\ 5\mathrm{e}^{-0.0161t}-0.012\ 268\mathrm{e}^{-0.008\ 05t}\qquad(7.4.18)$$

把式(7.4.17)、式(7.4.18)相加,得到双泵系统在热备份条件的瞬时可用度为

$$A(t)=0.999\ 961\ 2-0.000\ 038\ 578\ 7\mathrm{e}^{-0.0161t}+0.000\ 077\ 2\mathrm{e}^{-0.008\ 05t}$$

为了比较不同 λ 的系统的可用度,在考虑热备份泵时 $\lambda_s=\lambda$,在考虑暖备份泵时 $0<\lambda_s<\lambda(\lambda=0.0002)$,在考虑冷备份泵时 $\lambda_s=0$。如图 7.4.3 所示,冷备份双泵系统的可用度大于暖备份系统,暖备份双泵系统的可用度又大于热备份系统。

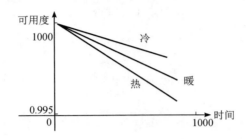

图 7.4.3　热备份、冷备份和暖备份系统的可用度

习　题　7

1. 设 $\{N_t,t\geqslant 0\}$ 是参数为 λ 的泊松过程,Y_n 是独立同分布取整数值的随机变量序列,令

$$X_t=\sum_{n=1}^{N_t}Y_n$$

完成以下问题:

(1) 试证明随机过程 $\{X_t,t\geqslant 0\}$ 是一马尔可夫过程。

(2) 计算 X_t 的均值函数和相关函数。

2. 设 $\{X_t,t\geqslant 0\}$ 是一族取值为非负整数值的具有平稳独立增量性的随机变量,且 $X_0=0$。试证明 X_t 为连续时间的齐次马尔可夫链。

3. 某种生物种群中各个体的繁殖速率是相互独立且参数为 λ 的泊松过程,并设在 $t=0$ 时只有一个个体,且群体中没有死亡,试说明该种群的繁殖过程是一个连续时间马尔可夫链并计算其转移概率函数。

4. 设连续时间马尔可夫链 $\{X_t,t\geqslant 0\}$ 的状态空间 $S=\{0,1\}$。马氏链 X_t 在状态 0 和 1 的等待时间分别服从参数为 $\lambda>0$ 和 $\mu>0$ 的指数分布,试计算该马氏链 X_t 在时刻 0 处于状态 0 并在时刻 t 仍处于状态 0 的概率。

5. 设信息中心有两台设备提供自动化的信息查询服务,每台设备发生故障的时间均服从参数为 $\lambda>0$ 的指数分布,其修理时间均服从参数为 $\mu>0$ 的指数分布。已知在时刻 0 两台设备均正常工作,若在某 t 时刻有两个信息查询服务请求同时到达,试求此时两台设备均正常工作的概率。

6. 设 $\{X_t,t\geqslant 0\}$ 为纯生的连续时间马尔可夫链,$X_0=0$,若

$$P((t,t+h)\ \text{内发生一个事件}\,|\,X_t=\text{奇数})=\lambda_1 h+o(h)$$
$$P((t,t+h)\ \text{内发生一个事件}\,|\,X_t=\text{偶数})=\lambda_2 h+o(h)$$

试计算概率：

（1）$P(X_t=\text{奇数})$；

（2）$P(X_t=\text{偶数})$。

7. 在由 6 个传感器组成的传感系统中，配置一名修理工，系统中如果有 $k(1\leqslant k\leqslant n)$ 个或者 k 个以上传感器正常工作时，系统是正常工作的，当有 $n-k+1$ 个传感器故障时，系统故障。每个传感器的寿命分布为 $1-\mathrm{e}^{\lambda t}(\lambda>0,t\geqslant 0)$，故障后的修理时间分布为 $1-\mathrm{e}^{\mu t}(\mu>0,t\geqslant 0)$，修理后的传感器的寿命分布与新的传感器的一样，所有的随机变量相互独立。试适当定义该传感系统运行的状态，用连续时间马尔可夫链来描述传感系统的运行情况，写出转移概率函数并计算转移概率矩阵。

8. 飞机发动机故障有两种模式，在 $(t,t+h)$ 时间内两种故障模式发生的概率分别为 $\lambda_1 h+o(h)$ 和 $\lambda_2 h+o(h)$。发动机故障时立即进行修理，两种故障模式的修理时间分别服从参数为 μ_1 和 μ_2 的指数分布，试计算在任意时刻 t 发动机正常工作的概率。

9. 设生灭过程 $\{X_t,t\geqslant 0\}$ 的出生率 $\lambda_i=(i+1)\lambda(i\geqslant 0)$，灭亡率 $\mu_i=i\mu(i\geqslant 0)$。完成以下问题：

（1）试确定从状态 0 到状态 4 的期望时间并计算其方差。

（2）试确定从状态 2 到状态 5 的期望时间并计算其方差。

10. 设顾客按照参数为 λ 的泊松过程到达某服务机构，每位顾客的服务时间独立并服从参数为 μ 的指数分布。当顾客发现服务员正在服务时，以概率 $p(0<p<1)$ 加入队伍。试用生灭过程描述该服务系统。

11. 设某车间有 M 台车床，因检修需要，车床可能随时停止，又随时工作。假设在时刻 t 一台车床在工作，在时刻 $t+\Delta t$ 该车床停止工作的概率为 $\mu\Delta t+o(\Delta t)$；在时刻 t 一台车床不工作，在时刻 $t+\Delta t$ 该车床工作的概率为 $\lambda\Delta t+o(\Delta t)$。各车床的工作与停止与否相互独立，用 N_t 表示时刻 t 正在工作的车床数。完成以下问题：

（1）说明 $\{N_t,t\geqslant 0\}$ 是一时间连续的齐次马尔可夫链。

（2）计算 N_t 的平稳分布。

（3）如果 $M=10,\lambda=60,\mu=30$，试计算平稳状态时有一半以上的车床在工作的概率。

12. 设 $\{X_t,t\geqslant 0\}$ 为时间连续的齐次马尔可夫链，且具有以下转移强度矩阵：

$$\boldsymbol{Q}=\begin{pmatrix} * & * & 0 & 0 & 0 & 0 & 0 \\ 0 & * & * & 0 & 0 & 0 & 0 \\ * & 0 & * & 0 & 0 & 0 & 0 \\ 0 & 0 & 0 & * & * & 0 & 0 \\ 0 & 0 & 0 & 0 & * & * & 0 \\ 0 & 0 & 0 & 0 & 0 & * & * \\ * & * & * & * & * & * & * \end{pmatrix}$$

其中，* 表示非零值，试说明各状态的类型和周期。

第 8 章
更 新 过 程

泊松过程是一种计数过程,它描述了$[0, t]$时间内到达某系统的随机事件的个数,且相继到达的事件之间的时间间隔相互独立并且服从指数分布。如果相继到达的事件之间的时间间隔相互独立并且服从任意的概率分布,则这样的计数过程就是更新过程。这类计数过程在实际中的应用更为广泛。本章介绍更新过程的基本概念及应用。

8.1 更新过程的基本概念

泊松过程的推广就得到更新过程。

定义 8.1.1 设非负随机变量序列$\{\tau_n, n \geqslant 1\}$独立同分布,分布函数是$F(x)$,令

$$T_0 = 0, \ T_n = \sum_{i=1}^n \tau_i \quad (n \geqslant 1) \tag{8.1.1}$$

对任意的$t \geqslant 0$,记

$$N_t = \max\{n, T_n \leqslant t\} \tag{8.1.2}$$

则称随机过程$\{N_t, t \geqslant 0\}$为更新过程。

更新过程可以用一系列灯泡的替换给出直观的描述:设灯泡在使用τ_1时间后失效,换第二个灯泡,第二个灯泡在使用τ_2时间后失效,再换第三个灯泡,如此替换下去,其中非负随机变量τ_n表示第n个灯泡的寿命,一般τ_n相互独立且服从相同的概率分布,如果可以将灯泡失效后换一个新的灯泡看作一次更新,则T_n表示灯泡的第n次的更新时刻,称为更新点;而N_t表示$[0, t]$时间内灯泡的更新次数,称$\{N_t, t \geqslant 0\}$为更新过程。可见,更新过程N_t是一个计数过程,$\tau_n(n \geqslant 1)$表示计数过程N_t中"灯泡失效"这一随机事件发生的时间间隔,$T_n(n \geqslant 1)$则表示随机事件的发生时刻。

图 8.1.1 给出了τ_n、T_n以及N_t之间的关系。有时也将随机事件的发生时刻序列$\{T_n, n \geqslant 0\}$称为更新过程。

以下是更新过程的一些例子。

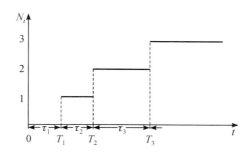

图 8.1.1 τ_n、T_n 以及 N_t 之间的关系示意

例 8.1.1（计数过程） 在物理与电子领域，通常用计数器记录相继到达的电脉冲、信号或粒子，这些电脉冲、信号或粒子到达的时间间隔往往是相互独立且同分布的，因此，电脉冲、信号或粒子的到达过程是更新过程。显然，由于在参数为 λ 的泊松过程中，随机点相继到达的时间间隔相互独立且同服从参数为 λ 的指数分布，因此泊松过程也是更新过程。

例 8.1.2（交通流中的更新过程） 对公路上某车道行驶的车辆，如果在一个固定站点记录经过的车辆数，则计数过程是更新过程。如果考察在该车道相继行驶的车辆之间的距离，车间距离往往可以看作相互独立同分布的随机变量，因此，该车道相继行驶的车辆间距也是一个更新过程。

例 8.1.3（排队系统中的更新过程） 在单服务的排队系统中，顾客相继到达系统的时间间隔往往是独立同分布的，因此顾客的相继到达时间间隔是一个更新过程。又在该排队系统中，服务员对每个顾客的服务时间也是相互独立同分布的，如果记 T_n 为服务员对第 n 个顾客开始服务的时刻，则 $\{T_n, n \geqslant 1\}$ 也是一个更新过程。

例 8.1.4（存储系统中的更新过程） 某种商品必须保持一定的库存以满足顾客需求，在多数情况下，通常认为顾客对商品的需求是更新过程，同样库存的相继恢复时间也构成更新过程。

在更新过程 $\{N_t, t \geqslant 0\}$ 中，N_t 表示 $[0, t]$ 时间内累计的更新次数，那么，$N_t (t \geqslant 0)$ 的概率分布和 Poisson 过程有何不同？更新过程的统计规律如何来刻画呢？下面研究这些问题。为此，设独立同分布的随机变量 τ_n 的分布函数 $F(t)$ 满足 $F(0) < 1$，并记

$$\mu = E(\tau_n) = \int_0^\infty t \, \mathrm{d}F(t) > 0$$

则 μ 表示相继更新之间的平均时间。

定理 8.1.1 更新过程 $\{N_t, t \geqslant 0\}$ 的分布为

$$P(N_t = n) = F_n(t) - F_{n+1}(t) \quad (t \geqslant 0; \; n = 1, 2, \cdots) \tag{8.1.3}$$

其均值函数为

$$m(t) = \sum_{n=1}^\infty F_n(t) \quad (t \geqslant 0) \tag{8.1.4}$$

对均值函数有 $m(t) < +\infty$。

一般对更新过程而言，其均值函数称为更新函数。

证明 首先证明 N_t 是有限的。事实上，由式 (8.1.1) 以及强大数定律知，以概率 1 有

$$\frac{T_n}{n} \to \mu \quad (n \to \infty)$$

再由式(8.1.2)知，至多有有限多个 n 使得 $T_n \leqslant t$ 以概率 1 成立。因此，N_t 以概率 1 是有限的。由此可以给出 N_t 的概率分布。

由式(8.1.2)知，对任意的整数 $n \geqslant 1$，$t > 0$，T_n 和 N_t 有以下关系：
$$\{N_t \geqslant n\} = \{T_n \leqslant t\} \tag{8.1.5}$$
这是因为 $T_n \leqslant t$ 表示第 n 次随机事件的到达时间 $\tau < t$，这意味着 $N_\tau = n$，因此有 $N_t \geqslant n$。而 $N_t \geqslant n$ 表示 $N_t = m \geqslant n$，即 $T_m \leqslant t$，因此有 $T_n \leqslant t$。

利用式(8.1.5)，可以计算 N_t 的概率分布，即
$$\begin{aligned}
P(N_t = n) &= P(N_t \geqslant n) - P(N_t \geqslant n+1) \\
&= P(T_n \leqslant t) - P(T_{n+1} \leqslant t) \\
&= F_n(t) - F_{n+1}(t) \quad (t \geqslant 0, n = 1, 2, \cdots)
\end{aligned}$$
其中，$F_n(t)$ 是函数 $F(t)$ 的 n 重卷积，即
$$F_1(t) = F(t)$$
$$F_n(t) = \int_0^\infty F_{n-1}(t-x)\mathrm{d}F(x) = \int_0^t F_{n-1}(t-x)\mathrm{d}F(x) \quad (n \geqslant 2)$$

N_t 的均值函数为
$$m(t) = E(N_t) \quad (t \geqslant 0)$$
事实上，利用式(8.1.3)可计算更新函数 $m(t)$，即
$$m(t) = E(N_t) = \sum_{n=1}^\infty n P(N_t = n) = \sum_{n=1}^\infty P(N_t \geqslant n)$$
$$= \sum_{n=1}^\infty F_n(t) \quad (t \geqslant 0)$$

由 T_n 的构成知，T_n 的分布函数等于 T_m 的分布函数与 T_{n-m} 的分布函数的卷积，进一步利用分布函数的单调性，有
$$F_n(t) = \int_0^t F_{n-m}(t-x)\mathrm{d}F_m(x) \leqslant F_{n-m}(t)F_m(t) \quad (m = 1, 2, \cdots, n-1)$$

特别地，对任意正整数 k，r，n，有
$$F_{nr+k}(t) \leqslant F_{(n-1)r+k}(t)F_r(t)$$

递推可得
$$F_{nr+k}(t) \leqslant [F_r(t)]^n F_k(t) \quad (k = 1, 2, \cdots, r, n \geqslant 0)$$
同样由式(8.1.1)以及强大数定律知，以概率 1 有 $T_n \to \infty$，因此对任意的 $t \geqslant 0$，必存在 r 使得
$$F_r(t) = P(T_n \leqslant t) < 1$$
因此，对上述 r，利用式(8.1.5)有
$$m(t) = \sum_{n=1}^\infty F_n(t) = \sum_{k=1}^r \sum_{n=0}^\infty F_{nr+k}(t) \leqslant \sum_{k=1}^r \left\{ \sum_{n=0}^\infty [F_r(t)]^n \right\} F_k(t)$$
上述级数是几何收敛的，即更新函数 $m(t)$ 是有限的。

最后要指出的是更新函数 $m(t)$ 和分布函数 $F(t)$ 相互唯一确定。

事实上，从式(8.1.4)可以知道，分布函数 $F(t)$ 可以确定更新函数 $m(t)$。另一方面，更新函数 $m(t)$ 也可以确定分布函数 $F(t)$。只要对式(8.1.4)两边去拉普拉斯变换，即得到

$$\widetilde{m}(s) = \sum_{n=1}^{\infty} \widetilde{F}_n(t) = \sum_{n=0}^{\infty} \left[\widetilde{F}(s)\right]^n = \frac{\widetilde{F}(s)}{1-\widetilde{F}(s)} \tag{8.1.6}$$

于是

$$\widetilde{F}(s) = \frac{\widetilde{m}(s)}{1+\widetilde{m}(s)}$$

因此，更新函数 $m(t)$ 也可以确定分布函数 $F(t)$。

例 8.1.5　设独立同分布随机变量序列 $\{\tau_n, n \geqslant 1\}$ 有概率密度函数

$$f(x) = \lambda e^{-\lambda x} \quad (x \geqslant 0, \lambda > 0)$$

试计算更新函数 $m(t)$。

解　概率分布密度函数的 n 重卷积为

$$f_n(x) = \int_0^x f_{n-1}(x-u) f(u) \mathrm{d}u = \frac{\lambda(\lambda x)^{n-1}}{(n-1)!} e^{-\lambda x} \quad (x \geqslant 0)$$

因此

$$\begin{aligned} m(t) &= \sum_{n=1}^{\infty} F_n(t) = \sum_{n=1}^{\infty} \int_0^t f_n(x) \mathrm{d}x = \int_0^t \sum_{n=1}^{\infty} \frac{\lambda(\lambda x)^{n-1}}{(n-1)!} e^{-\lambda x} \mathrm{d}x \\ &= \int_0^t \lambda \mathrm{d}x = \lambda t \end{aligned}$$

可见，更新函数 λt 就是泊松过程的均值，而独立同指数分布的序列构成的更新过程正是泊松过程。

例 8.1.6　设 $\tau_1, \tau_2, \cdots, \tau_n, \cdots$ 是一列独立同分布的非负随机变量，且 $P(\tau_n = k) = pq^{k-1}$，$p+q=1$，$k \geqslant 1$，$k \in \mathbf{N}$，求 $P(N_t = n)$ 和更新函数。

解　由于事件间隔 τ_n 服从几何分布，故 T_n 取值为 k 的概率相对于在 Bernoulli 实验中第 k 次实验时才取得第 n 次成功的概率，即

$$P(T_n = k) = C_{k-1}^{n-1} p^n q^{k-n} \quad (k \geqslant n, k \in \mathbf{N})$$

所以

$$\begin{aligned} P(N_t = n) &= F_n(t) - F_{n+1}(t) = P(T_n \leqslant t) - P(T_{n+1} \leqslant t) \\ &= \sum_{k=n}^{[t]} C_{k-1}^{n-1} p^n q^{k-n} - \sum_{k=n+1}^{[t]} C_{k-1}^n p^{n+1} q^{k-n-1} \end{aligned}$$

其中 $[t]$ 表示不超过 t 的最大整数。因此，更新函数为

$$m(t) = \sum_{n=1}^{+\infty} F_n(t) = \sum_{r=0}^{k} r P(N_t = r)$$

8.2　极　限　定　理

当 $t \rightarrow +\infty$ 时，更新函数 $m(t)$ 的性态是更新理论关心的关键问题，因此本节介绍更新过程 $\{N_t, t \geqslant 0\}$ 的极限性态，主要讨论更新过程中随机变量 N_t 和数字特征 $m(t)$ 的极限性态。

如果记 $N_{\infty} = \lim_{t \to \infty} N_t$，它表示 $[0, +\infty)$ 内更新的总次数。若 $N_{\infty} < \infty$，则必有某个 $\tau_n = \infty$，

因此有

$$P(N_\infty < \infty) \leqslant P\left\{\bigcup_{n=1}^\infty (\tau_n = \infty)\right\} \leqslant \sum_{n=1}^\infty P(\tau_n = \infty) = 0$$

所以 $P(N_\infty = \infty) = 1$。由此对于 N_t 的极限性态的分析就转为分析单位时间内的平均更新次数 $\dfrac{N_t}{t}$ 的极限。

定理 8.2.1 以概率 1 有

$$\lim_{t \to \infty} \frac{N_t}{t} = \frac{1}{\mu}$$

证明 由 N_t 的含义可知，有 $T_{N_t} \leqslant t \leqslant T_{N_{t+1}}$，进一步有

$$\frac{T_{N_t}}{N_t} \leqslant \frac{t}{N_t} \leqslant \frac{T_{N_{t+1}}}{N_t} = \frac{T_{N_{t+1}}}{N_t} \cdot \frac{N_t + 1}{N_t}$$

由强大数定理，以概率 1 有

$$\frac{T_{N_t}}{N_t} \to \mu, \quad \frac{T_{N_{t+1}}}{N_t} \cdot \frac{N_t + 1}{N_t} \to \mu$$

因此结论得证。

例 8.2.1 某收音机使用一节电池供电，当电池失效时，立即换一节同型号的新电池。如果电池的寿命为均匀分布在 30 小时到 60 小时内的随机变量，长时间工作情况下该收音机更换电池的速率是多少？

解 设 N_t 表示在 t 时间内失效的电池数，则由定理 8.2.1 知，在长时间工作的情况下，电池的更新速率为 $\lim\limits_{t \to \infty} \dfrac{N_t}{t} = \dfrac{1}{\mu}$。而 $\mu = \displaystyle\int_{30}^{60} t \,\frac{1}{30}\,\mathrm{d}t = 45$（小时），故电池的更新速率为 $\dfrac{1}{45}$。

为了讨论更新函数 $m(t)$ 的极限性态，需要引入一个概念——停时。

定义 8.2.1 设 T 是取正整数的随机变量，$\{\tau_n, n \geqslant 1\}$ 是一个随机变量序列，如果对任意的 n，事件 $\{T = n\}$ 与 $\tau_{n+1}, \tau_{n+2}, \cdots$ 相互独立，则称 T 是随机变量序列 $\{\tau_n, n \geqslant 1\}$ 的停时。

停时的直观解释：如果我们依次观察随机变量序列 $\{\tau_n, n \geqslant 1\}$，而 T 表示停止观察的时刻，$T = n$ 就表示观察了 $\tau_1, \tau_2, \cdots, \tau_n$ 之后，还未观察 $\tau_{n+1}, \tau_{n+2}, \cdots$ 之前停止观察。因此，停时只与已观察的随机变量有关，与未观察的随机变量无关。

例 8.2.2 设随机变量序列 $\{\tau_n, n \geqslant 1\}$ 相互独立，且有相同的概率分布

$$P(\tau_n = 1) = P(\tau_n = -1) = \frac{1}{2} \quad (n = 1, 2, \cdots)$$

记 $T = \min\{n: \tau_1 + \tau_2 + \cdots + \tau_n = 100\}$，则 T 是一个停时。

在本题中，可以将 $P(\tau_n = 1) = \dfrac{1}{2}$ 看作是赌徒在第 n 局赢一元的概率，则 T 是赌徒的停时，它表示赌徒一旦赢得一百元就停止赌博。可见，停时反映了该赌徒的赌博策略。

定理 8.2.2 设随机变量序列 $\{\tau_n, n \geqslant 1\}$ 独立同分布，$E(\tau_n) = \mu < \infty$，T 是一个停时，且 $E(T) < \infty$，则有

$$E\left(\sum_{n=1}^T \tau_n\right) = \mu E(T) \tag{8.2.1}$$

证明　令示性函数

$$I_n = \begin{cases} 1 & (T \geqslant n) \\ 0 & (T < n) \end{cases}$$

由停时的定义知，$I_n = 1$ 等价于 $T \geqslant n$，即表示依次观察了 $\tau_1, \tau_2, \cdots, \tau_{n-1}$ 后过程还未停止，因此 I_n 的取值与 $\tau_n, \tau_{n+1}, \cdots$ 独立。于是有

$$E\left(\sum_{n=1}^{T} \tau_n \right) = E\left(\sum_{n=1}^{\infty} \tau_n I_n \right) = \sum_{n=1}^{\infty} E(\tau_n I_n)$$

$$= \sum_{n=1}^{\infty} E(\tau_n) E(I_n) = E(\tau_n) \sum_{n=1}^{\infty} E(I_n)$$

$$= \mu \sum_{n=1}^{\infty} P(T \geqslant n) = \mu E(T)$$

结论得证。式 (8.2.1) 称为瓦尔德等式。

例 8.2.3　试根据例 8.2.2 的条件，验证瓦尔德等式。

解　对例 8.2.2，有

$$100 = E\left(\sum_{n=1}^{T} \tau_n \right) = E(\tau_n) E(T) = 0 \cdot E(T)$$

出现矛盾，这说明 $E(T) = \infty$，即不满足定理 8.2.2 的条件。

最后讨论更新函数 $m(t)$ 的极限性态，我们仍然考虑 $\dfrac{m(t)}{t}$ 的极限。

定理 8.2.3　设 $\{N_t, t \geqslant 0\}$ 是更新过程，τ_n 是相继更新的时间间隔，则

$$\lim_{t \to \infty} \frac{m(t)}{t} = \frac{1}{\mu}$$

其中，$\mu = E(\tau_n)$。

证明　设 $\mu < \infty$。注意到 $N_t + 1 = n$ 等价于

$$\tau_1 + \tau_2 + \cdots + \tau_{n-1} \leqslant t, \quad \tau_1 + \tau_2 + \cdots + \tau_n > t$$

因此 $N_t + 1$ 是一个停时，则用瓦尔德等式 (8.2.1) 可得

$$E(\tau_1 + \tau_2 + \cdots + \tau_{N_t+1}) = E(\tau_1) E(N_t + 1) = \mu[m(t) + 1]$$

又因为 $T_{N_t+1} > t$，因此有 $\mu[m(t) + 1] > t$，则有

$$\liminf_{t \to \infty} \frac{m(t)}{t} \leqslant \frac{1}{\mu} \tag{8.2.2}$$

另一方面，任取一固定的正数 M，令

$$\bar{\tau}_n = \begin{cases} \tau_n, & \tau_n \leqslant M \\ M, & \tau_n > M \end{cases} \quad (n = 1, 2, \cdots)$$

若记

$$\overline{T}_0 = 0, \quad \overline{T}_n = \sum_{i=1}^{n} \bar{\tau}_i, \quad \overline{N}_t = \max\{n, \overline{T}_n \leqslant t\}$$

则 $\overline{N} = \{\overline{N}_t, t \geqslant 0\}$ 是一个新的更新过程，且有 $\bar{\tau}_n \leqslant M$。于是有

$$\mu_M[\overline{m}(t) + 1] \leqslant t + M$$

其中，$\mu_M = E(\bar{\tau}_n)$，$\overline{m}(t) = E(\overline{N}_t)$，从而也有

$$\limsup_{t\to\infty}\frac{\overline{m}(t)}{t}\leqslant\frac{1}{\mu_M}$$

注意到有 $\bar{\tau}_n\leqslant\tau$，$\overline{T}_n\leqslant T_n$，因此有 $\overline{N}_t\geqslant N_t$，$\overline{m}(t)\geqslant m(t)$，所以有

$$\limsup_{t\to\infty}\frac{m(t)}{t}\leqslant\frac{1}{\mu_M}$$

进一步，令 $M\to\infty$，并注意到 $\mu\to\mu_M$，则有

$$\limsup_{t\to\infty}\frac{m(t)}{t}\leqslant\frac{1}{\mu} \tag{8.2.3}$$

综合式(8.2.2)和式(8.2.3)可得结论。当 $\mu=\infty$ 时，$\mu_M\to\infty$，易知结论也成立。

8.3　更新方程与更新定理

在更新过程理论中，人们关心的量(譬如更新函数)往往满足一类特殊的积分方程，需要求解这类积分方程得到所需要的量。为此，下面介绍积分方程。

设函数 $g(t)$ 和 $h(t)$ 都定义在 $[0,\infty)$ 上，$F(t)$ 为概率分布函数，它们满足关系

$$g(t)=h(t)+\int_0^t g(t-x)\mathrm{d}F(x)\quad(t\geqslant 0) \tag{8.3.1}$$

称式(8.3.1)为更新方程。

更新方程是一类特殊的积分方程，其中 $h(t)$ 和 $F(t)$ 已知，$g(t)$ 是未知函数，要通过求解该积分方程得到。一般地，对于更新方程(8.3.1)的解，有结论定理8.3.1。

定理 8.3.1　更新方程(8.3.1)的解为

$$g(t)=h(t)+\int_0^t h(t-x)\mathrm{d}m(x)$$

其中 $m(t)=\sum_{n=1}^\infty F_n(t)$ 为更新函数。

证明　注意到更新方程式(8.3.1)有卷积形式：$g=h+h*F$，对两边取拉普拉斯变换，得

$$\widetilde{g}(s)=\widetilde{h}(s)+\widetilde{g}(s)\widetilde{F}(s)$$

再利用式(8.1.6)，得到

$$\widetilde{g}(s)=\frac{\widetilde{h}(s)}{1-\widetilde{F}(s)}=\widetilde{h}(s)+\widetilde{h}(s)\,\frac{\widetilde{F}(s)}{1-\widetilde{F}(s)}=\widetilde{h}(s)+\widetilde{h}(s)\widetilde{m}(s)$$

对上式两边取拉普拉斯逆变换即可得结论。

进一步，由更新函数的定义及全期望公式得到

$$m(t)=E(N_t)=E[E(N_t\,|\,\tau_1)]=\int_0^\infty E(N_t\,|\,\tau_1=x)\mathrm{d}F(x) \tag{8.3.2}$$

如果第一次更新时间 $x\leqslant t$ 时，则 $[0,t]$ 中的更新次数为1加上 $(x,t]$ 中的期望更新次数。

如果第一次更新发生的时间 $x>t$，则 $[0,t]$ 中没有更新。因此有

$$E(N_t \mid \tau_1 = x) = \begin{cases} 0 & (x > t) \\ 1 + m(t-x) & (x \leqslant t) \end{cases}$$

将上述 $E(N_t \mid \tau_1 = x)$ 的表达式代入式(8.3.2)，得

$$m(t) = F(t) + \int_0^t m(t-x) \mathrm{d}F(x) \quad (t \geqslant 0) \tag{8.3.3}$$

则积分方程式(8.3.3)便是更新函数 $m(t)$ 满足的更新方程。在函数 $F(x)$ 已知的情况下，通过求解式(8.3.3)可得到更新函数 $m(t)$。

例 8.3.1 设系统由一个部件和一个修理工组成，部件寿命为 X_1，发生故障后立即修理，修理时间为 Y_1，且修理后的部件与新部件一样。之后相继的寿命和修理时间分别为 X_n 和 $Y_n (n = 2, 3, \cdots)$，假设系统中所有的随机变量均相互独立，且 X_n 有相同的分布函数 $F(t)$，Y_n 有相同的分布函数 $G(t)$，设系统可用度为

$$A(t) = P(系统在时刻 t 工作)$$

试求出系统的可用度 $A(t)$。

解 假设在时刻 0，部件是新的，记 $Z_n = X_n + Y_n (n = 1, 2, \cdots)$，$Z_n$ 的分布函数为 $H(t)$，则 Z_n 是由工作和修理交替组成的。再记 $T_0 = 0$，$T_n = \sum_{k=1}^n Z_k$，则 $\{T_n, n \geqslant 0\}$ 构成一更新过程，称为交替更新过程。由全概率公式得

$$\begin{aligned} A(t) &= \int_0^\infty P(系统在时刻 t 工作 \mid X_1 + Y_1 = x) \mathrm{d}H(x) \\ &= \int_0^t P(系统在时刻 t 工作 \mid X_1 + Y_1 = x) \mathrm{d}H(x) + \\ &\quad \int_t^\infty P(系统在时刻 t 工作 \mid X_1 + Y_1 = x) \mathrm{d}H(x) \\ &= \int_0^t A(t-x) \mathrm{d}H(x) + P(X_t > t) \end{aligned}$$

因此 $A(t)$ 满足以下更新方程：

$$A(t) = 1 - F(t) + \int_0^t A(t-x) \mathrm{d}H(x)$$

再由定理 8.3.1 得上述更新方程的解，也即系统可用度为

$$A(t) = 1 - F(t) + \int_0^t [1 - F(t-x)] \mathrm{d}m_H(x)$$

其中 $m_H(x) = \sum_{n=0}^\infty H_n(x)$ 为更新函数。

在例 8.3.1 中，系统可用度 $A(t)$ 是一个瞬时指标。在实际问题中，人们还需要知道一些量的稳态指标，即讨论这些瞬时指标的极限性态，为此需要知道更新定理。首先引入格点的概念。

称非负随机变量 X 为格点的，如果存在常数 $d \geqslant 0$，有

$$\sum_{n=1}^\infty P(X = nd) = 1$$

即 X 只取某个非负数 d 的整数倍值，具有这样性质的最大 d 称为 X 的周期。如果随机变量 X 是格点的，也称其分布函数 $F_X(x)$ 为格点的。

引理 8.3.1 设 $F(x)$ 为非负随机变量的分布函数。

（1）如果 $F(x)$ 不是格点的，则对任一 $a \geqslant 0$，使

$$\lim_{t \to \infty}[m(t+a) - m(t)] = \frac{a}{\mu}$$

（2）如果 $F(x)$ 是格点的且有周期 d，则有

$$\lim_{t \to \infty}\{m[(n+1)d] - m(nd)\} = \frac{d}{\mu}$$

引理 8.3.1 说明：如果 $F(x)$ 是非格点的，则在远离原点、长为 a 的区间内，更新的期望次数趋于 $\frac{a}{\mu}$。这与直觉是相符的，即随着时间远离原点，原先的影响将逐渐消失。如果 $F(x)$ 是格点的且有周期 d，则更新只能发生在如 nd 的时刻上，因此相应的极限为 $\frac{d}{\mu}$。

定义 8.3.1 设 $h(t)$ 为定义在 $[0, \infty)$ 上的函数，对任意常数 $a > 0$，$\underline{m}_n(a)$ 和 $\overline{m}_n(a)$ 分别表示 $h(t)$ 在区间 $[(n-1)a, na]$ 上的下确界和上确界，如果它们满足

$$\lim_{a \to 0^+} a \sum_{n=1}^{\infty}[\overline{m}_n(a) - \underline{m}_n(a)] = 0$$

则称 $h(t)$ 是直接黎曼可积的。

易知，每一个非增且绝对可积的函数必是直接黎曼可积的。

下面介绍在实际应用中非常有用的定理——关键更新定理。

定理 8.3.2(关键更新定理) 设 $F(t)$ 是均值为 μ 的非负随机变量的分布函数，$m(t)$ 是更新函数，函数 $h(t)$ 是直接黎曼可积的。

（1）若 $F(t)$ 不是格点的，则

$$\lim_{t \to \infty}\int_0^t h(t-x)\mathrm{d}m(x) = \frac{1}{\mu}\int_0^{\infty} h(t)\mathrm{d}t \tag{8.3.4}$$

当 $\mu = \infty$ 时，约定 $\frac{1}{\mu} = 0$。

（2）如果 $F(x)$ 是格点的且有周期 d，则对任意 $a \geqslant 0$ 有

$$\lim_{t \to \infty}\int_0^{a+nd} h(a+nd-x)\mathrm{d}m(x) = \frac{d}{\mu}\sum_{n=0}^{\infty} h(a+nd) \tag{8.3.5}$$

需要注意的是，应用关键更新定理时，一般要将某个更新时间作为条件，从而导出一个更新方程，进一步再应用关键更新定理得到所讨论量的极限性态。

例 8.3.2 试讨论 8.3.1 中系统可用度 $A(t)$ 对应的稳态指标。

解 由例 8.3.1 知，系统可用度 $A(t)$ 满足

$$A(t) = 1 - F(t) + \int_0^t [1 - F(t-x)]\mathrm{d}m_H(x)$$

假设 $E(Z_n)$ 有限，且 $H(t)$ 不是格点的，则利用关键更新定理中的式(8.3.4)得

$$A \stackrel{\text{def}}{=} \lim_{t \to \infty} A(t) = \lim_{t \to \infty}\left\{1 - F(t) + \int_0^t [1 - F(t-x)]\mathrm{d}m_H(x)\right\}$$

$$= \frac{\int_0^{\infty}[1 - F(t)]\mathrm{d}t}{E(Z_n)}$$

$$= \frac{E(X_1)}{E(X_1) + E(Y_1)}$$

$A(t)$的极限 A 是系统可用性的稳态指标。我们看到，稳态指标恰好是系统工作时间在系统工作加修理总时间中占的比例。

在更新过程$\{N_t, t \geqslant 0\}$中，T_n 表示第 n 次更新时刻，如果令随机变量

$$\gamma_t = T_{N_t+1} - t, \quad \delta_t = t - T_{N_t}$$

则称 γ_t 为剩余寿命，称 δ_t 为年龄，进一步记 $\beta_t = \gamma_t + \delta_t$，则称 β_t 为总寿命。三者的关系如图 8.3.1 所示。这些量在工程应用中有实际意义，利用更新方程和关键更新定理，可以获得这些量的分布规律。下面以例子的形式给出有关结论。

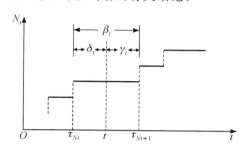

图 8.3.1　剩余寿命 γ_t、年龄 δ_t 和总寿命 β_t

例 8.3.3　在更新过程$\{N_t, t \geqslant 0\}$中，非负随机变量 τ_n 独立同分布，分布函数为 $F(x)$，试验证剩余寿命 γ_t 的分布函数为

$$P(\gamma_t \leqslant x) = F(t+x) - \int_0^t [1 - F(t+x-y)] \mathrm{d}m(y)$$

如果 $F(x)$ 为非格点的，则

$$\lim_{t \to \infty} P(\gamma_t \leqslant x) = \frac{1}{\mu} \int_0^x [1 - F(y)] \mathrm{d}y$$

证明　以 τ_1 为条件，考虑条件概率 $P(\gamma_t > x \mid \tau_1 = s)$。

注意到，由于 $T_{N_t} \leqslant t$，因此 $\gamma_t > x$ 即表示 $T_{N_t+1} > x + t$，也就是$[t, t+x]$中没有更新发生，则有

$$P(\gamma_t > x \mid \tau_1 = s) = \begin{cases} P(\gamma_{t-s} > x) & (s \leqslant t) \\ 0 & (t < s \leqslant t+x) \\ 1 & (s > t+x) \end{cases}$$

因此可得以下更新方程

$$P(\gamma_t > x) = \int_0^\infty P(\gamma_t > x \mid \tau_1 = s) \mathrm{d}F(s)$$

$$= 1 - F(t+x) + \int_0^t P(\gamma_t > x) \mathrm{d}F(s)$$

利用定理 8.3.1 得到

$$P(\gamma_t \leqslant x) = F(t+x) - \int_0^t [1 - F(t+x-y)] \mathrm{d}m(y)$$

而当 $F(x)$ 为非格点的，则由关键更新定理得

$$\lim_{t \to \infty} P(\gamma_t \leqslant x) = \frac{1}{\mu} \int_0^x [1 - F(y)] \mathrm{d}y$$

完成证明。

例 8.3.4 在更新过程 $\{N_t, t \geq 0\}$ 中，非负随机变量 τ_n 独立同分布，分布函数为 $F(x)$，试验证年龄 δ_t 的分布函数为

$$P(\delta_t \leq x) = \begin{cases} F(t) - \int_0^{t-x} [1 - F(t-y)] \mathrm{d}m(y) & (x \leq t) \\ 1 & (x > t) \end{cases}$$

证明 因为当 $x < t$ 时，$\delta_t > x$ 就等价于在 $[t-x, t]$ 内无更新，这又等价于 $\gamma_{t-x} > x$，因此有

$$P(\delta_t > x) = P(\gamma_{t-x} > x)$$

由此，得

$$P(\delta_t \leq x) = 1 - P(\delta_t > x) = 1 - P(\gamma_{t-x} > x)$$
$$= 1 - F(t) + \int_0^{t-x} [1 - F(t-y)] \mathrm{d}m(y)$$

当 $x \geq t$ 时，有 $P(\delta_t > x) = 0$，即有 $P(\delta_t \leq x) = 1$。综上结论得证。

请读者完成总寿命 β_t 的概率分布。

8.4　马尔可夫更新过程

在连续时间马尔可夫链中，系统在每个状态的逗留时间服从指数分布，如果逗留时间分布推广为一般情况，可以得到一种特殊的更新过程，即马尔可夫更新过程。

定义 8.4.1 设随机变量 X_n 取值在 $S = \{0, 1, 2, \cdots\}$ 中，随机变量 T_n 取值于 $[0, \infty)$ 中，$n = 0, 1, \cdots$，且 $0 = T_0 \leq T_1 \leq T_2 \leq \cdots$，称二元随机过程 $\{X_n, T_n, n = 0, 1, 2, \cdots\}$ 为马尔可夫更新过程。如果对所有的 $n = 0, 1, 2, \cdots$，所有的 $i_0, \cdots, i_n, j \in S$ 以及 $t_0, \cdots, t_n, t$ 均有下式成立：

$$P(X_{n+1} = j, T_{n+1} - T_n \leq t \mid X_0 = i_0, \cdots, X_n = i_n; T_0 = t_0, \cdots, T_n = t_n)$$
$$= P(X_{n+1} = j, T_{n+1} - T_n \leq t \mid X_n = i_n) \tag{8.4.1}$$

若对任意的 $i, j \in S, t \geq 0$，有

$$P(X_{n+1} = j, T_{n+1} - T_n \leq t \mid X_n = i) \stackrel{\text{def}}{=} Q_{ij}(t) \tag{8.4.2}$$

与 n 无关，则 $\{X_n, T_n\}$ 是时齐的，并称 $Q_{ij}(t)(i, j \in S)$ 为状态空间 S 上的半马尔可夫核，简称半马氏核。记以 $Q_{ij}(t)$ 为元素的矩阵为 $Q(t) = (Q_{ij}(t))$，一般也称 $Q(t)$ 为半马氏核。

现在令

$$p_{ij} \stackrel{\text{def}}{=} \lim_{t \to \infty} Q_{ij}(t) = \lim_{t \to \infty} P(X_{n+1} = j, T_{n+1} - T_n \leq t \mid X_n = i) \quad (i, j \in S)$$

易知，对任意的 $i, j \in S$，有

$$p_{ij} \geq 0, \quad \sum_{j \in S} p_{ij} = 1$$

以 p_{ij} 为元素组成的矩阵记为 $P = (p_{ij})$，则有重要结论定理 8.4.1。

定理 8.4.1 设 $\{X_n, T_n, n = 0, 1, 2, \cdots\}$ 为马尔可夫更新过程，则 $\{X_n, n = 0, 1, 2, \cdots\}$ 是状态空间为 S，转移概率矩阵 $P = (p_{ij})$ 的齐次马尔可夫链，也称 X_n 为嵌入马氏链。

证明 由于 $\{X_n, T_n\}$ 为马尔可夫更新过程，由定义 8.4.1 易知，上述结论成立。

如果令

$$F_{ij}(t) = \frac{Q_{ij}(t)}{p_{ij}} \quad (i, j \in S, t \geqslant 0)$$

约定 $p_{ij} = 0$ 时，$F_{ij}(t) = 1$，则对任意的 $i, j \in S$，$F_{ij}(t)$ 是一个分布函数，即

$$F_{ij}(t) = P(T_{n+1} - T_n \leqslant t \mid X_n = i, X_{n+1} = j)$$

则有结论定理 8.4.2。

定理 8.4.2　对任意的 $n \geqslant 1, t_1, \cdots, t_n \geqslant 0$，有

$$P(T_1 - T_0 \leqslant t_1, \cdots, T_n - T_{n-1} \leqslant t_n \mid X_0 = i_0, \cdots, X_n = i_n)$$
$$= F_{i_0 i_1}(t_1) F_{i_1 i_2}(t_2) \cdots F_{i_{n-1} i_n}(t_n)$$

定理 8.4.2 说明，当给定马氏链 $\{X_n, n = 0, 1, 2, \cdots\}$ 时，增量 $T_1 - T_0, \cdots, T_n - T_{n-1}$ 是相互独立的，且 $T_n - T_{n-1}$ 的分布只依赖于 X_n 和 X_{n+1}。如果当 $T_n \leqslant t \leqslant T_{n+1}$ 时，令 $X_t = X_n$，则随机过程 $\{X_t, t \geqslant 0\}$ 为与马尔可夫更新过程 $\{X_n, T_n\}$ 相联系的半马尔可夫过程，简称半马氏过程。而 $\{X_n, n = 0, 1, 2, \cdots\}$ 为其嵌入马氏链。

半马氏过程 $\{X_t, t \geqslant 0\}$ 可以看成系统在时刻 t 所处的状态，系统在时刻 $T_1, T_2, \cdots$ 发生状态转移。系统在时刻 T_n 转入到状态 X_n，在状态 X_n 停留的时间长为 $T_{n+1} - T_n$，它的分布依赖于系统正在访问的状态 X_n 和下一步将要访问的状态 X_{n+1}。相继访问的状态 $\{X_n, n = 0, 1, 2, \cdots\}$ 形成一个马尔可夫链，在已知马氏链 $\{X_n, n = 0, 1, 2, \cdots\}$ 的条件下，它相继的停留时间是相互独立的。

在连续时间马氏链中，系统在每个状态停留的时间服从指数分布，由指数分布的无记忆性知，系统在任意时刻 t 具有马尔可夫性。而在半马尔可夫过程中，系统在每个状态的停留时间服从一般分布 $F_{ij}(t)$，因此系统并不在任意时刻 t 都具有马氏性，而只有在状态转移时刻点 T_n 上具有马氏性。这也是为什么称之为半马氏过程的原因。

由此可以知道当 $F_{ij}(t)$ 是指数分布时，半马氏过程就成为马氏过程。而当系统只有一个状态时，易知 $\{T_{n+1} - T_n, n = 0, 1, 2, \cdots\}$ 是独立同分布序列，因此 $\{T_n, n = 0, 1, 2, \cdots\}$ 就是更新过程。

例 8.4.1　设顾客按照参数为 λ 的泊松过程到达某服务机构，服务时间相互独立同服从一般分布 $F(t)$。记 $0 = T_0 \leqslant T_1 \leqslant T_2 \leqslant \cdots$ 为顾客的相继离去时间，X_n 为第 n 次离去后系统中的顾客数，则 $\{X_n, T_n, n = 0, 1, 2, \cdots\}$ 构成马尔可夫更新过程，有半马氏核

$$\boldsymbol{Q}(t) = \begin{pmatrix} p_0(t) & p_1(t) & p_2(t) & \cdots & \cdots \\ q_0(t) & q_1(t) & q_2(t) & \cdots & \cdots \\ & q_0(t) & q_1(t) & \cdots & \cdots \\ & & \cdots & \cdots & \cdots \\ & & & \cdots & \cdots \\ & & & & \cdots \end{pmatrix}$$

其中：

$$q_n(t) = \int_0^t \frac{e^{-\lambda s} (\lambda s)^n}{n} dF(s) \quad (n = 0, 1, 2, \cdots)$$

$$p_n(t) = \int_0^t \lambda e^{-\lambda s} q_n(t - s) ds \quad (n = 0, 1, 2, \cdots)$$

在应用马尔可夫更新过程对一些实际问题进行建模和分析时，经常要用到马尔可夫更新方程组，这里我们给出其简单介绍。

对 $i \in S$，设 $g_i(t)$ 是定义在 $[0, \infty)$ 上的非负、在任一有限区间上均有界的函数，称函数 $g_i(t)$ 满足马尔可夫更新方程。如果同样有在 $[0, \infty)$ 上的非负、在任一有限区间上均有界的函数 $h_i(t)$，则有

$$g_i(t) = h_i(t) + \sum_{j \in S} \int_0^t g_i(t-x) \mathrm{d}Q_{ij}(x) \quad (i \in S, t \geqslant 0)$$

上式的卷积形式为

$$g_i(t) = h_i(t) + \sum_{j \in S} Q_{ij}(x) * g_i(t) \quad (i \in S, t \geqslant 0) \tag{8.4.3}$$

卷积的向量形式为

$$\boldsymbol{g}(t) = \boldsymbol{h}(t) + \boldsymbol{Q}(t) * \boldsymbol{g}(t) \quad (t \geqslant 0) \tag{8.4.4}$$

在实际应用中，通常利用 L 变换和 LS 变换求解式(8.4.3)和式(8.4.4)。

8.5 节给出马尔可夫更新过程在可修系统可靠性分析中的一个应用，包括建模、分析和求解计算。

8.5 更新过程的应用案例

更新过程在获取系统的可靠性指标、制定维修策略方面有很好的作用，本节利用马尔可夫更新过程给出两部件可修系统的可靠性指标。

假定：(1) 两个同型的部件组成一个工作系统，系统工作时间只有一个部件工作，另一个作为备用部件。

(2) 一旦工作部件发生故障，就启用备用部件并立即对故障的部件进行修理，修好后作为备用部件。

(3) 假设系统有两个修理设备，每个部件的工作寿命为 X，分布函数为 $F(t)$，部件故障后的修理时间为 Y，它服从参数为 μ 的指数分布。

(4) 假设部件的工作寿命和修理时间是相互独立的，故障后经过修理的部件与新部件的工作寿命分布是相同的，部件在备用期间不会发生故障。

试适当定义状态并用马尔可夫更新过程分析该系统的运行状况。

首先根据部件工作的情况将系统分为三个状态，分别记为 0，1，2。其中，状态 0 表示一个部件工作另一个部件备用，并将部件开始工作的时刻定义为系统进入状态 0 的时刻，且也是系统开始时的状态；状态 1 表示一个部件故障并开始修理，另一个部件工作，并将该部件开始工作的时刻定义为系统进入状态 1 的时刻；状态 2 表示一个部件在修理中，另一个工作部件发生故障，并将部件发生故障的时刻定义为系统进入状态 2 的时刻。因此，系统的状态空间为 $S = \{0, 1, 2\}$。令 T_n 表示系统第 n 次状态转移的时刻，X_n 表示系统在第 n 次状态转移时所进入的状态，易知 $\{X_n, T_n, n = 0, 1, 2, \cdots\}$ 是一个马尔可夫更新过程。如果令 X_t 表示系统在时刻 t 所处的状态，则 $\{X_t, t \geqslant 0\}$ 是一个半马氏过程。系统状态转移图见图 8.5.1。

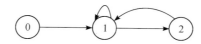

图 8.5.1　系统的状态转移图

半马氏核为
$$Q_{ij}(t) = P(X_{n+1} = j, \; T_{n+1} - T_n \leqslant t \mid X_n = i) \quad (i, j = 0, 1, 2; \; n = 0, 1, 2, \cdots)$$
依据状态的具体含义可以计算得
$$\begin{cases} Q_{01}(t) = P(X \leqslant t) = F(t) \\ Q_{11}(t) = P(X \leqslant t, Y < X) = \int_0^t (1 - \mathrm{e}^{-\mu u}) \mathrm{d}F(u) \\ Q_{12}(t) = P(X \leqslant t, X < Y) = \int_0^t \mathrm{e}^{-\mu u} \mathrm{d}F(u) \\ Q_{21}(t) = P(Y \leqslant t) = 1 - \mathrm{e}^{-2\mu t} \\ Q_{ij}(t) = 0 \quad (i, j \in S) \end{cases}$$

用 $\hat{F}(s)$ 表示 $F(t)$ 的 LS 变换，则上述各等式的 LS 变换是
$$\begin{cases} \hat{Q}_{01}(s) = \hat{F}(s) \\ \hat{Q}_{11}(s) = \hat{F}(s) - \hat{F}(s + \mu) \\ \hat{Q}_{12}(s) = \hat{F}(s + \mu) \\ \hat{Q}_{21}(t) = \dfrac{2\mu}{s + 2\mu} \end{cases}$$

记系统首次发生故障前的时间为 τ，再令
$$\phi_i(t) = P(\tau \leqslant t \mid X_0 = i) \quad (i = 0, 1)$$
则 $\phi_i(t)$ 满足马尔可夫更新方程组：
$$\begin{cases} \phi_0(t) = Q_{01}(t) * \phi_0(t) \\ \phi_1(t) = Q_{11}(t) * \phi_1(t) + Q_{12}(t) \end{cases} \tag{8.5.1}$$

事实上，有
$$\begin{aligned} \phi_0(t) &= P(\tau \leqslant t \mid X_0 = 0) \\ &= P(\tau \leqslant t, \; T_1 > t \mid X_0 = 0) + P(\tau \leqslant t, \; T_1 \leqslant t \mid X_0 = 0) \\ &= 0 + \sum_{j \in S} \int_0^t P(\tau \leqslant t \mid X_1 = j, \; T_1 = \mu, \; X_0 = 0) \mathrm{d}P(T_1 \leqslant \mu, \; X_1 = j \mid X_0 = 0) \\ &= \int_0^t P(\tau \leqslant t \mid X_1 = j, \; T_1 = \mu, \; X_0 = 0) \mathrm{d}Q_{01}(\mu) \\ &= \int_0^t \phi_1(t - \mu) \mathrm{d}Q_{01}(\mu) = Q_{01}(\mu) * \phi_1(t) \\ \phi_1(t) &= P(\tau \leqslant t \mid X_0 = 0) \\ &= P(\tau \leqslant t, \; T_1 > t \mid X_0 = 0) + P(\tau \leqslant t, \; T_1 \leqslant t \mid X_0 = 0) \\ &= 0 + \sum_{j \in S} \int_0^t P(\tau \leqslant t \mid X_1 = j, \; T_1 = \mu, \; X_0 = 0) \mathrm{d}Q_{1j}(\mu) \\ &= Q_{11}(t) * \phi_1(t) + Q_{12}(t) \end{aligned}$$

对式(8.5.1)作 LS 变换，得

$$\begin{cases} \hat{\phi}_0(s) = \hat{Q}_{01}(s)\hat{\phi}_1(s) \\ \hat{\phi}_1(s) = \hat{Q}_{11}(s)\hat{\phi}_1(s) + \hat{Q}_{12}(s) \end{cases}$$

解上述方程组，得

$$\hat{\phi}_0(s) = \frac{\hat{Q}_{01}(s)\hat{Q}_{12}(s)}{1 - \hat{Q}_{11}(s)} = \frac{\hat{F}(s)\hat{F}(s+\mu)}{1 - \hat{F}(s) + \hat{F}(s+\mu)}$$

$$\hat{\phi}_1(s) = \frac{\hat{Q}_{12}(s)}{1 - \hat{Q}_{11}(s)} = \frac{\hat{F}(s+\mu)}{1 - \hat{F}(s) + \hat{F}(s+\mu)}$$

上述解为系统受此故障前平均时间的概率分布的 LS 变换形式的表达式。

下面讨论系统的可用性。记 Z 表示系统在时刻 t 处于工作状态这一随机事件，并对 $i \in S$，令

$$A_i(t) = P(Z \mid X_0 = i) \quad (i = 0, 1, 2)$$

则由状态的转移关系可得 $A_i(t)$ 满足以下马尔可夫更新方程组：

$$\begin{cases} A_0(t) = Q_{01}(t) * A_1(t) + [1 - Q_{01}(t)] \\ A_1(t) = Q_{11}(t) * A_1(t) + Q_{12}(t) * A_2(t) + [1 - Q_{11}(t) - Q_{12}(t)] \\ A_2(t) = Q_{21}(t) * A_1(t) \end{cases} \quad (8.5.2)$$

事实上，有

$$\begin{aligned} A_0(t) &= P(Z \mid X_0 = 1) \\ &= P(Z, T_1 > t \mid X_0 = 0) + P(Z, T_1 \leqslant t \mid X_0 = 0) \\ &= [1 - Q_{01}(t)] + \sum_{j \in S} \int_0^t P(Z \mid X_1 = j, T_1 = \mu, \\ &\quad X_0 = 0)\mathrm{d}P(T_1 \leqslant \mu, X_1 = j \mid X_0 = 0) \\ &= [1 - Q_{01}(t)] + \int_0^t A_1(t - \mu)\mathrm{d}Q_{01}(\mu) \\ &= Q_{01}(t) * A_1(t) + [1 - Q_{01}(t)] \end{aligned}$$

$$\begin{aligned} A_1(t) &= P(Z \mid X_0 = 1) \\ &= P(Z, T_1 > t \mid X_0 = 1) + P(Z, T_1 \leqslant t \mid X_0 = 1) \\ &= [1 - Q_{11}(t) - Q_{12}(t)] + \sum_{j \in S} \int_0^t P(Z \mid X_1 = j, \\ &\quad T_1 = \mu, X_0 = 1)\mathrm{d}P(T_1 \leqslant \mu, X_1 = j \mid X_0 = 1) \\ &= [1 - Q_{11}(t) - Q_{12}(t)] + \int_0^t A_1(t - \mu)\mathrm{d}Q_{11}(\mu) + \int_0^t A_2(t - \mu)\mathrm{d}Q_{12}(\mu) \\ &= Q_{11}(t) * A_1(t) + Q_{12}(t) * A_2(t) + [1 - Q_{11}(t) - Q_{12}(t)] \end{aligned}$$

$$\begin{aligned} A_2(t) &= P(Z \mid X_0 = 2) \\ &= P(Z, T_1 > t \mid X_0 = 2) + P(Z, T_1 \leqslant t \mid X_0 = 2) \\ &= 0 + \sum_{j \in S} \int_0^t P(Z \mid X_1 = j, T_1 = \mu, X_0 = 2)\mathrm{d}P(T_1 \leqslant \mu, X_1 = j \mid X_0 = 2) \\ &= \int_0^t A_1(t - \mu)\mathrm{d}Q_{21}(\mu) = Q_{21}(t) * A_2(t) \end{aligned}$$

如果用 $A^*(s)$ 表示 $A(t)$ 的 L 变换，则对式(8.5.2)作 L 变换，得

$$
\begin{cases}
A_0^*(s) = \hat{Q}_{01}(s)A_1^*(s) + \dfrac{1}{s}[1 - \hat{Q}_{01}(s)] \\[2mm]
A_1^*(s) = \hat{Q}_{11}(s)A_1^*(s) + \hat{Q}_{12}(s)A_2^*(s) + \dfrac{1}{s}[1 - \hat{Q}_{11}(s) - \hat{Q}_{12}(s)] \\[2mm]
A_2^*(s) = \hat{Q}_{21}(s)A_2^*(s)
\end{cases}
\tag{8.5.3}
$$

求解方程组(8.5.3)并结合半马氏核的 LS 变换, 得

$$
A_1^*(s) = \frac{\dfrac{1}{s}[1 - \hat{F}(s)]}{1 - \hat{F}(s) + \dfrac{s}{s + 2\mu}\hat{F}(s + \mu)}
$$

$$
A_2^*(s) = \frac{\dfrac{2\mu}{s(s + 2\mu)}[1 - \hat{F}(s)]}{1 - \hat{F}(s) + \dfrac{s}{s + 2\mu}\hat{F}(s + \mu)}
$$

$$
A_0^*(s) = \frac{\dfrac{1}{s}[1 - \hat{F}(s)]\left[1 + \dfrac{s}{s + 2\mu}\hat{F}(s + \mu)\right]}{1 - \hat{F}(s) + \dfrac{s}{s + 2\mu}\hat{F}(s + \mu)}
$$

上述解即系统在任意时刻可用概率的 LS 变换形式的表达式.

系统故障的频次也是评估系统的一个重要指标. 令 N_t 表示 $[0, t]$ 时间内的故障次数, 则其均值为

$$
M_i(t) = E(N_t \mid X_0 = i) \quad (i = 0, 1, 2)
$$

则它们满足马尔可夫更新方程组:

$$
\begin{cases}
M_0(t) = Q_{01}(t) * M_1(t) \\
M_1(t) = Q_{11}(t) * M_1(t) + Q_{12}(t) * [M_2(t) + 1] \\
M_2(t) = Q_{21}(t) * M_2(t)
\end{cases}
\tag{8.5.4}
$$

事实上, 有

$$
\begin{aligned}
M_0(t) &= E(N_t \mid X_0 = 0) \\
&= E(N_t \mid T_1 > t, X_0 = 0)P(T_1 \leqslant t \mid X_0 = 0) + \\
&\quad \sum_{j \in S} \int_0^t E(N_t \mid X_1 = j, T_1 = \mu, X_0 = 0)\mathrm{d}P(T_1 \leqslant \mu, X_1 = j \mid X_0 = 0) \\
&= 0 + \int_0^t M_1(t - \mu)\mathrm{d}Q_{01}(\mu) \\
&= Q_{01}(t) * M_1(t) \\
M_1(t) &= E(N_t \mid X_0 = 1) \\
&= E(N_t \mid T_1 > t, X_0 = 1)P(T_1 \leqslant t \mid X_0 = 1) + \\
&\quad \sum_{j \in S} \int_0^t E(N_t \mid X_1 = j, T_1 = \mu, X_0 = 1)\mathrm{d}P(T_1 \leqslant \mu, X_1 = j \mid X_0 = 1) \\
&= 0 + \int_0^t M_1(t - \mu)\mathrm{d}Q_{11}(\mu) + \int_0^t [M_2(t - \mu) + 1]\mathrm{d}Q_{12}(\mu) \\
&= Q_{11}(t) * M_1(t) + Q_{12}(t) * [M_2(t) + 1]
\end{aligned}
$$

$$M_2(t) = E(N_t \mid X_0 = 2)$$

$$= E[N_t \mid T_1 > t, X_0 = 2]P(T_1 \leqslant t \mid X_0 = 2) +$$

$$\sum_{j \in S} \int_0^t E(N_t \mid X_1 = j, T_1 = \mu, X_0 = 2) \mathrm{d}P(T_1 \leqslant \mu, X_1 = j \mid X_0 = 2)$$

$$= 0 + \int_0^t M_1(t - \mu) \mathrm{d}Q_{21}(\mu)$$

$$= Q_{21}(t) * M_1(t)$$

对式(8.5.4)作 LS 变换，得

$$
\begin{cases}
\hat{M}_0(s) = \hat{Q}_{01}(s) * \hat{M}_1(s) \\
\hat{M}_1(s) = \hat{Q}_{11}(s) * \hat{M}_1(s) + \hat{Q}_{12}(s) * [\hat{M}_2(s) + 1] \\
\hat{M}_2(s) = \hat{Q}_{21}(s) * \hat{M}_2(s)
\end{cases}
\tag{8.5.5}
$$

求解方程组(8.5.5)并结合半马氏核的 LS 变换，得

$$
\begin{cases}
\hat{M}_1(s) = \dfrac{\hat{F}(s + \mu)}{1 - \hat{F}(s) + \dfrac{s}{s + 2\mu}\hat{F}(s + \mu)} \\[4mm]
\hat{M}_2(s) = \dfrac{2\mu}{s + 2\mu}\hat{M}_1(s) \\[3mm]
\hat{M}_0(s) = \hat{F}(s)\hat{M}_1(s)
\end{cases}
$$

上述解为系统在[0, t]时间内故障频次的 LS 变换的表达式。

马尔可夫更新过程是马尔可夫过程和更新过程相结合的一种数学模型，可以为很多实际问题建立模型。关于马氏更新过程在可修系统可靠性分析中的建模与应用，读者可以进一步参看文献[12]。

习　题　8

1. 设随机过程 $\{N_t, t \geqslant 0\}$ 为更新过程，其更新间距的分布函数 $F(x)$ 分别为：

(1) $F(x)$ 是参数为 λ 的泊松分布；

(2) $F(x) = \int_0^x t\mathrm{e}^{-t}\mathrm{d}t$。

试计算在[0, t]时间内更新次数为奇数的概率。

2. 设更新过程 $\{N_t, t \geqslant 0\}$ 的更新间距有密度函数

$$
f(x) = \begin{cases}
\lambda \mathrm{e}^{-\lambda(x-a)} & (x > a) \\
0 & (x \leqslant a)
\end{cases}
$$

其中，$a > 0$ 是常数。试计算概率 $P(N_t \geqslant k)$。

3. 设更新过程 $\{N_t, t \geqslant 0\}$ 的更新间距有密度函数

$$f(x) = \lambda^2 x\mathrm{e}^{-\lambda x} \quad (x \geqslant 0)$$

试验证 N_t 的更新函数 $M(t)$ 为

$$M(t) = \frac{1}{2}\lambda t - \frac{1}{4}(1 - \mathrm{e}^{-2\lambda x})$$

4. 设更新过程$\{N_t, t \geqslant 0\}$的更新函数为$M(t) = \dfrac{t}{2}(t \geqslant 0)$，试计算概率$P(N_5 = 0)$。

5. 设更新过程$\{N_t, t \geqslant 0\}$的到达间隔时间服从$\Gamma(\gamma, \lambda)$分布，即有密度函数

$$f(x) = \frac{\lambda e^{-\lambda x}(\lambda x)^{k-1}}{(k-1)!} \quad (x > 0)$$

(1) 证明：

$$P(N_t \geqslant n) = \sum_{i=nk}^{\infty} \frac{e^{-\lambda x}(\lambda x)^i}{i!}$$

(2) 证明：

$$M(t) = \sum_{i=k}^{\infty} \left[\frac{i}{\gamma}\right] \frac{e^{-\lambda x}(\lambda x)^i}{i!}$$

其中，$\left[\dfrac{i}{\gamma}\right]$是不超过$\dfrac{i}{\gamma}$的最大整数。

6. 设更新过程是参数为λ的泊松过程，试计算现时寿命δ_t和剩余寿命γ_t的联合分布函数和它们各自的分布函数。

7. 设$X_1, X_2, \cdots$表示某一更新过程的到达间隔时间，N_t表示直到时间t为止的更新次数。完成以下问题：

(1) 证明$N_t + 1$是停时；

(2) 设$E(X_1) = \mu$，证明：

$$E\left(\sum_{i=1}^{N_t=1} X_i\right) = \mu[M(t) + 1]$$

(3) 假设X_i都是有界的随机变量，即存在常数M使$P(X_i < M) = 1$。证明：

$$t < \sum_{i=1}^{N_t+1} X_i < t + M$$

8. 某密室有三道门，只有一道门可以通向外面。选择门 1，经过两个单位的时间可以走出密室；选择门 2，经过四个单位的时间又回该密室；选择门 3，经过六个单位的时间还是走回该密室。假设处于该密室的某人在所有时间都等可能地选取 3 个门中的任意一个，用T表示他走出密室所用的时间。完成以下问题：

(1) 试定义一列独立同分布的随机变量$X_1, X_2, \cdots$和一个停时N，使

$$T = \sum_{i=1}^{N} X_i$$

(2) 试用瓦尔德方程计算$E(T)$；

(3) 计算$E\left(\sum_{i=1}^{N} X_i \mid N = n\right)$。

9. 设更新过程$\{N_t, t \geqslant 0\}$的更新函数为$M(t)$，试证明：

$$E[(N_t)^2] = M(t) + 2\int_0^t M(t-s)\mathrm{d}M(s)$$

10. 设马尔可夫更新过程(X_n, T_n)的状态空间$S = \{1, 2\}$，半马氏核为

$$\boldsymbol{Q}(t) = \begin{pmatrix} 0.6(1 - e^{-5t}) & 0.4(1 - e^{-2t}) \\ 0.5 - 0.2e^{-3t} - 0.3e^{-5t} & 0.5 - 0.5e^{-2t} - te^{-2t} \end{pmatrix}$$

（1）试求嵌入马氏链 X_n 的转移概率矩阵；

（2）对任意 $i,j \in S$，试计算：给定现在状态为 i 而下一步的状态为 j 的条件下，在状态 i 的逗留时间的分布函数。

11. 在两个不同型的部件和一个修理设备组成的系统中，系统工作的时候只有一个部件工作，另一个作为备用部件。一旦工作部件发生故障，就启用备用部件并立即对故障的部件进行修理，修好后再作为备用部件。假设部件在备用期间不会发生故障，部件 i 的工作寿命 X_i 和故障后的修理时间 Y_i 分别服从分布 $F_i(t)$ 和 $G_i(t)$，其均值分别为 $\dfrac{1}{\lambda_i}$ 和 $\dfrac{1}{\mu_i}$（$i=1,2$）。假设部件的工作寿命和修理时间是相互独立的，故障后经过修理的部件与新部件的工作寿命分布是相同的，试适当定义状态并用马尔可夫更新过程描述该系统的运行情况，并进一步分析和计算系统首次故障前时间的分布，系统在任一时刻可用的概率以及系统的故障频次。

参 考 文 献

［1］ ROSS S M. 应用随机过程概率模型导论［M］. 11 版. 龚光鲁，译. 北京：人民邮电出版社，2016

［2］ 毛用才，胡奇英. 随机过程［M］. 西安：西安电子科技大学出版社，1999

［3］ 冯海林，薄立军. 随机过程：计算与应用［M］. 西安：西安电子科技大学出版社，2012

［4］ 张卓奎，陈慧婵. 随机过程及其应用［M］. 2 版. 西安：西安电子科技大学出版社，2012

［5］ 刘嘉焜，王公恕. 应用随机过程［M］. 2 版. 北京：科学出版社，2004

［6］ 曹晋华，程侃. 可靠性数学引论［M］. 修订版. 北京：高等教育出版社，2006

［7］ 林元列. 应用随机过程［M］. 北京：清华大学出版社，2002

［8］ 刘次华. 随机过程［M］. 2 版. 武汉：华中科技大学出版社，2001

［9］ 荣腾中，孙荣恒，刘朝林. 随机过程及其应用［M］. 2 版. 北京：清华大学出版社，2017

［10］ 刘澍. 随机过程［M］. 武汉：华中科技大学出版社，2023

［11］ ELSAYED E A. 可靠性工程［M］. 杨舟，译. 北京：电子工业出版社，2013

［12］ 郑坚坚. 随机过程［N］. 合肥：中国科学技术出版社，2016

［13］ 卢芸潇，刘淼. 复合泊松过程在新疆地震研究中的应用［N］. 伊犁师范大学学报（自然科学版），2022，16(01)

［14］ 任淑红，左洪，福白芳. 基于带漂移的布朗运动的民用航空发动机实时性能可靠性预测［N］. 航空动力学报. 2009，24 (12)

［15］ 姚恒申. 平稳过程在牙轮钻头井底模式分析中的应用［J］. 工科数学. 1995(02)